BMW Motorräder
Modelle von 1923 bis heute

BOSCH
K 11108

Valerio Boni

BMW Modelle von 1923 bis heute Motorräder

HEEL

Impressum

HEEL Verlag GmbH
Gut Pottscheidt
53639 Königswinter
Tel.: 02223 9230-0
Fax: 02223 923026
E-Mail: info@heel-verlag.de
Internet: www.heel-verlag.de

Titel der Originalausgabe:
BMW Le Moto – Tutti i modelli dal 1923 a oggi
www.librimondadori.it

Deutsche Übersetzung: Dorko M. Rybiczka
Lektorat: Joachim Hack
Satz: F5 Mediengestaltung, Ralf Kolmsee

Printed in Spain

ISBN: 978-3-86852-149-8

Wir danken für die freundliche Hilfe:
BMW Motorrad Italia
Familie Bellan, Torri di Quartesolo
Edoardo Dossena, Bergamo
Gian Luigi Ferrari, Mailand
Nonsolomoto, BMW Vertragshändler,
Inh. Massimo Bonsignori, Mailand

INHALT

EINFÜHRUNG

In einer Welt, in der die Sucht nach Neuem immer häufiger das Bewährte allein deshalb als alt abstempelt, weil es in einem Detail, einer Winzigkeit oder auch nur in der Farbe überholt ist, überrascht es, dass man sich selbst auch treu bleiben kann. Das gilt vor allem für die Welt der Elektronik, aber auch die Welt der Motorfahrzeuge ist von diesem Unfug nicht unberührt geblieben. Nur wenige Hersteller von Autos und Motorrädern können ein Modell heutzutage länger als fünf Jahre anbieten.

Es ist aber eine historische Wahrheit, dass ein bestimmtes Fahrzeug diese Zeitspanne überdauern kann, sogar über mehr als ein halbes Jahrhundert lang. Das ist selten, aber möglich, wie es, um bei den Zweirädern zu bleiben, Harley-Davidson, Moto Guzzi, Piaggio, Ducati und BMW bewiesen haben. Das Geheimnis liegt in einer guten Ausgangsbasis begründet, die ständig aktualisiert, niemals aber umgestoßen werden muss, wenn man sich die Treue derer, die zum Portemonnaie greifen, um ein bestimmtes Produkt zu erwerben, bewahren will.

Dieses Buch widmet sich BMW, einer Firma, deren Tradition sich zu ihrer ureigenen Stärke entwickelt hat, über Moden, Kriege und Wirtschaftskrisen hinweg. Der BMW-Erfolg geht in erster Linie zweifellos auf den in Gestalt und Klang unvergleichlichen Boxermotor zurück, der siebzig Jahre überlebt hat – im vollen Bewusstsein, dass er es in Sachen Leistung nicht mit den klassenbesten Motoren aus dem Fernen Osten aufnehmen kann. Der mythische Zweizylinder-Boxer hat nicht nur überlebt, er wurde von den Fans vehement gefordert und blieb noch drei Jahre in Produktion, nachdem 1993 sein modernerer Nachfolger herausgekommen war.

Auf ein gutes Konzept kommt es an, noch wichtiger ist aber vielleicht der Ruf höchster Zuverlässigkeit, den die BMW-Leute ihrer R-Baureihe bescherten. Dabei war keineswegs der Zufall im Spiel, vielmehr bemühten sich die Ingenieure schon bei den ersten Modellen der weit zurückliegenden 1920er-Jahre darum: Das war die Waffe, mit der das bayerische Werk, das sowohl in Deutschland wie auch im Ausland Motorräder gefertigt hat, alle schwierigen Momente überstand, an denen es nicht gefehlt hat.

Wenn man BMW sagt, denkt man zunächst an zwei Zylinder, die seitlich aus der Silhouette des Motorrades ragen. Denn der Boxer, so benannt nach der Bewegung seiner Pleuel, die an einen Faustkämpfer erinnern, war von Anfang an der Motor, dem sich die Konstrukteure ohne zu zögern zuwandten, obwohl das eine eher ungewöhnliche Wahl darstellte. Der Zweizylinder mit zwei Ventilen pro Zylinder und Luftkühlung blieb ohne Unterbrechung (mit Ausnahme der Zeit nach dem Zweiten Weltkrieg) 73 Jahre lang im Angebot, von

1923 bis 1996. Und als er am Ende seines Weges angelangt war, machte er seinem natürlichen Nachfolger, dem vierventiligen Zweizylinder-Boxer Platz, in den alles Wissen und alle Technologie einfloss, die man dem allzu klassischen und urzeitlichen Boxermotor nicht hätte verleihen können, ohne ihn zu vergewaltigen. Auf diese Weise setzt sich die Geschichte des Zweizylinders fort, und wenn der neue Motor vielleicht auch nicht den Lebenszyklus seines Vorgängers erreichen wird, so hat er doch auch schon wieder 16 Jahre auf dem Buckel und ist in Hochform, trotz der starken externen und auch internen Konkurrenz – schließlich ist der Boxer nicht länger der alleinige Motorradmotor von BMW.

Zum Erfolg der Marke hat sicherlich auch beigetragen, dass die Konstrukteure nicht andere kopieren wollten, sich nicht an etwas schon Vorhandenem orientierten, sondern auf Originalität um jeden Preis aus waren, sowohl beim Design, als auch bei Technik und Sicherheit. Dieser Mut wurde nicht immer belohnt, wie so mancher Fehltritt, zu dem es zwischen 1923 und heute kam, bestätigt; die Fehlschläge, die häufig darauf zurückgingen, dass das Werk der Zeit zu weit voraus war, treten aber gegenüber den Maschinen, die Motorradgeschichte schrieben, völlig in den Hintergrund. Wir sehen Fahrzeuge wie die R 3, K 1, C1 und R 1200 C, die nicht den gewünschten Erfolg hatten, andererseits aber echte Ikonen wie R 2, R 69 S, R 100 RS oder auch die Baureihen GS und RT, die alle Moden überstanden, ganz einfach deshalb, weil sie sie geschaffen haben. Und das, ohne dabei Umwelt und Sicherheit aus den Augen zu verlieren. BMW kommt vielmehr das Verdienst zu, den Motorrad-Katalysator zur Verringerung des Schadstoffausstoßes eingeführt zu haben, noch ehe die europäische Gesetzgebung das verlangte. Nicht zu vergessen, dass schon zu Beginn der 1980er-Jahre in München und im Werk Berlin-Spandau Studien und Tests mit ABS begannen. Dieser Sicherheitsgarant wurde bald Wirklichkeit, erst als Extra, dann bei den wichtigeren Maschinen als Teil der Serienausstattung. Die Liste ließe sich mit weiteren Dingen, von der elektronischen Einspritzung bis zur elektrisch verstellbaren Scheibe, vom höhenverstellbaren Sitz bis zu schlauchlosen Reifen, von beheizbaren Griffen bis zur beheizbaren Sitzbank fast endlos fortsetzen. Das Geheimnis der BMW Motorräder lässt sich vielleicht an dem Abstand zur Technik aller anderen Zweiräder festmachen, angefangen von den Schaltern am Lenker, die nicht dem international vereinheitlichten Standard entsprechen.

Solche vielleicht etwas snobistisch wirkenden, aber effektiven Dinge haben es BMW erlaubt, Krisen, wie sie andere Hersteller heimsuchen, zu vermeiden und zur Lieblingsmarke der nach dem Besonderen suchenden Motorradfreunde zu werden, jener unersättlichen Kilometerfresser, die ihre Maschine nicht beim ersten Regentropfen in die Garage stellen und auf das nächste Frühjahr warten. Das brauchen sie auch nicht, denn BMW Motorräder sind zu Kultobjekten geworden, die niemals die Erwartungen derer enttäuschen, die ohne böse Überraschungen zu erleben ans andere Ende der Welt fahren wollen. In diesem Band sind die in großer Stückzahl entstandenen BMW Maschinen versammelt, das heißt, die Serienmodelle unter Ausschluss der Rennmaschinen, die auf allen Strecken der Welt erfolgreich waren. Ausgewählt wurden die Meisterwerke, die mehr als alle anderen eine Spur hinterlassen haben; ihnen haben wir die übrigen Modelle der jeweiligen Baureihe zur Seite gestellt, die sich technisch oder vom Einsatzzweck her von ihnen unterscheiden.

Die Motoren

Der Boxer, der über siebzig Jahre lang viele der berühmtesten BMW-Maschinen angetrieben hat, ist zweifellos der große Traditionsmotor des Hauses und wurde erst nach der Entwicklung eines modernen, aber dennoch der Tradition verhafteten Nachfolgers in Pension geschickt. Die Geschichte der bayerischen Marke birgt aber auch andere Projekte, von denen manche anfangs die Gemüter der Fans erhitzt haben. Dieser Abschnitt widmet sich den neun unterschiedlichen Motorradmotoren, die BMW in seinen über 80 Jahren entwickelt hat, vom historischen Einzylinder bis zum revolutionären Vierzylinder der Serie K und weiter bis zum unerwarteten Zweizylinder, der F, und dem ganz neuen G-Einzylinder.

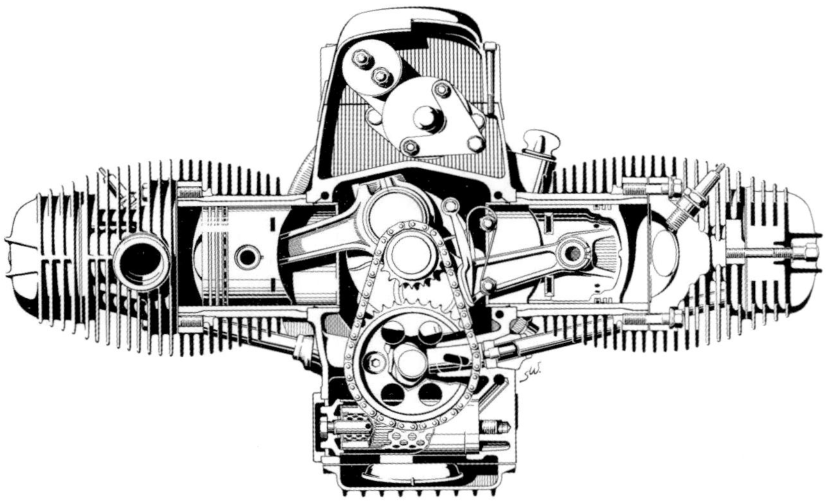

1923 bis 1996

DIE ZWEIZYLINDER-BOXER MIT ZWEI VENTILEN PRO ZYLINDER

Der traditionellste unter den BMW-Motoren, der zweiventilige Zweizylinder, blieb rekordverdächtige 73 Jahre lang in Produktion, von 1923 bis 1996, doch reichen seine Ursprünge noch weiter zurück. Im Winter 1920/21 begann in Bayern die Herstellung einer ersten Serie des Motors M2 B15, der aber kein BMW-Fahrzeug antrieb, sondern ausdrücklich für den Verkauf an Dritte konstruiert wurde, namentlich an Victoria in Nürnberg, wo man ihn in der Helio und später in der KR1 verwendete, sowie an die BFW (Bayerische Flugzeug-Werke) von Gustav Otto, die ein Leichtmotorrad namens Flink im Programm führten.

Dieser sogenannte Bayern-Kleinmotor war in Wahrheit gar nicht so klein; es handelte sich um einen 494 cm³ messenden Zweizylinder, der 6,5 PS bei 2800/min leistete. Der M2 B15 mit seinen – wie bei den späteren BMW Motorrädern – liegenden Zylindern war darauf ausgerichtet, längs, nicht quer, in einen Motorradrahmen eingesetzt zu werden, so dass die Zylinder nicht seitlich herausragten. Die Weiterentwicklung dieses Motors, die mit neuer Nockenwelle und geändertem Vergaser fast auf die doppelte Leistung kam und über 10 PS zur Verfügung stellte, brachte seine Konstrukteure Martin Stolle und Max Friz in unversöhnlichen Streit miteinander, was dazu führte, dass Stolle Anfang 1922 BMW verließ.

Für den M2 B15 begann eine schwierige Zeit; Versuche, ihn auch für den Einsatz in Autos tauglich zu machen, waren kaum von Erfolg gekrönt, die eigentliche Krise aber begann, als Victoria keine BMW-Motoren mehr kaufte, sondern zu den moderneren Maschinen des Konkurrenten Stolle griff. BMW hatte daher nur zwei Möglichkeiten: entweder die Fertigung einstellen oder ein eigenes Motorrad zu bauen. Generaldirektor Franz-Josef Popp entschied sich für Letzteres und beauftragte Max Friz mit der Konstruktion nicht nur eines Motors, sondern eines ganzen Motorrades.

In nur einem Monat nahm das erste Projekt im beeindruckenden Maßstab 1:1 auf dem Papier konkrete Gestalt an, mit zahlreichen neuartigen Details, angefangen bei der Einbaulage des Motors. Die Entwicklung der Automobilversion hatte Friz Gelegenheit gegeben, mit zahlreichen Details zu experimentieren, die er nun auch für das Motorrad vorsah. Das galt für das neben dem Motor platzierte Getriebe, für den Kardanantrieb, vor allem aber für den Quereinbau des Motors. Dafür waren am M2 B15 nur wenige Änderungen nötig, und die ersten Prototypen fuhren im Frühjahr 1923. Der erste BMW-Boxermotor in einem BMW-Serienmotorrad wurde offiziell auf dem Pariser Autosalon im Herbst des Jahres vorgestellt, in Gestalt der R 32.

Der 494 cm³ große Boxer leistete 8,5 PS und machte die R 32 95 km/h schnell; er hat naturgemäß mit dem Motor jener R 80 GS Basic mit der laufenden Nummer 668.648 (wobei die während des Zweiten Weltkrieges gebauten Maschinen nicht mitgezählt sind), die 1996 die Ära der Zweiventil-Boxer abschloss, nicht viel gemein. Dennoch bleiben auch nach 73 Jahren laufender Fortentwicklung die Grundzüge des Friz`schen Konzepts erkennbar. Ein Musterbild an Nachhaltigkeit – im Motorradbau allein von dem V-Zweizylinder von Harley-Davidson übertroffen –, das

Oben: Der erste offiziell in einem BMW Motorrad verwendete Boxermotor präsentierte sich so. Er war direkt vom M2 B15 abgeleitet, den das Unternehmen für den Verkauf an Dritte konstruiert hatte. Das Triebwerk wurde bis 1923 längs in Motorradrahmen eingesetzt, ab der R 32 hingegen quer mit seitlich herausragenden Zylindern. Das prägende Element der BMW Maschinen war geboren.

BMW half, zahlreiche Krisen zu überstehen, auch diejenige des Jahres 1962, als um ein Haar die Produktion eingestellt worden wäre.

Die augenfälligsten Unterschiede zwischen dem ersten Motor und jenem, mit dem der berühmteste Boxer der Welt in Rente ging, betreffen vor allem das Getriebe, hier eine Dreigangeinheit mit Handschaltung, dort ein Fünfganggetriebe mit Schalthebel auf der linken Seite, und die hier stehenden, dort hängenden Ventile; jede Bauserie erhielt stets kleine Änderungen, die den Zweizylinder auf der Höhe der Zeit hielten. Bereits 1926 wichen die Stahlzylinder solchen aus Gusseisen, und die Aluminium-Zylinderköpfe erhielten neue Kühlrippen, die auf die Einbaulage der Maschine speziell abgestimmt waren; beim ersten Motor waren sie noch ganz wie beim M2 B15 angeordnet. Weitere wichtige Daten der Entwicklungsgeschichte sind 1932,

70 Jahre trennen den Zweizylinder der R 32 von der letzten zweiventiligen Variante des Jahres 1996. Das Schnittbild, das alle inneren Organe des Motors zeigt, illustriert die mit 980 ccm hubraumgrößte Ausführung dieser Motorenreihe.

GS

BMW

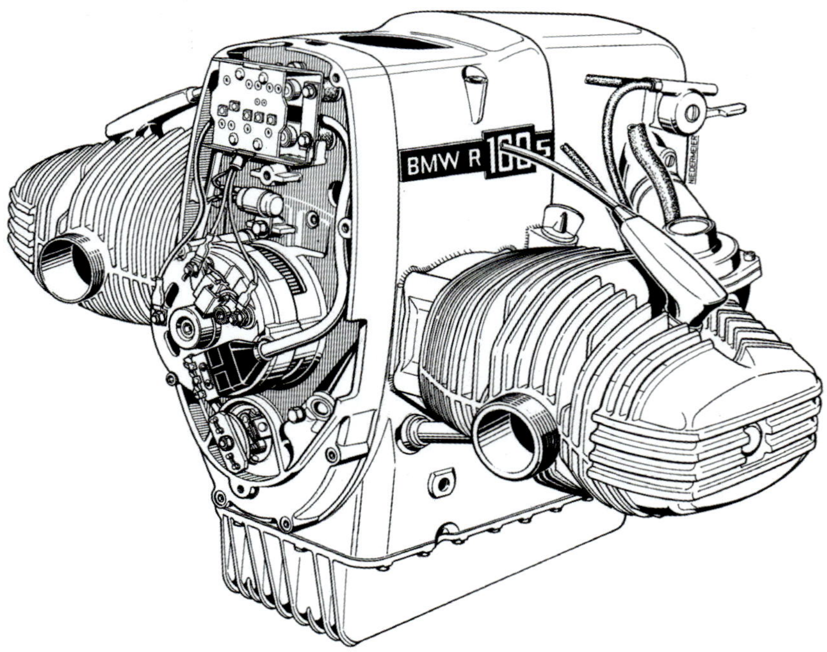
BMW R

als die R 11 vom Einfach- zum Doppelvergaser überging, und 1936, als die Fußschaltung eingeführt wurde. In den 1940er-Jahren erfolgte der Übergang von Stirnrädern zu Steuerketten, und Mitte der 1960er-Jahre tauchten bei der Serie /5 Motoren auf, die den letzten Ausführungen schon recht ähnlich sahen, mit elektrischem Anlasser, der anfangs ein Extra, später Serie war und noch lange Zeit den typischen Kickstarter an der Seite nicht entbehrlich machte. Damit nicht genug: Mit dem Zweiventil-Boxer gehörte BMW zu den ersten Motorradherstellern, die Respekt vor der Umwelt demonstrierten. Bereits 1991, noch ehe die Euro-1-Norm und ihre Nachfolger in Kraft traten, erhielten die Zweizylinder das SLS-System, eine Vorrichtung, die Abgase nachverbrannte und den Schadstoffausstoß deutlich reduzierte.

Rechts: Die beiden Zylinder sind dem Blick ausgesetzt, da sie nach Kühlung verlangen, was aber zu keiner Zeit ein Hindernis darstellte, optisch ansprechende Motorräder auf die Räder zu stellen. Zu den hervorragendsten Vertretern des BMW-Stils zählt noch immer die faszinierende R 100 RS. Die wagemutigsten Fahrer bringen die Zylinder in Kurven zum Aufsetzen, wie die zerkratzten Ventildeckel von Testmaschinen bezeugen.

Im Laufe der Jahre wurde der markante Boxermotor stetig weiterentwickelt, man darf aber nicht übersehen, dass er als überaus modernes Triebwerk zur Welt kam. Die Konzeption des Blocks und die liegenden Zylinder (gegenüberliegende Seite, links unten) haben immer dazu beigetragen, den Schwerpunkt der Maschinen abzusenken, was es BMW erlaubt hat, sich auch auf dem Gebiet der Enduros erfolgreich zu betätigen (gegenüberliegende Seite oben).

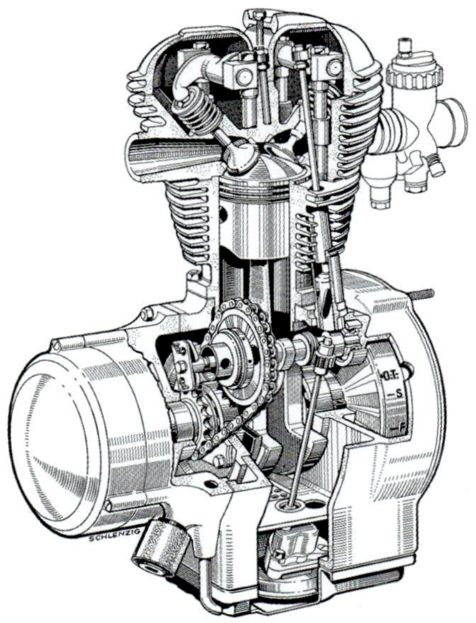

1931 bis 1966

DIE EINZYLINDER MIT ZWEI VENTILEN PRO ZYLINDER

Wenn man von der in kleiner Stückzahl entstandenen und glücklosen C1 absieht, ließe sich BMW aus heutiger Sicht als Spezialist für den Bau großvolumiger Motoren betrachten. In Wahrheit standen über 30 Jahre lang auch einzylindrige Maschinen mit relativ kleinem Hubraum im BMW-Angebot. Ein erstes derartiges Projekt datiert auf das Jahr 1924, das Datum aber, das die Münchner auf den Einzylinder-Markt brachte, war der 1. April 1928, als in Deutschland ein Gesetz verabschiedet wurde, demzufolge Maschinen bis 200 cm³ Hubraum ohne Führerschein gefahren werden durften und vor allem von der Steuer befreit waren. Das Werk folgte diesem Stimulus, ohne der Versuchung zu erliegen, ein allzu abgemagertes Sparmodell zu lancieren: Die „kleine“ Baureihe sollte ebenso solide sein wie die Boxer-Maschinen, die BMW schnell zu den weltweit Großen der Motorradbranche gemacht hatten.

Für die erste Einzylindermaschine wählte man einen Hubraum an der Obergrenze des gesetzlich Erlaubten: 198 cm³. Viele technische Details stammten direkt von den Boxermodellen, von den beiden hängenden Ventilen, deren Stoßstangen in separaten Gehäusen untergebracht waren, bis zum Aluminium-Zylinderkopf mit Kühlrippen. Auch die Kraftübertragung per Kardanwelle war den Boxermaschinen entlehnt, wenngleich in anderer Anordnung, um Gewicht und Abmessungen im Zaum zu halten, vor allem aber, um die Welle zwischen Motor und Hinterrad gerade führen zu können; aus diesem Grund wurde der Motor auch leicht nach rechts versetzt eingebaut. Zu den mit der Einzylinder-BMW eingeführten Innovationen zählt die Zündung mit Spule und Batterie, die die ansonsten verwendete Magnetzündung ersetzte.

Während heute jede BMW Motorenfamilie über einen eigenen Kennbuchstaben verfügt, trugen Ende der 1920er-Jahre alle Modelle ein R plus eine Zahl als Namen. Mit der Einführung der Einzylindermaschine mit zwei Ventilen ergab die Bezeichnung erstmals einen gewissen Sinn; die 2 stand als Abkürzung für den Hubraum von 200 cm³. Die R 2 wurde offiziell knapp zwei Jahre nach Beginn des Projekts Ende 1930 vorgestellt und kam im Frühjahr des folgenden Jahres in den Handel.

In der ersten Ausführung leistete die R 2 6 PS bei 3500/min, was das 110 kg schwere Krad auf eine Spitze von 90 km/h brachte. Wie die Boxermotoren, so wurde auch der Einzylinder fast unmittelbar nach Er-

scheinen weiterentwickelt. Nach dem knapp 5000 Stück umfassenden ersten Baulos wurden der Zylinderkopf und die Schmierung verbessert. Als diese Maßnahmen ihre Gültigkeit bewiesen hatten, ließ sich die Leistung der R 2, die bis 1936 hergestellt wurde, auf 8 PS bei 4500/min erhöhen.

Auch wenn der kleinste BMW Motor im Zuge der Weiterentwicklung stärker wurde, klaffte im Modellprogramm dennoch zwischen 200 und 750 cm³ eine riesige Lücke. 1932 begann ein neues Projekt, das als R 4 1933 feste Formen annahm; der Logik der Modellbezeichnungen jener Zeit nach handelte es sich um eine Maschine der 400-cm³-Klasse. Vorteilhafterweise gelang es, diesen Motor, der 12 PS bei 3500/min (ab 1934 14 PS bei 4200/min) leistete, in Serie gehen zu lassen, ohne dass man Änderungen am Montageband vornehmen musste. Der zunächst in der R 4 verwendete Motor unterschied sich von dem der R 2 allein durch seine Bohrungs- und Hubmaße, aber schon nach der ersten Serie wurden umfangreiche Änderungen vorgenommen. Neu waren die am kleineren Einzylindertriebwerk erprobte Zwangsschmierung, vor

Nur ein Jahr nach der Einführung der schönen zweizylindrigen R 32 baute BMW auch einen Einzylinder. Richtig erfolgreich wurde dieser Motor erst nach dem Zweiten Weltkrieg, als die kleinsten und sparsamsten Modelle, wie die verschiedenen Ausführungen der R 25, die hier abgebildet sind, die schwere Krise überwinden halfen.

allem aber ein Vierganggetriebe, mit der sich das Potenzial der R 4 besser ausnutzen ließ. Der 200-cm^3-Einzylinder war nicht nur das Herzstück der R 2, er fand auch einen ganz anderen, außerhalb der Welt der Zweiräder liegenden Einsatzzweck. 1932 gelangte er auch in den Rahmen des Lastenmotorrads F76, eines dreirädrigen Vehikels mit einem angetriebenen Hinterrad und zwei lenkbaren Vorderrädern. Das Fahrzeug konnte bis zu 150 kg transportieren und blieb drei Jahre lang in Produktion, ohne den erhofften Erfolg zu haben; es wurden nur reichlich 500 Exemplare verkauft.

Anders als bei der zweiten BMW-Einzylindermaschine, die in den 1990er-Jahren erschien, hielt sich die erste konstruktiv eng an die Boxer-Modelle, angefangen beim Kardanantrieb (oben, Foto und Schnittzeichnung). Bei manchen war der stehend untergebrachte Zylinder mit dem eines Boxermotors identisch.

Die Einzylinder-Modelle lassen sich in drei Phasen aufteilen: eine erste in der BMW-Frühzeit, eine zweite vom Beginn der 1930er-Jahre bis zum Zweiten Weltkrieg und eine dritte vom Ende der 1940er-Jahre bis 1966. Die nach dem Krieg gebauten Motoren wiesen noch einige Zeit lang einen mit der Hand zu bedienenden Schalthebel auf (links), ehe sie eine Fußschaltung erhielten. Für den Notfall war aber weiterhin ein kleiner Schalthebel vorhanden, wie auf dem Bild auf der gegenüberliegenden Seite zu sehen.

1936 reihte sich zwischen R 2 und R 4 eine dritte Maschine ein. Die 11 PS starke R 3 besaß einen Hubraum von 305 cm³ und wurde nur ein Jahr lang gebaut, bis die gesamte Baureihe modernisiert wurde. Die R 35 mit 342 cm³ und 14 PS, die R 20 mit 192 cm³ und die R 23 mit 247 cm³ blieben bis 1940 in Produktion, dann wurde der Bau der Einzylinder eingestellt, um Raum für den Bau von Wehrmachtsmotorrädern zu gewinnen, zu deren Hauptlieferanten BMW gehörte.

Der Einzylinder tauchte 1948 wieder auf, als die R 24 mit 247-cm³-Motor präsentiert wurde, eine direkte Weiterentwicklung der R 23 aus der Vorkriegszeit, aber mit Vierganggetriebe ausgestattet. Der gleiche Motor kam später in R 25, R 25/2 und R 25/3 zum Einsatz. In der von 1953 bis 1956 gebauten R 25/3 stieg die Leistung von 12 auf 13 PS; ein sehr kleiner Zuwachs, verglichen mit späteren Werten. Aus dem Einzylinder, der in überarbeiteter Form die bis 1960 gebaute R 26 antrieb, ließen sich hier 15 PS bei 6400/min holen, in der R 27 stellte sich sogar der damalige Rekordwert von 18 PS bei 7400/min ein. Mit diesem Modell endete 1966 vorerst die Herstellung des BMW Einzylinders.

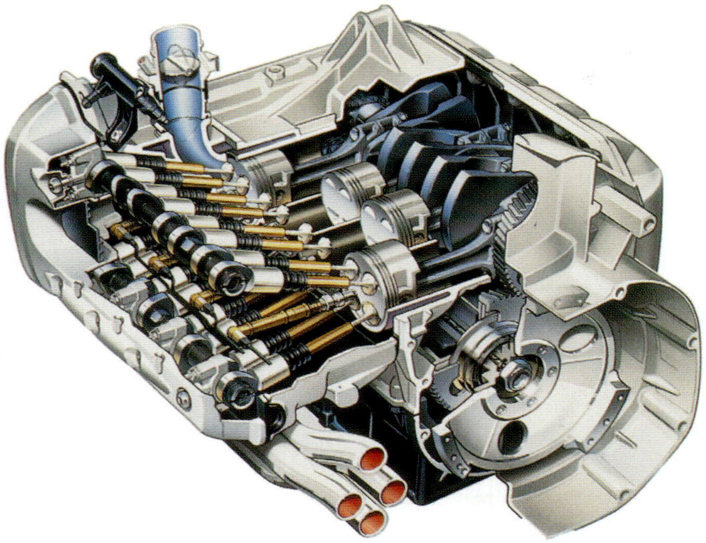

Seit 1983

DIE DREI- UND VIERZYLINDER-REIHENMOTOREN – BAUREIHE K

Ende der 1970er-Jahre war der BMW-Ausflug in die Welt der Einzylinder bereits nur noch den Fans bekannt, den Meisten galt BMW als Spezialist für Zweizylindermaschinen. Eine Einschätzung, gegen die die Ingenieure des Hauses nichts sagten, obwohl sie insgeheim schon an einem Projekt arbeiteten, das das eigene Modellprogramm revolutionieren sollte. Die Beliebtheit des Boxermotors blieb einstweilen ungebrochen, so dass man mit dem Gedanken an einen wassergekühlten Vierzylinder-Boxer spielte; die Idee wurde aber 1972 aufgegeben, ohne dass es zum Bau eines Prototyps gekommen wäre.

Das erste Anzeichen für die bevorstehenden Neuerungen datiert auf das Jahr 1978. Auf der IFMA, der internationalen Zweiradmesse in Köln, präsentierte BMW eine Konzeptstudie namens Module. Die Maschine besaß einen Zweizylinder-Reihenmotor – eine ungewohnte Wahl, die aber wichtige Vorteile mit sich brachte: Sie erlaubte die Beibehaltung des bewährten Kardanantriebs und ermöglichte eine modulare Struktur, die auf drei oder vier Zylinder erweiterbar war. Ziel war, eine Alternative zum Boxermotor zu finden, der sich in Sachen Hubraum und Leistung seinen strukturellen Grenzen zu nähern schien, ohne Einbußen an Fahrvergnügen hinnehmen oder auf „banale", wenngleich der Leistung förderliche Technik verfallen zu müssen, wie sie andere Hersteller boten, allen voran die Japaner.

Die Antwort fand man in einer Studie, die typische Motorradkonzepte mit solchen aus dem Automobilbau verband. Auf diesem Feld verfügte BMW natürlich auch über jede Menge Erfahrung, denn seit 1928 hatte man in Lizenz englische Autos gebaut, denen ab den 1930er-Jahren Eigenkonstruktionen folgten. Man verfiel darauf, einen Vierzylinder-Reihenmotor längs und liegend in einen Rahmen zu montieren. Der gewünschten Größe entsprach ein 950-cm^3-Vierzylinder, den die PSA-Gruppe in Kleinwagen der Marken Peugeot und Citroën verwendete; er wurde in der ersten Versuchsphase von BMW benutzt.

Trotz diverser Probleme verliefen die ersten Tests auf der Straße insgesamt zufrieden stellend, so dass die Verantwortlichen offiziell das Projekt K anstießen, welche Bezeichnung dann auch die Serienmaschinen trugen. Viele Details mussten noch geklärt werden; die Verantwortung für die weitere Erprobung wurde Martin Probst übertragen, der sich zuvor mit

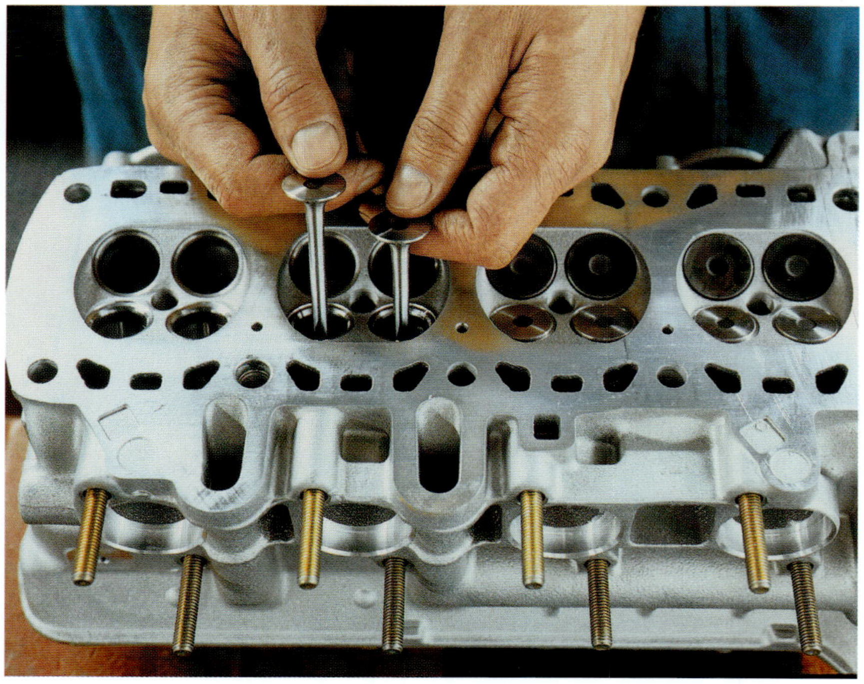

1983 erschütterte der Vierzylinder die Welt der BMW-Fans, die an den Boxermotor gewöhnt waren. Der liegend untergebrachte Motor war der Königsweg zu einer Leistungssteigerung, die die luftgekühlten Zweizylinder nicht vollbringen konnten. Die Fahrleistungen stiegen 1989 mit der Einführung des Vierventil-Zylinderkopfes weiter (gegenüberliegende Seite).

Bei der Konzeption des Motors der Baureihe K behielten die Konstrukteure einige traditionelle BMW-Parameter bei: Längsausrichtung der Kurbelwelle, mit dem Motor verblocktes Getriebe und Kardanantrieb. Das Ergebnis war eine sehr kompakte Antriebseinheit, wie das Foto (links) und das Schnittmodell (unten) belegen.

Hochleistungs-Autcmotoren beschäftigt hatte. Man begann die Arbeit an einem Vierzylinder von etwa 1000 cm³ Inhalt und mindestens 90 PS Leistung, wobei man alternativ auch an einen Dreizylinder dachte, der kürzer wäre und die Maschine handlicher und agiler machen würde. Das erste strukturierte Projekt begann 1979 und sein Fortgang geschah unter großer Gehe mhaltung; hin und wieder ließen sich mysteriöse Stimmen vernehmen, aus denen freilich nicht zu schließen war, wie bald schon eine BMW mit mehr als zwei Zylindern auf der Straße fahren sollte. Das Geheimnis wurde erst im Frühjahr 1983 gelüftet, als einige Vorserienmodelle der Baureihe K die Versuchsabteilung verließen und in Nordamerika Testfahrten auf öffentlichen Straßen unternahmen. Erst jetzt wurde deutlich, dass BMW neue Wege beschreiten wollte.

Das revolutionäre Konzept trug die Handschrift von Josef Fritzenwenger, dem Ingenieur, den Probst zum technischen Leiter des Projekts K gemacht hatte, genau so, wie 60 Jahre zuvor Max Friz dem Boxermotor seinen Stempel aufgedrückt hatte. BMW Compact Drive, das offiziell im September 1983 vorgestellte Triebwerk, hielt an etlichen Eckpunkten der BMW-Philosophie fest: Längsanordnung der Kurbelwelle, mit dem Motor verblocktes Getriebe – in diesem Fall über eine sich gegenläufig drehende Zwischenwelle – und Kraftübertragung ans Hinterrad per Kardanwelle. Wie geplant wies der Vierzylinder einen Hubraum von 987 cm³ und eine Leistung von 90 PS auf und wurde liegend eingebaut. Um diesen Motor an den Einsatz im Motorrad anzupassen, wurde er so untergebracht, dass sich die Kurbelwelle

rechts und der Zylinderkopf mit seinen beiden obenliegenden Nockenwellen links befanden. Auf modernstem Stand waren die computergesteuerte Zündung und Einspritzung, zu der Zeit eine absolute Motorrad-Neuheit.

Zwei Jahre nach der K 100 erschien die K 75, die dreizylindrige Variante, die man schon zu Beginn des Projekts erwogen hatte. Was wie ein K-100-Motor mit einem Zylinder weniger wirken mochte, war in Wahrheit ein eigens entwickelter Dreizylinder, der Besonderheiten beim Ausgleich der Massenkräfte und der Form der Brennräume aufwies. Aus 740 cm^3 schöpfte der Motor der K 75 75 PS bei 8500/min, womit die Maschine je nach Ausstattung 200 bis 210 km/h schnell war. Trotz der dynamischen Ausgewogenheit und ihres guten Preis-Leistungsverhältnisses blieb die Dreizylinderversion nicht so lange im Programm wie die größere Variante; zuletzt wurde 1997 die K 75 RT angeboten.

Der Vierzylinderversion war ein längeres Leben beschieden. Bald gab es sie in mehreren Varianten, deren erste, im Jahr 1989 vorgestellte einen 16-Ventil-Zylinderkopf erhielt, der die Leistung auf glatte 100 PS erhöhte; diese K 1 entstand in limitierter

Stückzahl, ab 1990 gab es aber als reguläres Serienmodell die K 100 RS 16V. An dieser Maschine führte BMW, zunächst auf Wunsch, den geregelten Katalysator mit Lambdasonde ein; dazu wurde der Hubraum auf 1092 cm^3 erhöht, um den durch den Katalysator hervorgerufenen Leistungsverlust zu kompensieren. Ab 1991 sprach man nicht mehr von

Mit 100 PS, die die Variante des K-Motors mit vier Ventilen pro Zylinder leistete, bot die RS Fahrleistungen, die ihrem sportiven Auftritt mit Spezialverkleidung entsprachen (gegenüberliegende Seite oben).

Die Röntgenzeichnung der K 75 (oben) mit Dreizylindermotor zeigt das Streben nach kompakten Abmessungen, um ihr die nötige Agilität zu verleihen; Teile der Technik entstammten dem Autobau und waren für ein Motorrad eher ungewöhnlich (gegenüberliegende Seite unten).

Nach der Vergrößerung auf knapp 1100 ccm wuchs der erste Vierzylinder der BMW Motorradgeschichte 1997 weiter auf 1171 ccm; mit 130 PS trieb dieser Motor die K 1200 RS an. Der übliche Stahlrohrrahmen wurde bei dieser Maschine angesichts der besonders hohen Leistung und der höheren erzielbaren Geschwindigkeiten durch eine steifere Aluminiumstruktur ersetzt (links).

der K 100, sondern von der K 1100, deren Motor weiterhin 100 PS leistete, die allerdings schon bei 7500 statt erst bei 8000/min zu Buche standen. 1999 wurde der Hubraum weiter erhöht; ein 1171-cm³-Motor ging für die K 1200 LT in Serie, eine beeindruckende Tourenmaschine nach amerikanischem Muster mit 98 PS bei 6750/min. Damit nicht genug: Der unermüdliche Vierzylinder konnte auch in Sachen Leistung weiter zulegen. Das zeigte sich 1997, als BMW die selbst auferlegte Höchstgrenze von 100 PS durchbrach. Aus den 1171 cm³ des LT-Motors schöpfte der Sport-Tourer K 1200 RS 130 PS bei 8750/min und war damit bis zu 245 km/h schnell.

Seit 1993

DIE EINZYLINDER MIT VIER VENTILEN – BAUREIHE F

Ende 1993, wenige Monate nach dem Erscheinen des neuen Boxermotors, brachte BMW einen Motor auf den Markt, der den Willen des Werks, neue Wege zu gehen, unterstrich. Für viele bestand die Sensation darin, dass es sich um einen Einzylinder handelte, das war aber gar nichts Ungewöhnliches, denn schon in der Vergangenheit hatte BMW erfolgreiche Maschinen mit Triebwerken dieses Typs im Programm gehabt. Revolutionär waren hingegen die Geschwindigkeit, mit der das Projekt realisiert wurde – wofür lediglich zwei Jahre genügt hatten – und die Tatsache, dass BMW hier erstmals ein Projekt nicht zu hundert Prozent selbst ausarbeitete, sondern gemeinsam mit zwei anderen europäischen Konzernen, Bombardier-Rotax im Falle des Motors und Aprilia, wo die Montage der Motorräder der neuen Baureihe F stattfand.

Etwas Neues war auch, dass BMW den Willen zeigte, ein erschwingliches Einstiegsmodell anzubieten und erstmals in 70 Jahren den Kardanantrieb, der bis dahin das BMW-Markenzeichen gewesen war, zugunsten einer Kette aufzugeben.

Für das neue Modell wählte BMW einen mittelgroßen Hubraum von 650 cm^3, der trotz diverser Modellpflegemaßnahmen an der einzylindrigen F durchgängig unverändert blieb. Zur Zeit der Markteinführung arbeiteten Aprilia und Rotax bereits zusammen; das österreichische Unternehmen lieferte an das italienische Werk einen ähnlichen Motor, der das Enduro-Erfolgsmodell Pegaso antrieb. Der Motor war aber nicht identisch, denn die Techniker von Aprilia und BMW arbeiteten an unterschiedlichen technischen Lösungen, die vor allem die Ventile betrafen: Während Aprilia fünf Ventile bot, bevorzugte BMW einen konventionellen DOHC-Motor mit vier Ventilen, um das Triebwerk technisch in eine Reihe mit den vorhandenen Aggregaten zu stellen.

Die F 650 besaß in der ersten Ausführung einen Hubraum von 652 cm^3 und leistete 48 PS bei 6500/min; das maximale Drehmoment von 56 Nm fiel bei 5200/min an, Werte die eine Spitze von 163 km/h ermöglichten und zugleich, vor allem bei voller Belastung, für spritzige Beschleunigung sorgten. Daneben wurde die Maschine auch in einer leistungs-

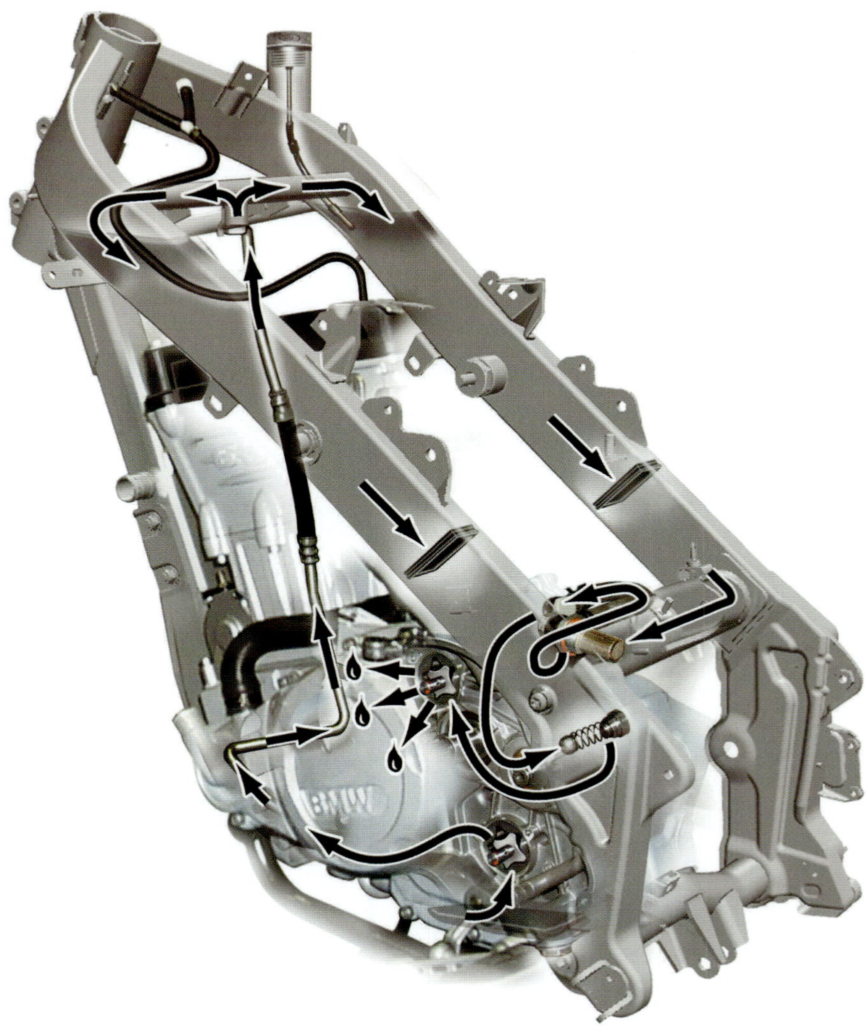

gedrosselten Version angeboten, die sich mit 34 PS begnügte und je nach der Gesetzeslage in den verschiedenen europäischen Ländern auch von Führerscheinneulingen gefahren werden durfte.

Der Motor der F 650 besaß zur Dämpfung von Vibrationen eine Ausgleichswelle, musste nur alle 10.000 Kilometer zur Inspektion und war schon damals mit ungeregeltem Katalysator lieferbar, um den Schadstoffausstoß zu senken; der Kat war in Deutschland, Österreich, der Schweiz und den USA Serie, ansonsten auf Wunsch erhältlich.

Der Motor der F besaß eine Trockensumpfschmierung, was einen besonders kompakten Motorblock ermöglichte. Der Schmierstoff war im oberen Rahmen untergebracht, anfangs im oberen Rahmenquerrohr, später bei der F 650 GS in den beiden Längsrohren (gegenüberliegende Seite).

Die Wahl, einen bereits vorhandenen Motor des österreichischen Rotax-Werks als Ausgangsbasis zu verwenden, zwang die BMW Techniker, zum ersten Mal in der Geschichte des Hauses auf den Kardanantrieb zu verzichten. 70 Jahre nach der R 32 war die F 650 das erste Motorrad der Bayern mit einer konventionellen Kette (oben). Mit Erscheinen der F 650 CS war die F auch mit einem Sekundärantrieb per Zahnriemen erhältlich.

Im Jahr 2000 fiel die Verlegung der Produktion aus Italien ins BMW Werk Spandau mit der Einführung einer neuen F 650-Generation zusammen. Unter den zahlreichen Neuerungen war zweifellos die elektronische Einspritzung (rechts) die wichtigste, die die bis dahin verwendeten beiden Vergaser ablöste.

Nach dem Ende der Zusammenarbeit mit Aprilia im Frühjahr 2000 wurde die Fertigung des Einzylinder-Motorrades vom italienischen Noale, wo in sieben Jahren über 64.000 Stück entstanden waren – mehr als geplant – nach Berlin-Spandau verlegt, wo nun, mit Ausnahme der C1, sämtliche BMW-Zweiräder gebaut wurden. Zugleich wurde der Einzylinder stärker und umweltfreundlicher; die wichtigsten Änderungen betrafen den Wechsel vom Vergaser zur elektronischen Einspritzung und eine neue Technologie bei der Herstellung des Zylinderkopfes, mit der auch der Motor des Sport-Tourenwagens M3 gefertigt wurde. Der Hubraum betrug unverändert 652 cm^3, die Leistung stieg aber auf 50 PS bei 6500/min, das maximale Drehmoment kletterte auf 59 Nm und stand bereits bei 5000/min zur Verfügung. Die Elektronik ermöglichte den Einbau eines Dreiwege- statt eines ungeregelten Katalysators, der von nun an kein Extra mehr war, sondern generell Serie. Der Motor der F 650 war somit der erste umweltkompatible Einzylinder der Welt.

Ab 2002 stellte BMW dem vorhandenen Modell die F 650 CS oder Scarver zur Seite. An diesem Modell, das eine gemischte, stärker weibliche Kundschaft ansprechen sollte, feierte eine neue Technik ihr Debüt, der Sekundärantrieb über einen Zahnriemen. Dieses Detail, das BMW schon 1923 für den Boxermotor der ersten R32 in Erwägung gezogen hatte, ersetzte nunmehr als Technik „made by BMW" die klassische Kette, die im Hause nie auf besondere Gegenliebe gestoßen war.

Der Einzylinder in seiner jüngsten Version aus der F 650 GS (oben) mit fortschrittlichster Technik. Es blieb bei vier Ventilen. Weitere Merkmale: elektronische Einspritzung, „2 Spark"-Doppelzündung (rechts) und Katalysator.

Der F-Motor hat bewiesen, dass er auch sportliche Anlagen besitzt, obwohl er in Motorrädern eher zivilen Zuschnitts zum Einbau kommt. In entsprechend präparierter Form erlaubte er es dem Franzosen Richard Sainct, die Rallye Dakar, den mörderischen Marathon in Nordafrika, in den Jahren 1999 und 2000 zu dominieren; BMW hatte diese Rallye bereits 1981 und 1982 mit Hubert Auriol sowie 1984 und 1985 mit Gaston Rahier, jeweils im Sattel einer zweizylindrigen GS, gewonnen.

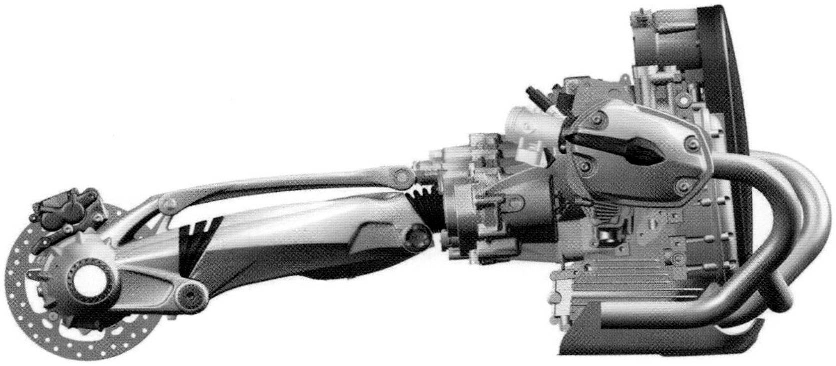

Seit 1993

DIE ZWEIZYLINDER-BOXER MIT VIER VENTILEN

In 1993 feierte BMW 70 Jahre Motorradbau und läutete zugleich eine neue Ära ein. Nach knapp zehn Jahren hatten es die K-Modelle nicht geschafft, den gusseisernen Fans der Zweizylinder-Boxermaschinen wirklich das Herz zu wärmen. Sie wurden trotz wiederholter Versuche, sie in Rente zu schicken, noch immer gebaut. Es war nun aber endgültig die Zeit gekommen, sich um einen Nachfolger für diesen historischen Motors Gedanken zu machen, wenn auch nur deshalb, weil der Klassiker in absehbarer Zeit die sich stets verschärfenden Abgasnormen nicht länger würde erfüllen können; die Wahl fiel auf einen neuen Boxermotor. Der auf der IFMA in Köln im September 1992 vorgestellte und offiziell im folgenden Frühjahr auf Lanzarote präsentierte Motor war tatsächlich wieder ein Zweizylinder-Boxer, wenn auch von fortschrittlicher Technik und mit vielen avantgardistischen Details versehen, und sollte als Ausgangspunkt einer neuen Baureihe dienen, nicht als ein Endpunkt.

Von dem Motor, der die Marke BMW in aller Welt berühmt gemacht hatte, übernahm das neue Triebwerk der Baureihe R die Ventilsteuerung über Stoßstangen und Kipphebel, die man anderen Möglichkeiten vorzog; zugleich verfügte der Entwurf über eine seitlich neben dem Brennraum platzierte Nockenwelle und extrem kurze Stoßstangen. Wichtigste Neuerung war aber die Anzahl der Ventile, die sich verdoppelte, auf vier pro Zylinder. Zudem stellte man von den klassischen Vergasern auf eine elektronisch gesteuerte Einspritzung und Zündung um. Die Luftkühlung des alten Boxers wich einem gemischten System, bei dem Öl in den Zylinderwänden zirkulierte und die Köpfe weiterhin vom Fahrtwind gekühlt wurden. Zu den wichtigsten Merkmalen des neuen Motorblocks zählte, dass er jetzt mittragend im Rahmen installiert war. Bei den letzten Modellen der Serie R mit Zweiventil-Motor war die Einarmschwinge bereits am Getriebe befestigt und damit Teil der tragenden Struktur gewesen; jetzt ging das Werk einen Schritt weiter und befestigte auch das vordere Fahrwerk daran. Bei der R 1100 RS, der ersten Vertreterin der neuen Generation, waren am vorderen Ende keine Rahmenrohre zu sehen; stattdessen erblickte man dort einen langgestreckten Lenker als zentrales Element der Telelever-Gabel, einem der markantesten Merkmale der BMW Maschinen der 1990er-Jahre.

Von den 60 PS der R 100 mit zwei Ventilen pro Zylinder (die noch drei Jahre parallel zum neuen Modell gebaut werden sollte) kletterte die Leistung bei der R 100 um glatte 50 Prozent auf 90 PS bei 7250/min. Seinen ersten Einsatz hatte der neue Motor in einer Maschine von teils sportlichem, teils Tourencharakter, er sollte später aber auch in Modellen anderen Zuschnitts verwendet werden. Für den Einsatz in der ein Jahr darauf erschienenen GS und der „nackten“ R 1100 R wurde der Motor erstmals überarbeitet und dem neuen Umfeld angepasst; bei der Enduro und dem Roadster kam es mehr auf hohes Drehmoment für entspanntes Fahren denn auf Höchstleistung an. Entsprechend wurde die Leistung von 90 auf 80 PS zurückgefahren, die bereits bei der niedrigeren Drehzahl von 6750/min anfielen. Zugleich erschien erstmals eine Variante mit kleinerem Hubraum von 848 cm³, die sich aber mit 70 PS bei 7000/min ein gewisses Temperament bewahrte. Der große Vierventilboxer behielt seinen ursprünglichen Hubraum bei, bis er 1997 in die Reisemaschine RT gelangte und auf 1170 cm³ vergrößert wurde; zugleich kam eine neue Zweizylinder-Modellreihe unter der Bezeichnung C heraus, was für Cruiser, d.h. Maschinen nach amerikanischem Vorbild, stand. Bei ihnen ging es nicht um höhere Fahrleistungen, darauf musste man noch ein paar Jahre warten. Der 1200er-Motor leistete tatsächlich nur 61 PS bei 5000/min und war überaus elastisch, für einen Harley-Davidson-Konkurrenten eine unabdingbare Eigenschaft. Dass BMW bei der Hubraumgröße bleiben wollte, die man 1998 erreicht hatte, zeigte sich, als dieser Boxer auch die

Von außen sehen sie sich ähnlich, doch der Boxer der zweiten Generation hat mit seinem Vorgänger nicht allzu viel gemein. Die hervorstechendsten Neuerungen betrafen die Ventilsteuerung, die Kühlung und die Gemischaufbereitung (auf dem Schnittbild rechts zu sehen), es wurden aber alle Teile des Triebwerks grundlegend überarbeitet. Der neue Boxer wurde voll in die ab 1993 gebauten Modelle der R-Reihe integriert, d.h. er war mittragend im Rahmen verankert, während die spezielle Telelever-Gabel lange Lenker aufwies, die am Motorblock befestigt waren.

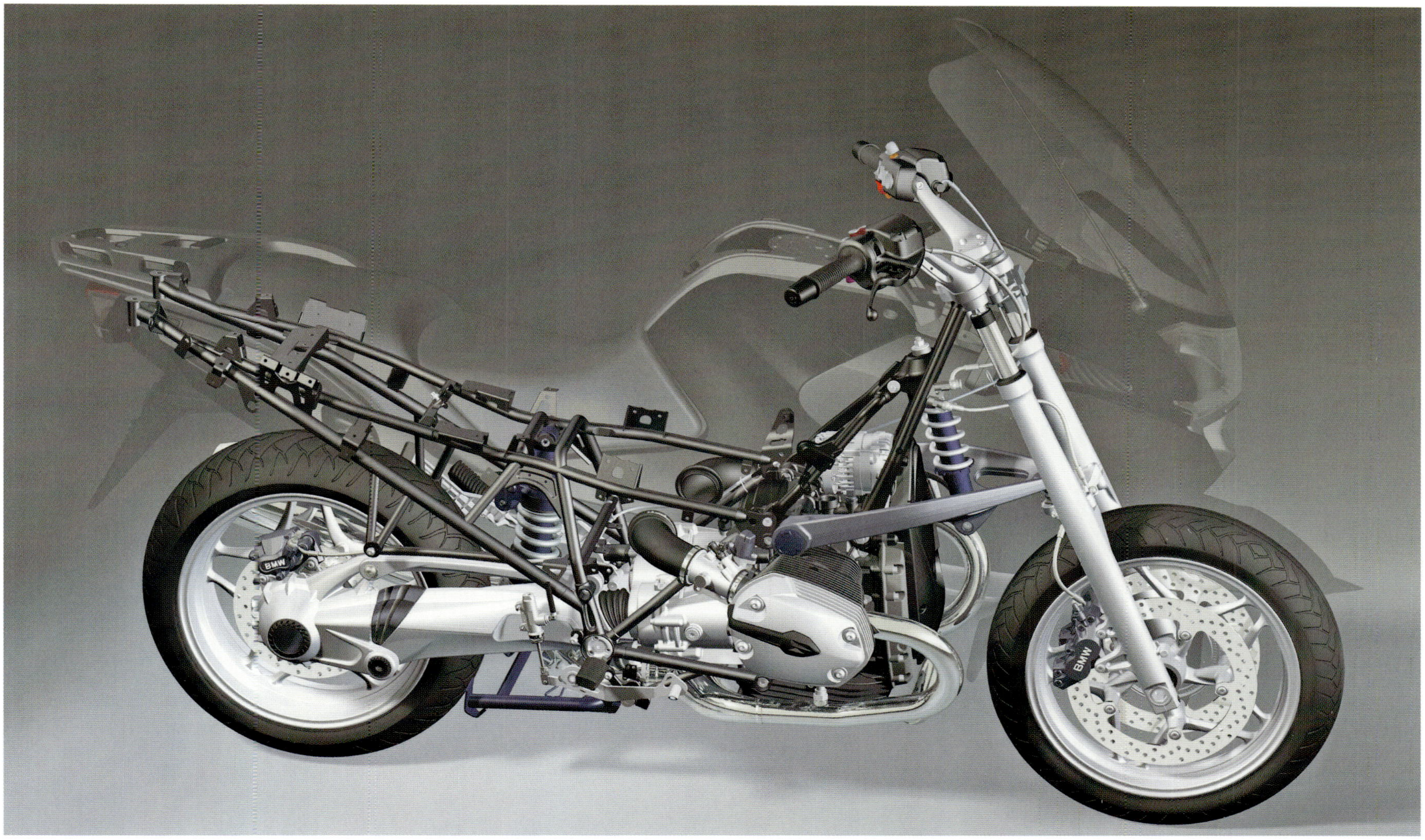

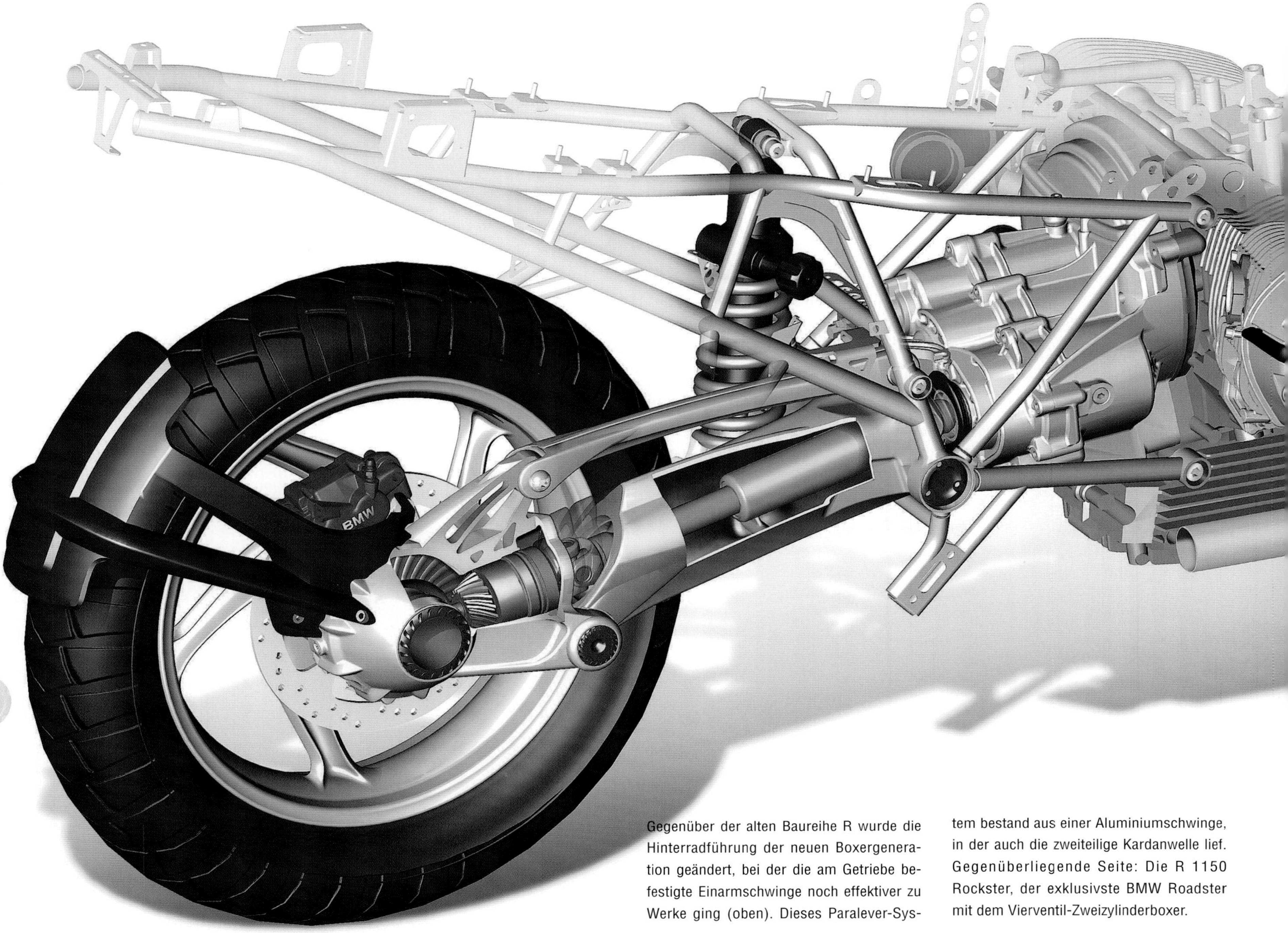

Gegenüber der alten Baureihe R wurde die Hinterradführung der neuen Boxergeneration geändert, bei der die am Getriebe befestigte Einarmschwinge noch effektiver zu Werke ging (oben). Dieses Paralever-System bestand aus einer Aluminiumschwinge, in der auch die zweiteilige Kardanwelle lief. Gegenüberliegende Seite: Die R 1150 Rockster, der exklusivste BMW Roadster mit dem Vierventil-Zweizylinderboxer.

bis dahin sportlichste deutsche Serienmaschine antrieb. Dafür war mehr nötig als ein sportives Fahrwerk und eine ebensolche Optik; der Motor erhielt eine Kraftspritze, die ihm eine Höchstleistung von 98 PS einhauchte.

Wie bei der Baureihe K wurde der Hubraum des Zweizylinders ab 1999 stufenweise vergrößert. Von 1100 wuchs er zunächst auf 1150 (exakt 1130 cm³), wurde 5 PS stärker und anfangs nur in der Enduro, ab 2001 auch in der BMW Roadster verwendet. Im selben Jahr wurde auch der Boxermotor von RT und RS um 5 PS stärker. Diese Zuwächse ergaben sich durch die Vergrößerung von Bohrung und Hub und wurden durch weitere Maßnahmen begleitet, etwa den Einsatz neuer Pleuel mit abnehmbarem Kopf und eines Sechs- statt des vorherigen Fünfganggetriebes.

Sieben Jahre nach der Einführung der Cruiser wurde die 1200er-Klasse umfassend und mit ehrgeizigen Zielen aufgefrischt. Die GS ging voran und erhielt den 1170-cm³-Motor mit hier 100 PS. Danach ging es mit der Leistung weiter bergauf: Die Triebwerke der Tourenmaschine RT und der neuen ST kamen auf 110 PS und Ende 2005 leistete die Sportenduro HP2 105 PS, für eine Geländemaschine ein außergewöhnlich hoher Wert. 2006 kam die sportliche R 1200 S an die Reihe, die mit 122 PS bei 8250/min die stärkste Boxermaschine im BMW Programm darstellte.

2000 bis 2002

DIE EINZYLINDRIGE C1

Dieses Kapitel ist weniger einem Motor als vielmehr einem ganzen Projekt gewidmet, das die Welt des Zweirades hätte revolutionieren können. Um einen fortschrittlichen Motor herum, den kleinsten, den BMW jemals verwendete, wurde ein Mobil entwickelt, das die Sicherheit des Fahrers in den Mittelpunkt stellte, dem jedoch der erhoffte Erfolg versagt blieb. Daher ist die C1 die kurzlebigste BMW Maschine in über 80 Jahren Zweiradgeschichte geworden. Im März 2000 erschien die C1 mit ihrem Motor, der völlig vom klassischen Kanon des Hauses abwich. Der kleine Einzylinder stammte von dem österreichischen Hersteller Rotax, der ihn gemäß den Vorgaben von BMW baute, genauso, wie es schon beim Triebwerk der F 650 der Fall war. Zahlreiche Details unterschieden diesen Einzylinder von den übrigen BMW Motoren, angefangen beim Hubraum von lediglich 125 cm³. Ferner wich das übliche Schaltgetriebe einer stufenlosen Automatik. Der Motor war ein typischer Rollermotor und war in der Tat mit den Antriebseinheiten der einschlägigen Aprilia-Scooter verwandt, vom Leonardo bis zum Scarabeo. Hauptzweck dieses für BMW und die Kunden ungewohnten Gefährtes war die hohe Mobilität im Stadtverkehr. Das Projekt C1 begann Anfang der 1990er-Jahre, um genau zu sein, am 18. Mai 1990, als Bernd Nurtsch mit den Studien zu einem Sicherheitssitz für Motorräder begann. Die Definition eines Zweirades für eine entsprechende Machbarkeitsstudie, das über eine Rahmenlängsstruktur aus Druckguss-Aluminiumrohren verfügen sollte, wurde Detlef Helm übertragen, dem seinerzeit erfahrensten Mitarbeiter von BMW Technik, wenn es um komplexe strukturelle Berechnungen ging. Das Ziel bestand in der Realisierung eines Zweirades, das seinem Fahrer mit einer Struktur, die auch Zusammenstößen mit stehenden oder beweglichen Objekten bis zu einer Geschwindigkeit von 50 km/h standhielt, möglichst großen Schutz gewähren sollte.

Der nächste Schritt bestand in der Schaffung eines Vorentwurfs im Maßstab 1:2,5, der die Bezeichnung Z-14 erhielt. Am 16. März 1992 präsentierte die BMW Technik dieses Modell der Motorradsparte. Deren Verantwortliche beschlossen, es auf der IFMA, der internationalen Zweiradmesse in Köln, im folgenden Herbst der Öffentlichkeit vorzuführen. Das BMW Motorrad-Designzentrum erstellte ein erstes lebensgroßes Modell und das Projekt erhielt offiziell die Bezeichnung C1; der Entwurf wurde in den folgenden sieben Jahren bis zum Serienbeginn mehrmals umgearbeitet, bis er seine endgültige Gestalt gefunden hatte.

Zwar orientierte sich der Motor, der nur in diesem Modell zum Einsatz kam, an dem für Motorroller Üblichen, das Vehikel, das zu den Händlern ging, war aber durch und durch revolutionär und verband typische Zweiradeigenschaften mit Sicherheitselementen aus dem Automobilbau. Dass es ein wahrhaft revolutionäres Zweirad war zeigte sich auch in der gesetzlichen Einstufung der C1 auf europäischer Ebene: Kein anderes Zweirad als die C1 durfte ohne Helm gefahren werden, stattdessen war das Anlegen des Sicherheitsgurtes zwingend vorgeschrieben. Die Sicherheitszelle bestand aus Dach, Windschutzscheibe und Rahmenstruktur mit definiert verformbaren Elementen; der Fahrer war dadurch nicht nur vor den Elementen geschützt, sondern auch gegen die bösesten Konsequenzen von eventuellen Unfällen. Im Grunde war die C1 ein Mittelding aus Auto und Motorrad und nutzte die große Erfahrung, über die BMW als einer der wenigen auf beiden Gebieten tätigen Hersteller verfügte.

Die C1 sollte Autofahrern, die zuvor noch nie einen Roller besessen hatten, weil er ihnen zu unsicher war, gesteigerte urbane Mobilität gewähren. Zu diesem Zweck wurde der Hubraum absichtlich auf 125 cm^3 festgelegt, denn das war nicht nur die Größe, ab der ein Motorradführerschein verlangt wurde, sondern auch die damals in Europa (mit gewissen Abweichungen von Land zu Land) gültige Höchstgrenze, bis zu der Zweiräder mit dem normalen Autoführerschein gefahren werden durften. Dieses Gesetz legte nicht nur die Hubraumobergrenze fest, sondern auch eine Höchstleistung von 11 kW (15 PS). Um den Kunden

Das Projekt C1 wurde mehrmals geändert, ehe das Werk sich auf die definitive Serienversion festlegte; die Herstellung erfolgte bei Bertone in Turin. Zwischen dem Prototyp (links) und der Serienvariante (rechts) liegen über sieben Jahre; das geänderte Design ist augenfällig, manche Besonderheiten der Konstruktion wie der Schutzkäfig und die Sicherheitsgurte sind aber schon vorhanden.

trotz des im Vergleich zu herkömmlichen Rollern hohen Gewichts der C1 akzeptable Fahrleistungen bieten zu können, ging BMW bis an diese Leistungshöchstgrenze. Daher geriet der Motor sehr modern und wies vier Ventile, Flüssigkeitskühlung, elektronische Zündung und den ersten Dreiwege-Katalysator in dieser Fahrzeugkategorie auf. Trotz der Ähnlichkeiten zum Motorroller betonte BMW, dass die C1 nicht einfach nur ein Roller mit Dach sei, sondern der erste Vertreter einer neuen Fahrzeuggattung, die den Stadtverkehr revolutionieren werde. Das Sicherheitskonzept wurde in den Vordergrund gestellt, das zudem den nicht unerheblichen Vorteil des Schutzes vor Kälte und Regen biete. Außer der verformbaren Sicherheitszelle und dem Sicherheitsgurt kam der C1 das Verdienst zu, in die Welt der Roller weitere vom Auto her bekannte Sicherheitselemente einzuführen, etwa ABS, das es gegen einen Aufpreis von 516,46 Euro zu ordern gab. Auch der eigentliche Hersteller der C1 war eng mit dem Automobil verbunden; nachdem BMW erst Gespräche mit anderen Partnern, darunter mit Aprilia, wo bereits für das Münchner Haus produziert wurde, geführt hatte, entschied man sich schließlich für Bertone in Grugliasco bei Turin; dort wurde ab dem 4. September 1997, dem Datum der Vertragsunterzeichnung, die Montagelinie errichtet.

Der Einzylindermotor der C1 war hoch verdichtet, was eine gute Leistungsausbeute ermöglichte und zugleich den Verbrauch senkte; bei konstant 90 km/h wurden auf 100 Kilometer knapp über drei Liter benötigt. Obwohl das Gewicht deutlich höher lag als bei einem Motorroller vergleichbarer Größe war die C1 recht flink, erreichte eine Spitze von 103 km/h und beschleunigte in 5,9 Sekunden auf Tempo 50. Der hervorragende Kompromiss aus Sprit-

Der Einzylinder der C1 (links) war der zweite in der Geschichte des Hauses, der nicht von BMW selbst, sondern nach strikten Vorgaben extern hergestellt wurde. Wie der Motor der Baureihe F stammte er von Rotax. In den Grundzügen stimmt er mit 125-ccm-Motoren, die in anderen Rollern verwendet werden, überein, doch bestand BMW von Anfang an auf einer Einspritzung anstelle von Vergasern.

Das Dach schützte den Piloten vor den Unbilden des Wetters, in erster Linie sollte es aber auch Zweiradfahrern eine Schutzzelle wie beim Auto ermöglichen und im Falle eines Unfalls Aufprallenergie verzehren (gegenüberliegende Seite).

zigkeit und Fahrerschutz genügte aber nicht, um den Absatz der C1 zu beflügeln, der auf manchen Märkten das Fehlen eines größeren Motors und insgesamt ihr konzeptbedingt hoher Schwerpunkt angekreidet wurde.

Deshalb stellte das Werk gut ein Jahr nach Verkaufsbeginn, im Sommer 2001, der 125-cm^3-C1 eine Ausführung mit 200 cm^3 zur Seite, bei deren Motor es sich genau genommen um einen 176 cm^3 großen Einzylinder handelte. Diese 51 cm^3 mehr bewirkten eine Menge, nicht nur in Sachen Leistung, die auf 15 kW (18 PS) kletterte, und Höchstgeschwindigkeit (112 km/h), sondern vor allem auch im Hinblick auf den Einsatz. Dank des größeren Hubraums durften zum Beispiel in Italien Autobahnen und Schnellstraßen befahren werden, die Fahrzeugen ab einem Hubraum von 150 cm^3 vorbehalten waren. Im Gegenzug verlangte die hubraumstärkere Version nach einem speziellen Motorrad- oder einem vor 1986 ausgestellten Autoführerschein.

Zu den Versionen Family`s Friend und Executive gesellte sich später auch eine Variante in den Williams-Farben, die die Zusammenarbeit zwischen den beiden Werken in der Formel 1 feierte. Die höchste je an einem Zweirad realisierte Form von Sicherheit machte die C1 berühmt, ein durchschlagender Erfolg am Markt ließ aber auf sich warten, obwohl es nicht an guten Eigenschaften fehlte, angefangen von der entfallenden Helmpflicht. Einer weiteren Verbreitung stand weniger das obligatorische Anlegen des Sicherheitsgurtes im Wege (wenn er nicht korrekt getragen wurde, verhinderte eine elektronische Sperre das Losfahren durch eine Drosselung der Motordrehzahl), sondern die reine Einsitzigkeit. BMW hatte geplant, gegen Mehrpreis die Möglichkeit anzubieten, einen Beifahrer zu transportieren; er hätte sich aber außerhalb der Sicherheitszelle auf einem zusätzlichen Sitz auf der Gepäckablage befunden und hätte einen Helm tragen müssen. Die ganze Sicherheitszelle war tatsächlich ausschließlich auf den Schutz des Fahrers ausgelegt, und auch nur, wenn dieser richtig saß, die Beine auf den Trittbrettern und die Hände am Lenker.

Trotz der Versuche, die C1 zu einem Lifestyle-Artikel zu machen, wozu man sich auch an einen Modemacher vom Kaliber eines Louis Vuitton wandte, der drei auf dem Pariser Salon gezeigte Sondermodelle

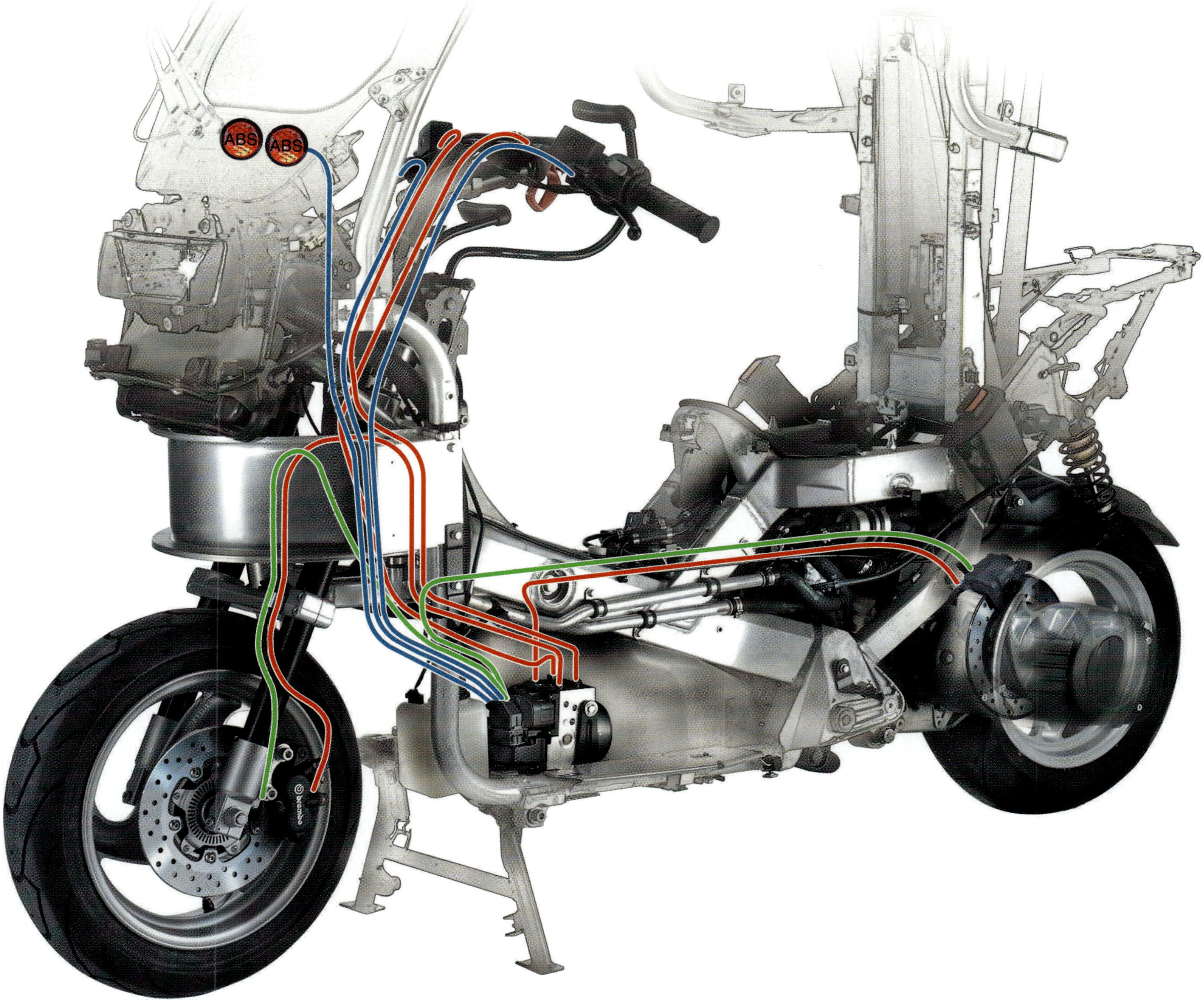

Um die C1 attraktiv zu machen tat sich das Werk auch mit einem Modemacher zusammen. Auf dem Pariser Salon im Herbst 2000 wurden drei von Louis Vuitton gestaltete C1 gezeigt, die auf die Bezeichnungen Nomade (gegenüberliegende Seite oben), Bagatelle und Bond Street hörten.

Die C1 bot wirklich Einiges an Sicherheit, wie die zahlreichen durchgeführten Demonstrationen (gegenüberliegende Seite unten) und Crashtests nach Auto-Art bewiesen. Sicherheitszelle und Sicherheitsgurt erhöhten im Falle des Falles die Chancen des Piloten auf Unversehrtheit.

Trotz der eher bescheidenen Fahrleistungen, die die 125 und 200 ccm großen Motoren der C1 bescherten, war auch für sie, genau wie für die hubraumgrößeren BMW Motorräder, ABS gegen Aufpreis lieferbar (oben). Es handelte sich um ein spezielles System, das leichter und kompakter war, weniger Strom verbrauchte und darüber hinaus in der Herstellung preiswerter war. Das Gewicht der gesamten Anlage betrug lediglich 2,1 kg.

entwarf, blieb die Produktion weit hinter den Erwartungen zurück. Bertone hatte sich für den Bau von 27.000 Exemplaren pro Jahr gerüstet, die Märkte nahmen aber nicht mehr als 10.000 Stück in 12 Monaten auf. Nach der Ankündigung im Oktober 2002, die Stückzahlen zurückzufahren, wurde der Bau der C1 Ende des Jahres komplett eingestellt. 125 und 200 waren insgesamt auf 33.714 Stück gekommen.

Seit 2004

DIE NEUE BAUREIHE K MIT REIHENVIERZYLINDER

Ende 2003 begann Herbert Diess, Chef von BMW Motorrad, die immer lauter werdenden Stimmen zu bestätigen, die von der bevorstehenden Einführung einer neuen Motorenfamilie mit vier Zylindern sprachen. Aus der 1983 erschienen Baureihe K hatte man das Äußerste herausgeholt, daher war nun die Zeit gekommen, eine neue, sehr viel stärkere und leichtere Vierzylinder-BMW zu präsentieren, die, wie Diess einräumte, einen stehend quer eingebauten Motor aufweisen werde. Diese Auslegung war seit über 30 Jahren für die japanischen Marken typisch, doch machte BMW deutlich, dass das Zweirad nichts Japanisches an sich habe, sondern ganz einfach ein für starke Maschinen günstiges und intelligentes Konzept besitze, das auch für Tourenmaschinen geeignet sei. Diess versprach zudem etliche technische Innovationen, dank derer die neue Reihe einzigartig und mit nichts aus dem Fernen Osten vergleichbar sei.

Etwa sechs Monate später, Anfang Juni 2004, verkündete eine Pressemitteilung, dass im Werk Berlin die Vorbereitungen für den Serienbeginn des neuen Modells liefen. Man blieb bei der bekannten Bezeichnung K, die bisher schon die Vierzylinder benannt hatte. Ende Juni wurden die offiziellen Listenpreise der K 1200 S, des ersten Mitglieds der neuen Familie, bekanntgegeben, und am 29. Juli hatte sie ihren ersten öffentlichen Auftritt auf der Rennstrecke von Misano.

Wie versprochen wartete die K mit exklusiven technischen Finessen auf, obwohl der Reihenvierzylinder an sich, der stehend und quer im Rahmen saß, gewiss nichts Neues war. Auffällig war hingegen sein geringes Gewicht von 81,3 kg inklusive Getriebe und Kupplung; der Motor der K 1200 S zählte damit zu den leichtesten Vertretern in der großen Hubraumklasse. Um sportliche Fahrleistungen und ein ebensolches Fahrverhalten zu ermöglichen, musste er zudem sehr kompakt bauen, was man durch geringe Außenmaße der Hilfsaggregate und das integrierte Getriebe bewerkstelligte. Die Breite beschränkte sich auf Höhe der Kurbelwelle auf 430 mm, ein Wert, der eher für einen 600er-Motor als für eine Maschine mit über einem Liter Hubraum typisch war. Um den Schwerpunkt möglichst tief zu senken, nutzte man den typischen Vorzug stehender Zylinder und neigte sie um 55° nach vorn.

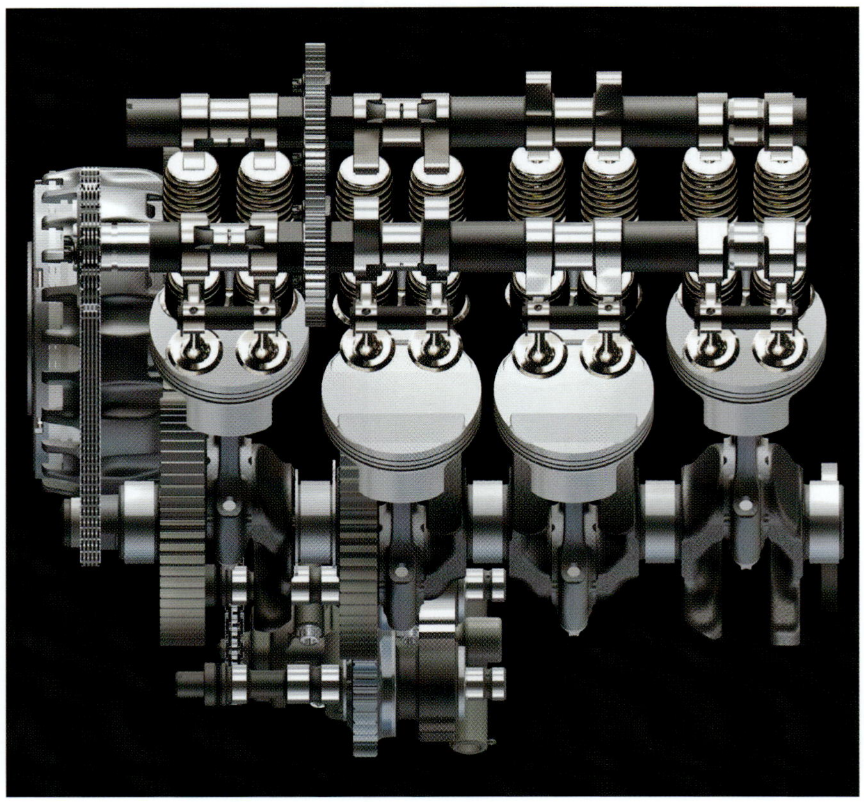

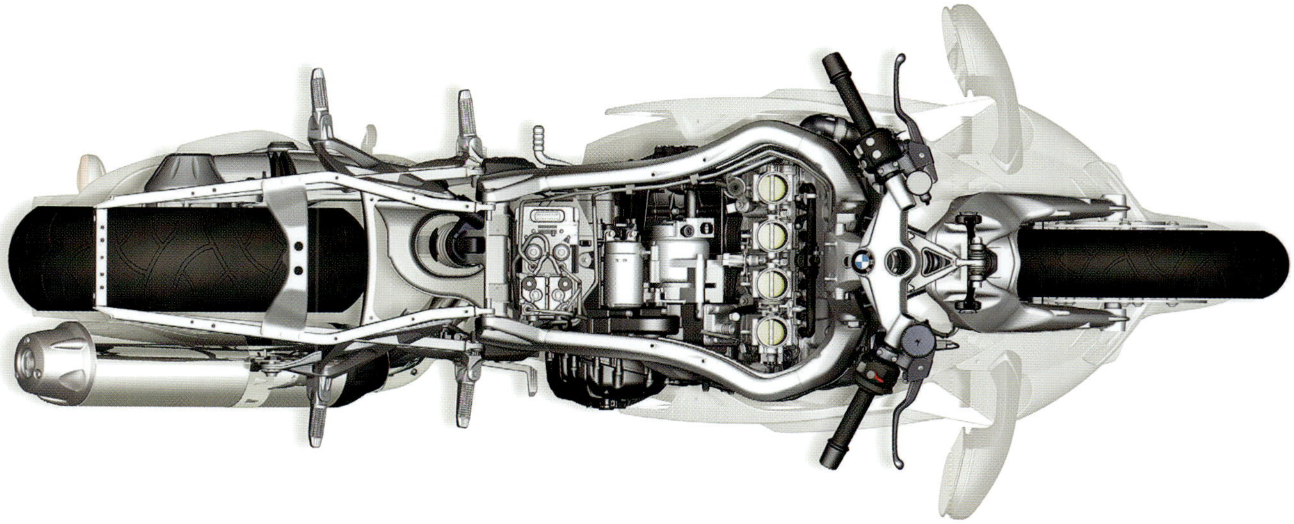

Ohne die für BMW seit den 1990er-Jahren typische Telelever-Gabel könnte man beim Draufblick auf die K 1200 S ohne Aufbauten meinen, eine japanische Maschine vor sich zu haben (links). In die Irre führen könnten einen die vier quer nebeneinander stehenden Zylinder, die die einzige Möglichkeit waren, den Motor stärker zu machen als die Triebwerke der vorherigen Baureihe K, die an ihre Grenzen gekommen waren (gegenüberliegende Seite). Der neue Motor erlaubte ausgesprochen sportliches Fahren.

Zwar boten andere Hersteller schon lange quer eingebaute Vierzylindermotoren an, Kraftübertragung und Rahmen blieben aber typisch BMW. Alle K der zweiten Generation besaßen Kardanantrieb, Fahrwerk mit Telelever und Paralever und einen auf diese Besonderheiten abgestimmten Rahmen (rechts).

Der K-Motor der neuen Generation wurde mit dem Ziel konstruiert, alle bisherigen BMW Großserienmotoren in der Leistung zu übertreffen. Zugleich nahm man von unkonventionelleren technischen Lösungen Abstand und hielt sich an das im Sportmotorradbau Übliche. Dank der in der Formel 1 gewonnen Erfahrungen konnte BMW aus dem Reihenvierzylinder 167 PS herausholen (unten).

Das Projekt hatte sich zum Ziel gesetzt, den bislang schärfsten Motor der BMW-Geschichte zu realisieren, und das gelang: Die Leistung belief sich auf 167 PS (38 PS mehr als beim vierzylindrigen Vorgängermodell) bei 10.250/min, das maximale Drehmoment auf 130 Nm bei 8250/min; schon bei 3000 Umdrehungen stellten sich aber 70 Prozent dieses Höchstwertes ein.

Zustande kamen diese Werte durch den großzügigen Einsatz von Rennmotorentechnik, etwa die Open-Deck-Konstruktion des horizontal geteilten Motorblocks, aber auch durch die Gestaltung des

Zylinderkopfes und des Ventiltriebs nach Formel-1-Art mit zwei obenliegenden Nockenwellen und Schlepphebeln. Auch die Schmierung und die Beschichtung der Reibung ausgesetzten Oberflächen profitierte von den Erfahrungen, die die BMW-Rennabteilung mir den Formel-1-Motoren gemacht hatte.

Auch andere Details verrieten die rennsportliche Bestimmung der Maschine, etwa die für Rennmotoren typische Trockensumpfschmierung, die es unter anderem erlaubte, das Triebwerk sechs Zentimeter tiefer zu platzieren als mit Ölwanne, oder auch die flachen Brennräume und die in engem Winkel stehenden vier Ventile pro Zylinder, die eine Verdichtung von 13:1 ermöglichen, ein Wert, den bislang noch kein Serien-Benzinmotor erreicht hatte. Typisch für Rennmotoren war auch das Schnellwechsel-Getriebe, unerlässlich für den Motorsporteinsatz, das es ermöglicht, schnell die Getriebeabstufung auf einen bestimmten Kurs abzustimmen; im Serienbau hat dies den Vorteil, dass ein komplett vormontiertes Getriebe verwendet werden kann, was Herstellungs- und Wartungskosten senkt.

Bei aller Sportlichkeit des 1157 cm³ großen Vierzylinders blieb er dem Kardanwellenantrieb treu, ein Merkmal sämtlicher großer BMW-Maschinen. Er verlangte hier nach zwei Zwischenwellen, da der Motor quer verbaut war, doch die Ingenieure hielten gleichwohl an ihm fest, da er ihrer Ansicht nach besser geeignet war als der Kettenantrieb, über den die meisten Sportmotorräder verfügen. Der Leistungsverlust durch den Kardanantrieb ist konstant und von begrenztem Umfang, während Verschleiß und Schmutz von Ketten deutliche Verluste verursachen können.

Serie war die sowohl auf sportliche wie auch auf verhaltene Fahrt programmierte elektronische Motorsteuerung mit zwei Vibrationssensoren, die Klopfen vorbeugen sollten. Der Vierzylinder benötigte von Haus aus 98-Oktan-Benzin, gab sich aber auch mit den Qualitäten 95 und 91 Oktan zufrieden.

Bei der Verwendung von Benzin mit geringerer Oktanzahl verstellte die Elektronik die Zündung und bewahrte den Motor vor möglichen Schäden, indem sie die Leistung zurückfuhr und das Gemisch leicht anreicherte. Die anspruchsvolle Technik des Quer-Vierzylinders rundete der Auspuff mit Dreiwege-Katalysator ab, der nicht nur kompromisslos sportlich klang, sondern auch der leichtgewichtigste seiner Klasse war: Die ganz aus Edelstahl bestehende Anlage wog nur 10,4 kg.

Der für die K 1200 S entwickelte Vierzylinder der zweiten Generation kam, mit leichten Modifikationen, rasch auch in weiteren neuen Modellen zum Zug. Auf 160 PS gedrosselt fand er ab Juni 2005 Verwendung in der K 1200 R, die mit diesem Motor schlagartig zum weltweit stärksten Roadster avancierte. Mit nochmals, auf 152 PS bei 9500/min, zurückgefahrener Leistung war er dann auch in Tourenmaschinen wie der K 1200 GT zu finden.

Seit 2005
DIE REIHEN-ZWEIZYLINDER

Seit dem Jahr 2000 hat es die größten Umwälzungen im BMW-Motorradprogramm gegeben. Zweizylindrige Motoren gehören zur Tradition des Hauses, doch der Ende 2005 vorgestellte und ab dem folgenden Frühjahr für die F 800 S und ST produzierte Twin weicht völlig vom bekannten Kanon ab. Seit 1923 hatte man sich auf Zweizylinder in Boxeranordnung verlegt, jetzt aber lancierte man einen Reihenzweizylinder von 798 cm^3. Das Projekt war eine Gemeinschaftsentwicklung von BMW Motorrad mit dem langjährigen Partner Bombardier-Rotax, der auch die Einzylindermotoren für die Baureihen F und C1 lieferte.

Der Paralleltwin war als Gleichläufer ausgelegt, bei dem die beiden Kolben gleichzeitig und nicht gegenläufig in Aktion treten, was einerseits ein den Boxermotoren ähnliches Klangbild ergab, den Motor andererseits aber auch elastischer und angenehmer im Betrieb machte. Auch das zur Vibrationsdämpfung verwendete System war einzigartig im Serienmotorenbau. Anstelle der üblichen Ausgleichswelle befanden sich an der Kurbelwellenmitte an definierter Stelle Ausgleichsgewichte; ein im 180°-Winkel zum Kurbelzapfen stehender Exzenter trug einen sogenannten Ausgleichspleuel. Dieser Pleuel war mit einer fast waagrecht stehenden Ausgleichsgabel verbunden und seine Kinematik so ausgelegt, dass er sich in entgegengesetzter Richtung zum Motorpleuel bewegte. Die Führung durch die relativ lange Gabel ließ den Pleuelfuß eine fast geradlinige oszillierende Bewegung vollführen; der kleine Pleuelbolzen beschrieb freilich eine leicht gekrümmte Bahn. Die Massen von Pleuelfuß und Gabel waren so gestaltet, dass die durch die oszillierende Bewegung erzeugten Massenkräfte die oszillierenden Massenkräfte des Kurbeltriebs (Kolben und Teil des Pleuels) jederzeit kompensierten. Im Ergebnis traten praktisch keine Vibrationen auf. Der große Vorteil dieser Lösung war die geringe Geräuschentwicklung, da die üblichen Geräusche von Zahnriemen oder Kette als Ausgleichswellenantrieb nicht vorhanden waren.

Auch die Schmierung zeigte raffinierte und einzigartige Details. Um Verluste zu vermeiden, besaß der Motor eine Halb-Trockensumpfschmierung ohne separates Ölreservoir. Das aus den Lagern austretende Öl wurde in einem von der Ölwanne getrennten Reservoir aufgefangen, in dem auch der Ausgleichsmechanismus lief. Das dort angesammelte Motoröl wurde laufend belüftet, mit dem Getriebeöl zusammengeführt und ohne Druck über Ableitöffnungen in die Ölwanne transportiert. Die Ölpumpe nutzte diese Reserve, um den Schmierkreislauf aufzufüllen.

Beim Zylinderkopf orientierten sich die BMW-Techniker an den Vierzylindern der jüngsten K-Generation und sahen zwei obenliegende, über einen Zahnriemen angetriebene Nockenwellen vor, die über Kipphebel auf vier Ventile pro Zylinder wirkten. Das System war trotz des hohen Ventilhubes verschleißarm und bot in der Praxis einige Vorteile; vor allem konnten die Wartungsintervalle verlängert werden, erstmals mussten die Ventile nach 20.000 Kilometern nachgestellt werden. Typisch für die BMW Motoren war auch die Gemischaufbereitung durch die BMS-K genannte Motorsteuerung und die beiden 46-mm-Drosselklappen im Ansaugtrakt. Die einzuspritzende Benzinmenge wurde von der Steuerung nicht nur anhand

Die Motorkonstruktion verbot die Verwendung einer Kardanwelle, die Ingenieure konnten aber gleichwohl auf die ungeliebte Kette verzichten. Die F 800 erhielt vielmehr einen Zahnriemen (links), der äußerst wartungsarm ist.

Die zweizylindrige Baureihe F war ausdrücklich dazu gedacht, eine Lücke im BMW Programm zu füllen und nicht, eine der anderen Baureihen zu ersetzen. Da man Produktionskosten und Verkaufspreis niedrig halten wollte, griff das Werk auf einen Zweizylindermotor zurück (unten), der, wie schon die Triebwerke von F 650 und C1, bei Rotax gebaut wurde.

der Einspritzdauer, sondern auch am vorhandenen Druck der Benzinpumpe ermittelt, der von der abgefragten Leistung abhängig war. Die Benzinzuführung verzichtete auf Rücklaufleitungen und stellte nur die jeweils benötigte Spritmenge zur Verfügung, was elektrische Energie einsparte und es erlaubte, den Benzindruck zu variieren, um die Gemischaufbereitung zu optimieren. Dieses auf dem Markt einzigartige System ist durch eine Reihe von Patenten geschützt. Die zugeführte Benzinmenge wurde nicht nur durch Parameter wie Lastzustand, Drehzahl und Temperatur bestimmt, sondern auch durch die im Abgas vorhandene Sauerstoffmenge. Die diesbezüglichen Informationen wurden von einer Lambdasonde im Auspufftrakt gesammelt, die für die tadellose Funktion des serienmäßigen Dreiwege-Katalysators unerlässlich war. Die für die Gemischaufbereitung benötigte Luft gelangte über einen dynamischen Lufteinlass auf der Ansaugseite in den Filter. Dessen vorteilhafte Platzierung über dem Motor und sein großes Volumen waren durch die Verlegung des Tanks unter die Sitzbank möglich.

Die Auspuffanlage bestand zur Gänze aus rostfreiem Stahl und teilte sich hinter dem Krümmer; ein Sekundärluftsystem blies Frischluft in den Auspuff, um gemeinsam mit dem Katalysator durch Nachverbrennung die Abgasemissionen zu vermindern.

Dafür, dass der Zweizylinder rasch ansprach, sorgte die elektronisch geregelte Einspritzung, und die geringe Schwungmasse des Motors ließ die Leistungs-

kurve rasch ansteigen. Schon bei niedrigen Drehzahlen zeigte sich der Vierventilmotor mit Innenmaßen von 82 mm Bohrung und 75,6 mm Hub – nicht eigentlich also ein extremer Kurzhuber – bereit, schnell hochzudrehen und stellte bei 5000/min 90 Prozent seines Drehmomentmaximums bereit. Zwischen 5000 und 8000/min gierte die Maschine nach Drehzahlen und gab einen unvergleichlich sonoren Klang von sich.

Die S beschleunigte in nur 3,5 Sekunden auf 100 km/h und erreichte eine Höchstgeschwindigkeit von über 200 km/h. Bei aller Höchstleistung achteten die BMW-Ingenieure doch auf einen runden Motorlauf und viel Kraft schon bei mittleren Drehzahlen.

Erstmals in seiner Geschichte präsentierte BMW 2005 eine Zweizylindermaschine ohne seitlich herausragende Zylinder. Das Schnittbild ohne Karosserie (oben) zeigt den kompakten, von Rahmenrohren umgebenen Motor. Sein Klang ähnelt dank ausgeklügelter Maßnahmen dem der klassischen Boxermotoren.

Der Motor der neuen Baureihe F wies einige Besonderheiten auf, die ihn von ähnlichen Triebwerken anderer Hersteller abhoben. Das gilt beispielsweise für die Dämpfung der Vibrationen, die nicht durch eine gegenläufige Welle, sondern durch Ausgleichsgewichte in Kurbelwellenmitte erfolgte, wie man auf der Darstellung oben rechts sieht.

Der neue Zweizylinder vereinte dynamische Elastizität und Biss in sich und bewies, dass hervorragende Fahrleistungen nicht zwangsläufig zu einem hohen Verbrauch führen müssen. Auf der Landstraße gab er sich mit Werten unter 5 Litern pro 100 Kilometer zufrieden. Auf Wunsch ließen sich die F 800-Modelle auch für schlechteres Benzin auslegen; die Leistung sank dann um 1,5 kW (2 PS) und der Verbrauch fiel etwas höher aus. Erreicht wurde diese Anpassung durch eine geänderte Software der Motorsteuerung; die Umprogrammierung des Rechners ließ sich jederzeit rückgängig machen.

Der Sekundärantrieb über einen Zahnriemen war BMW nicht völlig neu; ihn hatte es schon an den Einzylindermodellen der Baureihe F gegeben. Ausschlaggebend für diese Wahl war das Streben nach hoher Zuverlässigkeit und geringem Wartungsaufwand. Bei den F 800-Modellen war der besonders breite Riemen durch eine Abdeckung so geschützt, dass, abgesehen von einer Kontrolle nach den ersten 1000 Kilometern, seine Spannung nur alle 10.000 Kilometer überprüft werden musste.

Motor und Rahmen wurden für Maschinen verschiedenen Zuschnitts geplant, für ein Sportmodell und einen der BMW Tradition näher stehenden Tourer.

Der F-Zweizylinder, kompakt bauend und von modernster Prägung, von den vier Ventilen pro Zylinder bis zur Wasserkühlung, leistete 85 PS (unten).

Seit 2006

DIE VIERVENTIL-EINZYLINDER-BAUREIHE G

Die gelungene, vom Beginn des Projekts im Jahr 1993 bis 2000 währende Zusammenarbeit zwischen BMW Motorrad und Aprilia beim Bau der F 650 führte später zu einer neuerlichen Annäherung der beiden Unternehmen mit dem Ziel, die Einzylinder-Baureihe umfassend zu überarbeiten. Das Abkommen zwischen den Münchnern und der Marke Aprilia, die mittlerweile zum Piaggio-Konzern gehörte, wurde am 15. März 2006 unterzeichnet und führte zur Präsentation eines neuen Modells auf der Kölner IFMA im Herbst des Jahres. Der Motor der neuen Baureihe G, die sich den Serien R, K und F zur Seite stellte, war eine umfassende Weiterentwicklung des bei Rotax nach BMW-Entwürfen gefertigten Einzylinders. Es handelte sich um den ersten Serieneinsatz von neuen Techniken, mit denen BMW erfolgreich im Rahmen der Werkseinsätze bei der Dakar-Rallye in den Jahren 1999 und 2000 experimentiert hatte. Im Vergleich zum Motor der F 650 stieg die Leistung von 48 auf 53 PS, es lassen sich aber auch Verbesserungen in der Zuverlässigkeit, dem Schadstoffausstoß und im Benzinverbrauch feststellen. Gegenüber dem älteren Triebwerk, das weiterhin die BMW-Einstiegsmodelle befeuerte, erhielt der neue Motor einige geänderte Komponenten, die ihn sportlicher werden ließen. Er wurde unter Beibehaltung der klassischen Werte für Bohrung und Hub von 100 x 83 mm modernisiert, was sich vor allem in einem greifbaren Mindergewicht von 2 kg äußerte, ein habhaftes Resultat für einen Motor, der Maschinen von unterschiedlicher Ausprägung antreiben sollte, die nur ihre große Handlichkeit miteinander gemein hatten. Die Gewichtsverringerung kam unter anderem durch eine neue, kompaktere Lichtmaschine, eine Ölwanne aus Magnesium und eine neue Ausgleichswelle zustande. Die Leistungssteigerung um 5 PS ging mit einer Erhöhung des Drehmomentgipfels auf 60 Nm einher und wurde durch den neuen Vierventilkopf erzielt. Der Einzylinder der Baureihe G, der eine Modellfamilie sportli-

Der neue Einzylindermotor ermöglichte die Konstruktion einer Reihe von leichten und besonders schlanken Maschinen, wie dieser Blick von oben beweist.

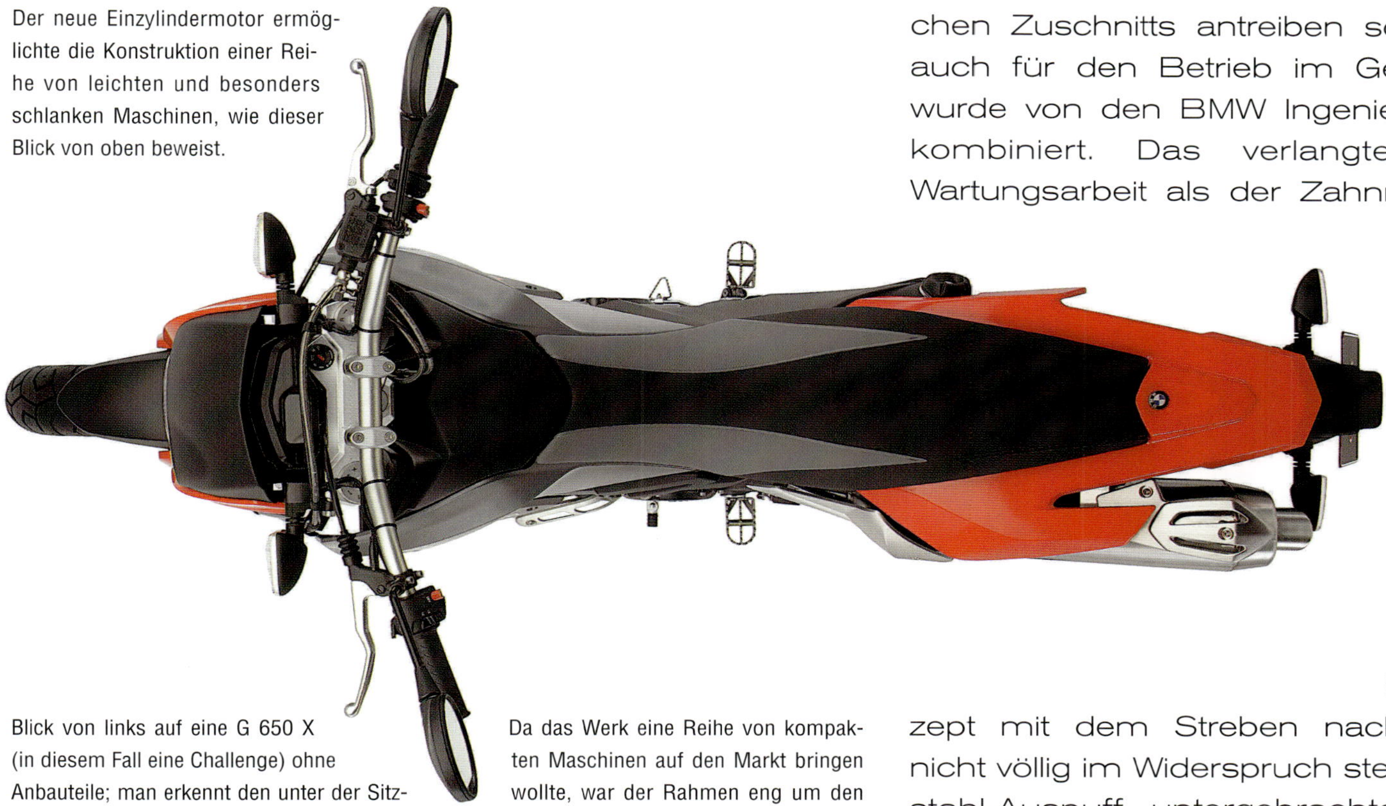

chen Zuschnitts antreiben sollte, von denen einige auch für den Betrieb im Gelände gedacht waren, wurde von den BMW Ingenieuren mit Kettenantrieb kombiniert. Das verlangte zwar nach mehr Wartungsarbeit als der Zahnriemen von F 650 CS und F 800, hatte aber den Vorteil, besser für starke Beanspruchung geeignet zu sein. Das Leistungsniveau des neuen Motors schwang sich zu Höhen auf, die BMW mit seinen Einzylindern bislang nicht erreicht hatte. Dass dieses Konzept mit dem Streben nach Umweltverträglichkeit nicht völlig im Widerspruch steht, beweist der im Edelstahl-Auspuff untergebrachte Dreiwege-Katalysator mit Lambdasonde.

Blick von links auf eine G 650 X (in diesem Fall eine Challenge) ohne Anbauteile; man erkennt den unter der Sitzbank untergebrachten Tank (unten links).

Da das Werk eine Reihe von kompakten Maschinen auf den Markt bringen wollte, war der Rahmen eng um den 53-PS-Motor geschwungen. Der Auspuff bestand aus Edelstahl.

650

Die Modelle

Von 1923 bis heute hat BMW zahlreiche Modelle konzipiert, die Spuren hinterlassen haben und dafür berühmt wurden, dass sie Innovation mit dem Festhalten an den Traditionen des Hauses verbanden. Auf den folgenden Seiten sind alle Serien-Motorräder beschrieben, unter besonderer Berücksichtigung der bekannteren Maschinen. Dabei handelt es sich nicht notwendigerweise um die meistverkauften, sondern um die wichtigsten Vertreter einer Motorradmarke, die sich zwar während der ersten 60 Jahre ihrer Existenz ausschließlich durch Modelle mit Zweizylinder-Boxermotor sowie vorübergehend mit Einzylindern hervortat, danach aber ihr Programm gleichsam explodieren ließ. Von allen diesen Maschinen gab es Ableitungen, die Konzept und Technik des Grundmodells aufwiesen und das Modellprogramm bereicherten.

R 32

Motor
Typ: Zweizylinder-Boxer
Bohrung x Hub: 68 x 68 mm
Hubraum: 494 cm³
Leistung: 8,5 PS/6,2 kW bei 3300/min
Ventile: 2 stehende Ventile pro Zylinder
Gemischaufbereitung: 22-mm-Vergaser

Kraftübertragung und Getriebe
Getriebe: Dreiganggetriebe, per Hand zu schalten
Kraftübertragung: Kardanwelle

Fahrwerk
Rahmen: Doppelschleifen-Stahlrohrrahmen
Vorne: Gezogene Schwinge mit Blattfederung
Hinten: Starrrahmen
Vorderradbremse:
keine (ab Serie 2 seitliche Trommelbremse)
Hinterradbremse:
Klotzbremse (ab Serie 2 auf Kardanwelle wirkend)
Vorderreifen: 26 x 3,0
Hinterreifen: 26 x 3,0

Abmessungen und Gewichte
Trockengewicht: 120 kg
Länge: 2100 mm
Sitzhöhe: 700 mm
Tankinhalt: 14 Liter

Fahrleistungen
Höchstgeschwindigkeit: 95 km/h

Die R 32 repräsentierte nicht nur den BMW-Einstieg in das Motorradgeschäft, sie bedeutete auch das Ende der tastenden Versuchsphase des bayerischen Werks. Die Bayerischen Motorenwerke, die bis 1920 auf den Bau von Flugmotoren spezialisiert gewesen waren, hatten zunächst die Möglichkeiten auf dem Zweiradsektor mit dem Motor M2 B15 sondiert, der bereits in seiner ersten Ausführung die typische Auslegung als Zweizylinder-Boxer besaß, aber für den Längs-, nicht den Quereinbau gedacht war. Der nächste Schritt bestand ab 1922 in der Ausrüstung fremder Maschinen, namentlich der Flink und der Helios, mit dem M2 B15. Was die Münchner dazu bewog, sich an die Konstruktion einer eigenen Maschine zu machen, hing mit den zunehmenden Streitereien zwischen Martin Stolle und Max Friz zusammen, den begabtesten Motorradkonstrukteuren der Zeit. Stolle war es gelungen, den Zweizylinder bis auf 10 PS zu bringen, Friz hingegen nahm für sich das Vorrecht in Anspruch, allein am BMW Motorradmotor zu arbeiten. Stolle beschloss daraufhin, dieses ihm ungünstige Umfeld zu verlassen und direkt zu Victoria zu wechseln, wo man bislang den BMW M2 B15 verwendet hatte, und konstruierte dort einen eigenen, überaus gelungenen Zweizylinder. Stolles Abgang war ein herber Schlag für BMW, wo man sich nun entscheiden musste, ob man den Bau von Motorradmotoren ganz aufgeben oder aber eine komplett eigene Maschine konstruieren sollte. Max Friz erhielt im Herbst 1922 den Auftrag, das erste BMW Motorrad zu konstruieren. Verglichen mit den heutigen langen Entwicklungszeiträumen vollbrachte Friz ein Wunder. Er arbeitete ohne Unterlass am Reißbrett und konnte sein erstes Modell bereits auf dem Pariser Salon im Oktober 1923 vorstellen, wo die R 32 offiziell Premiere feierte. Mit der ersten reinen BMW Maschine wurde die R-Dynastie begründet, die eines der Schlachtrösser der Marke werden sollte und Moden wie Wirtschaftskrisen überstand. Die Bedeutung des Buchstabens R stand auf jedem Lenkerkopf zu lesen: Es war die Abkürzung für „Rad". Die erste BMW der Geschichte machte gleich mit der Einbaulage des Motors im Rahmen auf sich aufmerksam. Der Zweizylinder-Boxer war eng mit den bis Ende des Vorjahres für die Flink und Helios gebauten Motoren verwandt, aber quer und damit mit seitlich herausragenden Zylindern eingebaut. Dieses Merkmal sollte später klassisch werden, ebenso wie die Antriebsart, die noch heute (natürlich in modernisierter

Das erste BMW Motorrad zeigte sich gut ausgestattet und vor allem komfortabel. Allerdings wurde die Beleuchtung nur als Extra angeboten (Bilder auf dieser Seite).

Das offizielle Debüt der R 32 erfolgte im Oktober 1923 auf dem Pariser Salon (gegenüberliegende Seite).

Form) ein Element ist, auf das die BMW Ingenieure nur in sehr wenigen Fällen verzichten. Um die Querlage des Motors und die Kardanwelle sowie das direkt am Motor anliegende Getriebe unter einen Hut zu bringen, ordnete Friz, entgegen allen damaligen Vorbildern, die Kurbelwelle in Längsrichtung an. Das Getriebe besaß drei Gänge und wurde per Hand mittels eines Hebels rechts vom Tank bedient.

Obwohl Stolle zuvor aus dem M2 B15 bereits 10 PS geholt hatte, war der 494 cm^3 große Boxer der R 32 kein Leistungswunder. Er war mit 8,5 PS bei 3200/min angegeben, was aber dank des geringen Gewichts von 122 kg durchaus genügte und die Maschine auf – für damals anständige – 90 km/h brachte.

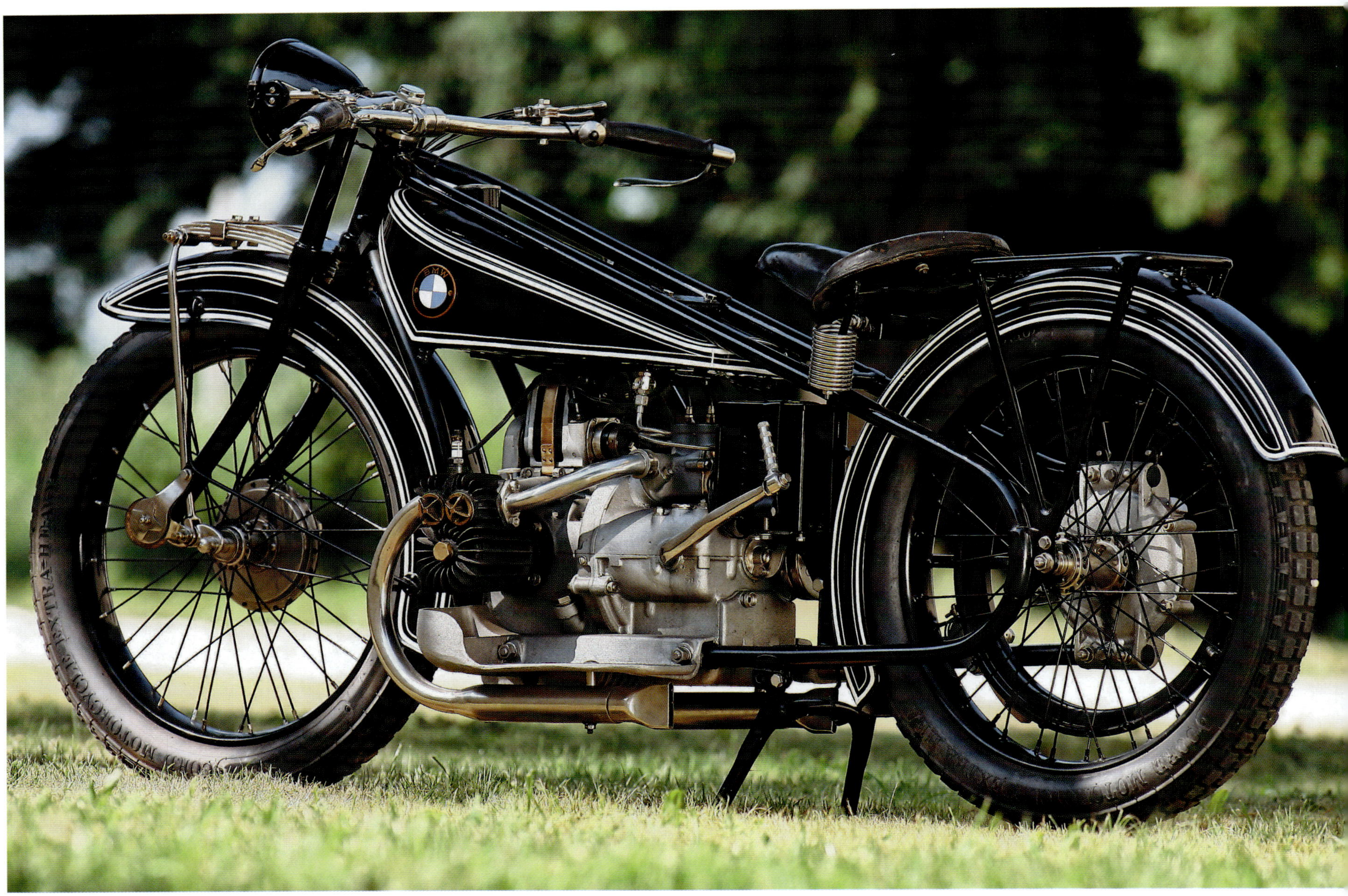

Es waren aber andere Dinge, die die Kundschaft an der ersten BMW der Geschichte zu schätzen lernte. Der Motor lief leise und verlangte vor allem nach wenig Wartungsaufwand, ganz anders als damals üblich. Zu den guten Eigenschaften des Boxers kamen die fahrdynamischen Vorzüge hinzu, namentlich die hohe Stabilität und die große Handlichkeit, die auf die spezielle Lage des Motors zurückgingen. Schon 1923 achtete BMW darauf, sich von der Konkurrenz abzuheben und stattete seine Maschine mit einigen Besonderheiten aus. Das gilt für die bronzenen Kalotten an den Zylinderköpfen, die den Ausbau der Ventile erleichterten und den Motor schützten, wenn das Motorrad umkippte. Praktische Aspekte spielten hier eine Rolle, gewiss aber auch ästhetische Erwägungen. Zu einer Zeit, da Chromzierrat noch unbekannt war, besaß die R 32 vernickelte Details, die sich farblich vom strikten

Schwarz des Rahmens und der meisten Anbauteile abhoben. Schwarz sollte noch lange Zeit die einzige lieferbare Farbe für zivile BMW Motorräder bleiben, allerdings befanden sich weiße Zierstreifen auf Tank und Kotflügeln. Diese Streifen wichen schon im zweiten Produktionsjahr schlankeren und eleganteren Zierlinien, die gleichfalls zum BMW Markenzeichen wurden.

Obwohl es damals noch keine Ausstattungsstandards gab, bot die R 32 dem Kunden einen serienmäßigen Tacho. Hupe und Beleuchtungsanlage waren hingegen nur auf Wunsch und gegen Aufpreis zu haben. Die erste Serie besaß eine recht primitive Bremsanlage, nur mit einer Klotzbremse im Hinterrad. Erste Änderungen erfolgten 1925, als die Bremsanlage überarbeitet wurde; die hintere Bremse wirkte jetzt pedalbetätigt auf die Kardanwelle, die vordere mit innenliegenden Backen entsprach dem Urentwurf von Max Friz. Im selben Jahr änderte sich auch die sonstige Ausstattung. Der Tacho war bei der 2200 Reichsmark teuren Maschine nicht mehr serienmäßig, sondern kostete nun Aufpreis. Gegen Mehrpreis waren nun auch Fußrasten und Soziussitz zu haben. Ein weiteres, für die R 32 typisches Merkmal war, dass BMW von Anfang an den unpraktischen, an der Nabe des Vorderrades befestigten Ständer zugunsten eines Mittelständers, wie er ganz ähnlich noch heute üblich ist, verschmähte.

Schon die erste Serie der R 32 besaß einen Mittelständer, der solider und praktischer war als die damals üblichen an der Radnabe befestigten Ständer (gegenüberliegende Seite oben).

Die beiden seitlich hervorragenden Zylinder wurden rasch zum BMW-Markenzeichen. Für diese Auslegung sprachen die effektive Kühlung und die Wartungsfreundlichkeit (gegenüberliegende Seite unten und links).

Das mit dem Motorgehäuse verblockte Getriebe besaß drei Gänge und wurde per Hand geschaltet (rechts).

Das zweite BMW Motorrad erschien zwei Jahre nach Einführung der R 32, doch die R 37, die der Öffentlichkeit erstmals im Herbst 1924 auf dem Autosalon zu Berlin vorgeführt wurde, sollte das Urmodell nicht ersetzen. Während die R 32 für ein breites Publikum bestimmt war, war das neue Boxermodell ausdrücklich für den Rennsport konzipiert worden. Damals wie heute waren gute Ergebnisse auf der Rennstrecke die beste Werbung für ein Motorfahrzeug. Die Änderungen am Rahmen waren minimal und beschränkten sich auf die Vorderradführung von höherer Effektivität; neu war auch die vordere Bremse. Markanter waren hingegen die technischen Änderungen, die den noch jungen Zweizylinder-Boxermotor fast nicht mehr wiedererkennbar machten. Der 500er besaß einen sehr viel höheren Aluminiumanteil und geänderte Außenseiten der Zylinder zur Optimierung der Kühlung; gleichfalls neu waren hängende Ventile, mit denen die R 37 statt auf 8,5 auf 16 PS kam. Wie häufig in jener Zeit oblag die Entwicklung der R 37 einem Ingenieur, der zugleich Rennfahrer war. Rudolf Schleicher leitete das Projekt und gewann 1926 bei der Sechstagefahrt die Goldmedaille.

Die von der R 32 abgeleitete R 37 war fast doppelt so stark wie Erstere, was in der Hauptsache auf die im Kopf hängenden Ventile zurückging, und sprach ein sportlich interessiertes Publikum an. Ihre Renntauglichkeit zeigt sich noch heute durch die guten Ergebnisse, die sie bei Oldtimerrennen einfährt.

R 37

Motor
Typ: Zweizylinder-Boxer
Bohrung x Hub: 68 x 68 mm
Hubraum: 494 cm³
Leistung: 16 PS/11,8 kW bei 4000/min
Ventile: 2 hängende Ventile pro Zylinder
Gemischaufbereitung: 26-mm-Vergaser

Kraftübertragung und Getriebe
Getriebe: Dreiganggetriebe, per Hand zu schalten
Kraftübertragung: Kardanwelle

Fahrwerk
Rahmen: Doppelschleifen-Stahlrohrrahmen
Vorne: Gezogene Schwinge mit Blattfederung
Hinten: Starrrahmen
Vorderradbremse: Trommel, Ø 150 mm
Hinterradbremse: Keilbremse, auf Kardanwelle wirkend
Vorderreifen: 26 x 3,0
Hinterreifen: 26 x 3,0

Abmessungen und Gewichte
Trockengewicht: 134 kg
Länge: 2100 mm
Sitzhöhe: 720 mm
Tankinhalt: 14 Liter

Fahrleistungen
Höchstgeschwindigkeit: 115 km/h

Ende 1925 erschien die R 42 auf dem Markt und wurde kurze Zeit parallel zur R 32 verkauft, die am Motor vorgenommenen Verbesserungen machten aber rasch aus der R 42 das einzige von BMW angebotene Tourenmotorrad. Die R 42 besaß einen Rahmen, der eine bessere Gewichtsverteilung in Längsrichtung erlaubte und ihr Motor mit stehenden Ventilen erbte einige technische Details der sportlichen R 37: verbesserte Luftkühlung, solidere Kupplung und eine Leistung von 12 PS. Ein Jahr nach dem Erscheinen der R 42 präsentierte man dem Publikum die sportliche Alternative mit hängenden Ventilen, die die hoch geschätzte R 37 ersetzen sollte. Die R 47 überzeugte auch mit ihrer höheren Leistung; die Ingenieure entlockten ihr 18 PS.

Der R 42 wurde die schnellere R 47 mit ähnlicher Technik, aber hängenden Ventilen zur Seite gestellt.

R 42

Motor
Typ: Zweizylinder-Boxer
Bohrung x Hub: 68 x 68 mm
Hubraum: 494 cm³
Leistung: 12 PS/8,8 kW bei 3400/min
(R 47: 18 PS/13,2 kW bei 4000/min)
Ventile: 2 stehende Ventile pro Zylinder
(R 47: hängend)
Gemischaufbereitung: 22-mm-Vergaser

Kraftübertragung und Getriebe
Getriebe: Dreiganggetriebe, per Hand zu schalten
Kraftübertragung: Kardanwelle

Fahrwerk
Rahmen: Doppelschleifen-Stahlrohrrahmen
Vorne: Gezogene Schwinge mit Blattfederung
Hinten: Starrrahmen
Vorderradbremse: Trommel, Ø 150 mm
Hinterradbremse: Keilbremse, auf Kardanwelle wirkend
Vorderreifen: 26 x 3,5
Hinterreifen: 26 x 3,5

Abmessungen und Gewichte
Trockengewicht: 126 kg (R 47: 134 kg)
Länge: 2100 mm
Sitzhöhe: 720 mm
Tankinhalt: 14 Liter

Fahrleistungen
Höchstgeschwindigkeit: 95 km/h (R 47: 110 km/h)

Die in den 1920er-Jahren vom Werk verwendeten Bezeichnungen unterscheiden sich von den heutigen, hatten aber ihre eigene Logik. Da die Sportversionen bis Ende 1928 die Namen R 37 und R 47 getragen hatten, fiel die Wahl bei den Nachfolgemaschinen verständlicherweise auf R 57. Die 500er mit hängenden Ventilen war weiterhin das sportliche Schwestermodell zur Variante mit stehenden Ventilen, mit der sie in Rahmen und Aufbau praktisch identisch war, so dass sie nur das Kennerauge unterscheiden konnte. Die wichtigsten Änderungen betrafen das Innenleben des Motors; die Boxermotoren von R 52 und R 57 hatten nicht mehr so viel miteinander gemein wie zuvor. Während das Triebwerk der Sportversion direkt von denen der Vorläuferinnen abgeleitet war, besaß das der R 52 erstmals andere Maße für Bohrung und Hub und in der Folge einen abweichenden Gesamthubraum.

Die R 57 stellte die direkte Weiterentwicklung der R 47 dar, von der sie den auf 18 PS gebrachten Boxermotor übernahm.

R 57

Motor
Typ: Zweizylinder-Boxer
Bohrung x Hub: 68 x 68 mm
Hubraum: 494 cm³
Leistung: 18 PS/13,2 kW bei 4000/min
Ventile: 2 hängende Ventile pro Zylinder
Gemischaufbereitung: 22-mm-Vergaser

Kraftübertragung und Getriebe
Getriebe: Dreiganggetriebe, per Hand zu schalten
Kraftübertragung: Kardanwelle

Fahrwerk
Rahmen: Doppelschleifen-Stahlrohrrahmen
Vorne: Gezogene Schwinge mit Blattfederung
Hinten: Starrrahmen
Vorderradbremse: Trommel, Ø 150 mm
Hinterradbremse:
Keilbremse, auf Kardanwelle wirkend
Vorderreifen: 26 x 3,5
Hinterreifen: 26 x 3,5

Abmessungen und Gewichte
Trockengewicht: 150 kg
Länge: 2100 mm
Sitzhöhe: 720 mm
Tankinhalt: 12,5 Liter

Fahrleistungen
Höchstgeschwindigkeit: 115 km/h

Keine zwei Jahre nach dem Produktionsanlauf des 500-cm³-Modells in Touren- und Sportversion hielt BMW den Zeitpunkt für gekommen, eine neue, in vielen Details verbesserte Baureihe zu lancieren. Aus der milden R 42 mit stehenden Ventilen wurde die R 52 entwickelt, die auf den ersten Blick an der vergrößerten vorderen Bremse zu erkennen ist. Die großen Neuheiten verbargen sich freilich im Motor, obwohl die Datenblätter eine unveränderte Leistung von 12 PS angeben. Die Änderungen betrafen die Kurbelwelle, den Vergasertyp und vor allem das Getriebe. Letzteres wurde inwendig überarbeitet und erhielt eine neue, exakter geführte Schaltung; es blieb aber beim Schalthebel links vom Tank. Eine weitere Neuigkeit bestand darin, dass die R 52 bereits bei der Montage eine Beleuchtungsanlage erhielt, die freilich weiterhin als Extra geführt wurde. Gegenüber der R 42 wies die R 52 einzig den Nachteil auf, dass sie deutlich schwerer geworden war. Gleichwohl erreichte das neue Modell eine höhere Spitzengeschwindigkeit als die Vorgängerin und verkaufte sich zudem wesentlich besser als jene; allein 1928/29 konnten von ihr 4377 Stück abgesetzt werden.

Die R 52 besaß eine größere und stärkere Vorderradbremse und einen überarbeiteten Motor. Die Änderungen an der Technik ließen ihr Gewicht in die Höhe steigen.

R 52

Motor
Typ: Zweizylinder-Boxer
Bohrung x Hub: 63 x 78 mm
Hubraum: 487 cm³
Leistung: 12 PS/8,8 kW bei 3400/min
Ventile: 2 stehende Ventile pro Zylinder
Gemischaufbereitung: 22-mm-Vergaser

Kraftübertragung und Getriebe
Getriebe: Dreiganggetriebe, per Hand zu schalten
Kraftübertragung: Kardanwelle

Fahrwerk
Rahmen: Doppelschleifen-Stahlrohrrahmen
Vorne: Gezogene Schwinge mit Blattfederung
Hinten: Starrrahmen
Vorderradbremse: Trommel, Ø 200 mm
Hinterradbremse:
Keilbremse, auf Kardanwelle wirkend
Vorderreifen: 26 x 3,5
Hinterreifen: 26 x 3,5

Abmessungen und Gewichte
Trockengewicht: 152 kg
Länge: 2100 mm
Sitzhöhe: 720 mm
Tankinhalt: 12,5 Liter

Fahrleistungen
Höchstgeschwindigkeit: 100 km/h

1928 kann als erstes Jahr einschneidender Änderungen für das BMW Modellprogramm angesehen werden, denn das Angebot wurde in jenem Jahr deutlich erweitert. Zu den klassischen Halblitermodellen mit stehenden und hängenden Ventilen gesellten sich erstmals hubraumstärkere Varianten. Bei der R 62 handelte es sich um eine 750er, die als Weiterentwicklung der R 52 gelten kann, da auch sie über stehende Ventile verfügte. Mit diesem Motor standen der R 62 dieselben 18 PS zu Gebote, die die R 57 besaß, sie hatte aber zwei nicht zu unterschätzende Vorteile: ein breiteres nutzbares Drehzahlband und damit mehr Elastizität und einen deutlich günstigeren Preis. Technisch war sie mit den anderen BMW Maschinen jener Zeit eng verwandt und gemeinsam mit der R 52 das meistverkaufte BMW Modell; in nur zwei Jahren kam sie auf über 4300 Exemplare.

Mit der R 62 präsentierte BMW erstmals ein 750-cm³-Modell; der größere Hubraum machte den Umgang mit der Maschine angenehmer.

R 62

Motor
Typ: Zweizylinder-Boxer
Bohrung x Hub: 78 x 78 mm
Hubraum: 745 cm³
Leistung: 18 PS/13,2 kW bei 3400/min
Ventile: 2 stehende Ventile pro Zylinder
Gemischaufbereitung: 24-mm-Vergaser

Kraftübertragung und Getriebe
Getriebe: Dreiganggetriebe, per Hand zu schalten
Kraftübertragung: Kardanwelle

Fahrwerk
Rahmen: Doppelschleifen-Stahlrohrrahmen
Vorne: Gezogene Schwinge mit Blattfederung
Hinten: Starrrahmen
Vorderradbremse: Trommel, Ø 200 mm
Hinterradbremse: Keilbremse, auf Kardanwelle wirkend
Vorderreifen: 26 x 3,5
Hinterreifen: 26 x 3,5

Abmessungen und Gewichte
Trockengewicht: 155 kg
Länge: 2100 mm
Sitzhöhe: 720 mm
Tankinhalt: 12,5 Liter

Fahrleistungen
Höchstgeschwindigkeit: 115 km/h

Die R 63 schloss die Erweiterung des BMW Modellprogramms im Jahr 1928 ab; die Kunden konnten nunmehr zwischen zwei Hubraumgrößen sowie stehenden und hängenden Ventilen, mithin zwischen unterschiedlichen Motor-Charakteristiken wählen.

Mit ihren 24 PS war die R 63 die leistungsstärkste und sportlichste BMW ihrer Zeit, war aber dennoch anderen 750ern aus dem europäischen Ausland unterlegen, die deutlich schneller waren.

Aus diesem Grund zählte die 750er BMW mit hängenden Ventilen unter den 1928/29 gebauten Ausführungen zu den selteneren und musste sich mit 794 verkauften Exemplaren begnügen. Wie bei R 52 und R 57 verliehen die Ingenieure dem Motor je nach Einsatzzweck und Ventilsteuerung geänderte Innenmaße. Während die sportliche 500er quadratisch ausgelegt war, d.h. mit identischen Bohrungs- und Hubmaßen versehen wurde, war die 750er überquadratisch und damit kurzhubig.

Fortschrittliche Technik entlockte dem Motor dieses Modells 24 PS; die R 63 blieb freilich exklusiv und selten.

R 63

Motor
Typ: Zweizylinder-Boxer
Bohrung x Hub: 83 x 68 mm
Hubraum: 735 cm³
Leistung: 24 PS/17,6 kW bei 4000/min
Ventile: 2 hängende Ventile pro Zylinder
Gemischaufbereitung: 24-mm-Vergaser

Kraftübertragung und Getriebe
Getriebe: Dreiganggetriebe, per Hand zu schalten
Kraftübertragung: Kardanwelle

Fahrwerk
Rahmen: Doppelschleifen-Stahlrohrrahmen
Vorne: Gezogene Schwinge mit Blattfederung
Hinten: Starrrahmen
Vorderradbremse: Trommel, Ø 200 mm
Hinterradbremse: Keilbremse, auf Kardanwelle wirkend
Vorderreifen: 26 x 3,5
Hinterreifen: 26 x 3,5

Abmessungen und Gewichte
Trockengewicht: 152 kg
Länge: 2100 mm
Sitzhöhe: 720 mm
Tankinhalt: 12,5 Liter

Fahrleistungen
Höchstgeschwindigkeit: 120 km/h

Ein neuer Rahmen kennzeichnete die jüngsten BMW Modelle, die 1929 ihre erst zwei Jahre zuvor eingeführten Vorgänger ablösten. Das Werk konzentrierte sich nun ganz auf Maschinen mit 750 cm³ Hubraum, deren Motoren nicht mehr in einem herkömmlichen Stahlrohrrahmen, sondern in einer Struktur aus Pressstahl saßen, die den Vorzug einer weit größeren Verwindungssteifigkeit besaß. Aus der Transplantation des Motors der R 62 in diesen neuen Rahmen entstand die R 11, die demnach als Tourenmaschine weiterhin ein Triebwerk mit stehenden Ventilen aufwies.

Das Aussehen der BMW Motorräder änderte sich radikal; sie traten massiger auf, auch wenn ihr Gewicht sich lediglich um etwa 10 Kilogramm erhöhte. Der Tank war nun nicht mehr kantig und unter den oberen Rahmenrohren hängend ausgeführt, sondern rundlicher und moderner gestaltet. Die R 11 blieb bis 1934 in Produktion und wurde jährlich in schöner Regelmäßigkeit hauptsächlich am Motor weiterentwickelt. Unter anderem stieg ihre Leistung durch den Übergang von Einfach- zu Doppelvergasern auf willkommene 20 PS.

Der Pressstahlrahmen war die wichtigste Neuerung des Jahres 1929. Möglich wurde er durch den Einsatz von Herstellungstechniken aus dem Automobilbau, den BMW kurz zuvor begonnen hatte.

R 11

Motor
Typ: Zweizylinder-Boxer
Bohrung x Hub: 78 x 78 mm
Hubraum: 745 cm³
Leistung: 18 PS/13,2 kW bei 3400/min
(1934: 20 PS/14,7 kW bei 4000/min)
Ventile: 2 stehende Ventile pro Zylinder
Gemischaufbereitung: 24-mm-Vergaser (1934: 25 mm)

Kraftübertragung und Getriebe
Getriebe: Dreiganggetriebe, per Hand zu schalten
Kraftübertragung: Kardanwelle

Fahrwerk
Rahmen: Doppelschleifen-Pressstahlrahmen
Vorne: Gezogene Schwinge mit Blattfederung
Hinten: Starrrahmen
Vorderradbremse: Trommel, Ø 200 mm
Hinterradbremse:
Keilbremse, auf Kardanwelle wirkend
Vorderreifen: 26 x 3,5
Hinterreifen: 26 x 3,5

Abmessungen und Gewichte
Trockengewicht: 162 kg
Länge: 2100 mm
Sitzhöhe: 720 mm
Tankinhalt: 14 Liter

Fahrleistungen
Höchstgeschwindigkeit: 100 km/h

Der neue Rahmen der R 11 kam auch bei der R 16 genannten Sportausführung zum Einsatz. Schon die erste Ausführung besaß einen im Vergleich zur Vorgängerin stärkeren Motor, mit den zwei Vergasern der dritten Serie von 1932 kletterte die Leistung dann auf 33 PS, ein Niveau, das den besten europäischen Konkurrenzmaschinen entsprach. Wie zuvor blieb das sportliche Spitzenmodell des Hauses aufgrund seines sportlichen Zuschnitts und seines hohen Preises ein Nischenmodell; von ihm entstanden 1106 Exemplare, von der sehr viel weiter verbreiteten R 11 hingegen 7500 Stück. Der Pressstahlrahmen war eine innovative Idee, auf die BMW durch die jüngsten Erfahrungen im Automobilbau verfallen war. Er machte allerdings eine Anpassung der Vorderradgabel nötig, damit das Komfortniveau gehalten werden konnte. In den fünf Jahren ihrer Existenz erfuhr die R 16 diverse Änderungen, vor allem an der Technik; zuletzt wichen die Zahnräder des Nockenwellenantriebs einer Steuerkette.

Nach bereits bewährter Tradition gab es auch von der Maschine mit Pressstahlrahmen eine Sportversion mit hängenden Ventilen.

R 16

Motor
Typ: Zweizylinder-Boxer
Bohrung x Hub: 83 x 68 mm
Hubraum: 735 cm³
Leistung: 25 PS/18,4 kW bei 4000/min
(ab 1932: 33 PS/24,3 kW bei 4000/min)
Ventile: 2 hängende Ventile pro Zylinder
Gemischaufbereitung: 26-mm-Vergaser
(ab 1932: zwei 25-mm-Vergaser)

Kraftübertragung und Getriebe
Getriebe: Dreiganggetriebe, per Hand zu schalten
Kraftübertragung: Kardanwelle

Fahrwerk
Rahmen: Doppelschleifen-Pressstahlrahmen
Vorne: Gezogene Schwinge mit Blattfederung
Hinten: Starrrahmen
Vorderradbremse: Trommel, Ø 200 mm
Hinterradbremse: Keilbremse, auf Kardanwelle wirkend
Vorderreifen: 26 x 3,5
Hinterreifen: 26 x 3,5

Abmessungen und Gewichte
Trockengewicht: 165 kg
Länge: 2100 mm
Sitzhöhe: 720 mm
Tankinhalt: 14 Liter

Fahrleistungen
Höchstgeschwindigkeit: 120 km/h

R 4

Motor
Typ: Einzylinder
Bohrung x Hub: 78 x 84 mm
Hubraum: 398 cm³
Leistung: 12 PS/8,8 kW bei 3500/min
(ab Serie 3: 14 PS/10,3 kW bei 4200/min)
Ventile: 2 hängende Ventile
Gemischaufbereitung: 25-mm-Vergaser

Kraftübertragung und Getriebe
Getriebe: Dreiganggetriebe, per Hand zu schalten
(ab Serie 2: Vierganggetriebe)
Kraftübertragung: Kardanwelle

Fahrwerk
Rahmen: Doppelschleifen-Pressstahlrahmen
Vorne: Gezogene Schwinge mit Blattfederung
Hinten: Starrrahmen
Vorderradbremse: Trommelbremse
Hinterradbremse: Trommelbremse
Vorderreifen: 26 x 3,5
Hinterreifen: 26 x 3,5

Abmessungen und Gewichte
Trockengewicht: 137 kg
Länge: 1950 mm
Sitzhöhe: 760 mm
Tankinhalt: 12 Liter

Fahrleistungen
Höchstgeschwindigkeit: 100 km/h

Ehe vom Volkswagen die Rede war, mit dem Hitler allen Deutschen die Fortbewegung auf vier Rädern ermöglichen wollte, kam in Deutschland das Konzept des Volksmotorrades auf. Da die Gesetzgebung Motorräder bis 200 cm³ von der Besteuerung ausnahm und sie ohne Führerschein gefahren werden konnten, entwickelte BMW das ideale Motorrad für die Massen. Die R 2, mit der die Bayern begannen, Ordnung in ihre Typbezeichnungen zu bringen (die Ziffer stand nun verkürzt für den Hubraum), kam sechs Jahre nach dem ersten Einzylindermodell des Hauses auf den Markt und war ausdrücklich auf möglichst geringe Herstellungskosten und damit auf einen niedrigen Preis hin konzipiert. Die Idee stieß umgehend auf große Gegenliebe und war ein großer Erfolg, so dass BMW auf den Gedanken verfiel, dieses Konzept nach oben zu erweitern und eine hubraumgrößere Variante anzubieten. Ziel war, die Preisschwelle für die größeren BMW Motorräder zu senken, denn die 750-cm³-Zweizylindermodelle waren deutlich kostspieliger; ähnliche Überlegungen führten später zu den kleinen Zweizylindermodellen R 45 und R 65 und in jüngerer Zeit zur Einzylinder-Baureihe F.

Als ideale Größe für das zweite Volksmotorrad sah man die 400er-Klasse an (der Motor besaß exakt 398 cm³), mithin das in Leistung und Hubraum Doppelte der R 2. Ein Jahr nach der R 2, also 1932, präsentierte BMW die R 4, die in ihrer ersten Ausführung dem kleineren Schwestermodell noch stark ähnelte. Tatsächlich ließen sich die beiden Modelle nur an Kleinigkeiten voneinander unterscheiden: Der vordere Kotflügel stammte von den Boxermaschinen, der Auspuff war näher an das Hinterrad gerückt und der höhere Zylinder reichte bis direkt an Rahmen und Tank heran. Ferner wanderte der Tacho von der Tankoberseite auf den Scheinwerfer, wie es lange Zeit bei der Mehrzahl europäischer Motorradbauer üblich war.

Die Verdoppelung des Hubraums machte die R 4 nur sieben Kilogramm schwerer als die R 2 (137 statt 130 kg), dafür kletterte die Leistung von 6 PS bei 3500/min auf 12 PS bei 4000/min. Die Fahrleistungen wurden nicht in gleichem Maße besser; die Spitze wuchs von 95 auf 100 km/h, das Hubraumplus machte die R 4 aber naturgemäß sehr viel elastischer als die kleine Schwester. Auch war mit ihr der Seitenwagenbetrieb möglich, der damals vielen Familien als Ersatz für das unerschwingliche Auto diente und eine Blütezeit erlebte. Die

Die R 4 zählte zur Familie der sogenannten Volksmotorräder, die BMW mit der R 2 begründete.

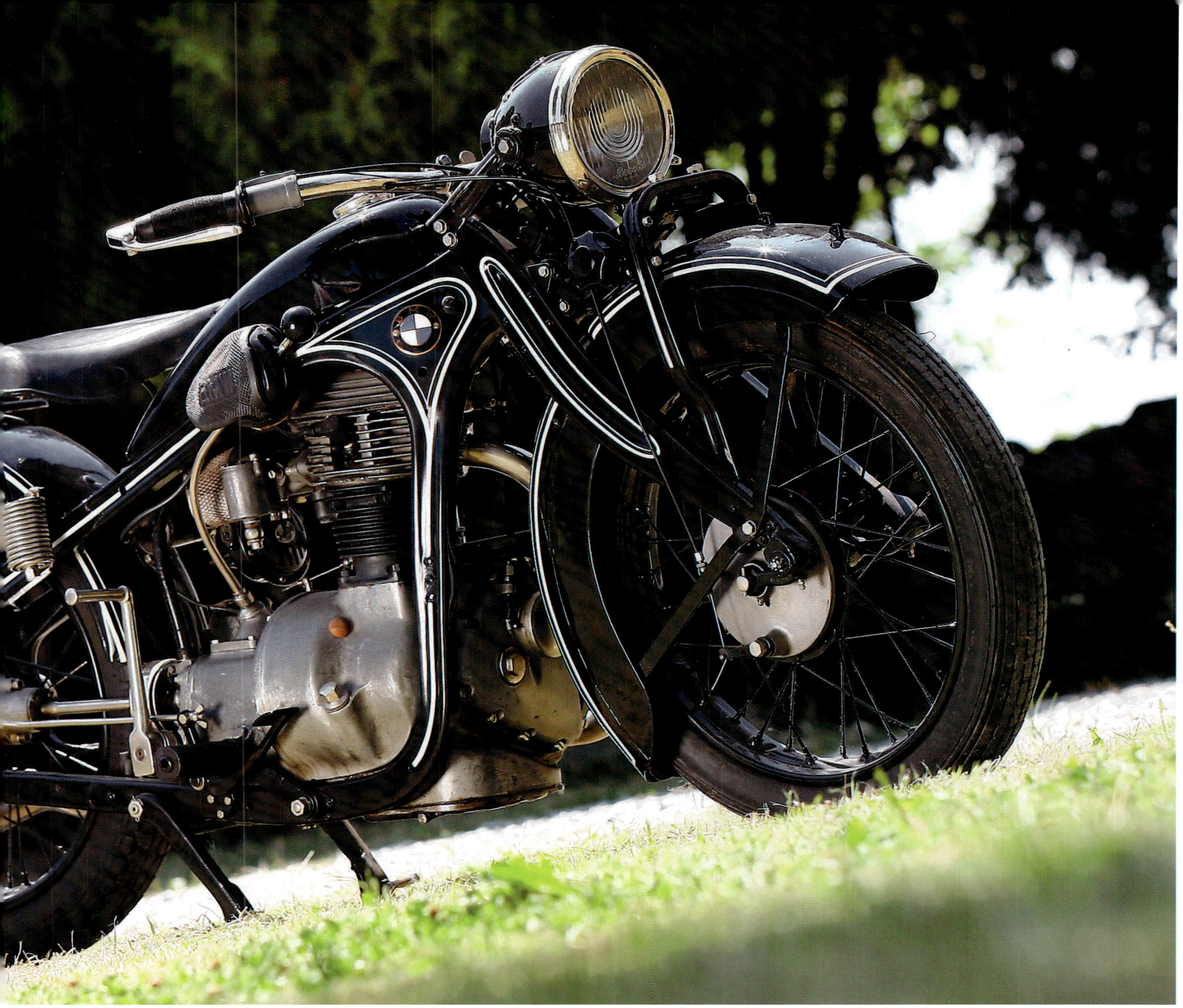

hohe Nachfrage nach diesen dreirädrigen Varianten ließ sogar BMW eine derartige Version in das offizielle Lieferprogramm aufnehmen, die im Werk gebaut wurde, wenn auch der Seitenwagen von einem Zulieferer stammte.

Die Seitenwagenversion der R 4 machte nicht nur viele Familien mobil, sondern brachte sie auch in den Dienst der Wehrmacht, wo sie für kürzere Strecken durchaus tauglich war, obwohl das Heer ansonsten natürlich in der Hauptsache über Sonderkonstruktionen verfügte. Abgesehen davon trat die Einzylinder-400er auch im Motorsport in Erscheinung, vor allem nachdem 1934 eine stärkere Variante mit 14 PS erschien, die ideal für den Geländesport geeignet war. Ausdrücklich für diesen Zweck bereicherte diese Variante mit entsprechender Ausstattung das Programm der BMW Sportmaschinen.

Die Nachfrage auf dem zivilen Markt und durch die Wehrmacht belegte, dass an einem derartigen Modell in Deutschland Interesse bestand, was die von 1932

Ein typisches Merkmal der R 4 war der sehr nahe am Hinterrad geführt Auspuff mit „Fischschwanz“ (oben).

Nahansicht der Kupplungsbetätigung (oben rechts) und des markanten Tachos der R 4 (unten). Nachdem dieser anfangs auf dem Tank saß, wanderte er bei den späteren Ausführungen auf den Scheinwerfer.

bis 1937 gebauten über 15.000 Exemplare eindrucksvoll bewiesen. Die hohe Nachfrage erlaubte es den Bayern, am Konzept des Volksmotorrads festzuhalten, das angesichts des Qualitätsniveaus und der hohen Zuverlässigkeit erstaunlich wenig kostete. Die R 4 wurde für 1150 Reichsmark angeboten und war damit nur 175 Mark teurer als die R 2. Der hohe Absatz war der Schlüssel, der es möglich machte, das Modell zu einem erschwinglichen Preis anzubieten und es zugleich stets auf der Höhe der Zeit zu halten. Die 400er-BMW wurde, wie viele andere Modelle des Hauses, jedes Jahr aufgefrischt; insgesamt gab es fünf Serien, die jeweils am Grundkonzept festhielten, aber regelmäßig die kleinen Schwächen beseitigten, auf die die wachsende Kundenschar das Werk aufmerksam machte.

Bereits wenige Monate nach der Einführung kam es zu einer ersten Änderung, die die Vorderradführung betraf. Wichtiger war die 1933 mit der zweiten Serie erfolgte Umstellung vom Dreigang- zu einem moderneren Vierganggetriebe, die den Weg für die 1934 durchgeführte Leistungserhöhung auf 14 PS bereitete. Zugleich erschien eine neue Schaltung am Tank, dessen Inhalt zur Beibehaltung der bisherigen Reichweite vergrößert wurde, da der Verbrauch durch die Leistungsanhebung leicht stieg. Weniger weitreichend, aber nützlich waren die Änderungen an den letzten beiden Serien. 1935 wurde die Kardanwelle überarbeitet und lief nun exakt gerade von Getriebeende zu Hinterrad; zugleich erhielt der Scheinwerfer ein neues Aussehen. Bei der letzten Serie beschränkten sich die Neuerungen auf das Getriebe und die Schmierung, ein Anzeichen dafür, dass die R 4 sich dem Ende ihres Weges näherte und BMW bereits an einem Nachfolgemodell arbeitete.

Von Anfang an wies die Einzylinder-400er alle Eigenschaften eines echten Volksmotorrads auf, angefangen bei ihrer hohen Zuverlässigkeit, die BMW also nicht nur seinen teuren Boxermodellen, sondern auch den preiswerten Maschinen mit auf den Weg geben konnte. Aus diesem Blickwinkel betrachtet war die R 4 gewiss eine sehr gute Investition.

Auch die Einzylindermodelle, die mit ihrem geringen Anschaffungspreis die Verbreitung der BMW Motorräder fördern sollten, besaßen den Kardanantrieb (oben).

Der Einzylinder der R 4 saß in einem Rahmen aus Pressstahl (Mitte).

Die R 4 unterschied sich von der hubraumkleineren R 2 auch durch ein voluminöseres vorderes Schutzblech, das von den BMW Zweizylindermodellen stammte (links).

R 39

Motor
Typ: Einzylinder
Bohrung x Hub: 68 x 68 mm
Hubraum: 247 cm^3
Leistung: 6,5 PS/4,8 kW bei 4000/min
Ventile: 2 hängende Ventile
Gemischaufbereitung: 20-mm-Vergaser

Kraftübertragung und Getriebe
Getriebe: Dreiganggetriebe, per Hand zu schalten
Kraftübertragung: Kardanwelle

Fahrwerk
Rahmen: Doppelschleifen-Stahlrohrrahmen
Vorne: Gezogene Schwinge mit Blattfederung
Hinten: Starrrahmen
Vorderradbremse: Trommel, Ø 150 mm
Hinterradbremse: Keilbremse, auf Kardanwelle wirkend
Vorderreifen: 27 x 3,5
Hinterreifen: 27 x 3,5

Abmessungen und Gewichte
Trockengewicht: 110 kg
Länge: 2050 mm
Sitzhöhe: 740 mm
Tankinhalt: 10 Liter

Fahrleistungen
Höchstgeschwindigkeit: 100 km/h

Vor den kleinen Einzylindern der 1930er-Jahre hatte BMW bereits mit der R 39, die auf dem Berliner Salon des Jahres 1924 ihre Premiere erlebte, ein Modell mit stehendem Zylinder angeboten. Diese sozusagen „halbierte" R 37 war, zumindest in Standardausführung, deutlich preiswerter, auch wenn für die Straßenzulassung zwei Extras obligatorisch waren, nämlich die Beleuchtung und der Tacho, mit denen der Preis nicht unerheblich stieg. Die R 39 war aber weniger eine Touren-, sondern vielmehr eine Sportmaschine, was 1925 mit der Aufstellung eines deutschen Geschwindigkeitsrekords unterstrichen wurde. Der besonders kompakt bauende und hochmoderne Motor mit Leichtmetall-Zylinderkopf ermöglichte eine Spitze von 100 km/h. Die R 39 wurde von 1925 bis 1927 angeboten und 855 Mal verkauft.

Die erste Einzylindermaschine der BMW-Geschichte entstand 1924 und besaß einen halbierten R 37-Motor.

R 2

Motor
Typ: Einzylinder
Bohrung x Hub: 63 x 64 mm
Hubraum: 198 cm^3
Leistung: 6 PS/4,4 kW bei 3500/min
Ventile: 2 hängende Ventile
Gemischaufbereitung: 19-mm-Vergaser (ab 1934: 18,2 mm)

Kraftübertragung und Getriebe
Getriebe: Dreiganggetriebe, per Hand zu schalten
Kraftübertragung: Kardanwelle

Fahrwerk
Rahmen: Doppelschleifen-Pressstahlrahmen
Vorne: Gezogene Schwinge mit Blattfederung
Hinten: Starrrahmen
Vorderradbremse: Trommel, Ø 180 mm
Hinterradbremse: Trommel, Ø 180 mm
Vorderreifen: 25 x 3,0
Hinterreifen: 25 x 3,0

Abmessungen und Gewichte
Trockengewicht: 110 kg
Länge: 1950 mm
Sitzhöhe: 740 mm
Tankinhalt: 11 Liter

Fahrleistungen
Höchstgeschwindigkeit: 95 km/h

Ein deutsches Gesetz, das Motorräder bis 200 cm^3 von der Steuer- und Führerscheinpflicht ausnahm, führte zur Entwicklung dieses ersten „Volksmotorrades". Die mitten in der Wirtschaftskrise erschienene R 2 war auf niedrige Produktionskosten ausgelegt, stand aber qualitativ den großen BMW Maschinen nicht hintan. Der Rahmen zeigte sich vom Geist der R 11 inspiriert, war aber leichter und kompakter, um das Kraftrad nicht zu schwer und zu schwachbrüstig geraten zu lassen.

Mit einem Preis von anfangs unter 1000 Reichsmark wurde die R 2 ein großer Erfolg und wurde laufend modellgepflegt, bis sie 1936 zugunsten der R 20 aus der Fertigung genommen wurde.

Ein Gesetz, das Motorräder bis 200 cm^3 von der Steuerpflicht befreite, führte zum Bau des ersten „Volksmotorrades".

Nach dem Erfolg von R 2 und R 4 schob BMW 1936 ein im Hubraum zwischen diesen beiden Maschinen stehendes einzylindriges Modell nach, das mit 300 cm³ genau die Mitte hielt. Auch der Name wurde entsprechend gewählt und lautete R 3.

Diese Spätgeburt ohne besondere Merkmale erschien zu einer Zeit, als die beiden Schwestermodelle bereits kurz vor der Ablösung standen; diese wenig glückliche Entscheidung trug dazu bei, dass der Absatz der R 3 gering blieb. Sie wurde nur 1936 gebaut und kam über 740 Exemplare nicht hinaus.

Der zwischen R 2 und R 4 stehende Hubraum der R 3 hätte sie zum Erfolg werden lassen sollen; die Wirklichkeit sah anders aus.

Der Preis lag nur leicht unter dem der R 4, der die R 3 auch in den Fahrleistungen nahe stand, was der Markt freilich nicht belohnte. Nicht einmal die Wehrmacht kam BMW zu Hilfe und bestellte weiterhin R 4, nicht aber die R 3.

R 3

Motor
Typ: Einzylinder
Bohrung x Hub: 68 x 84 mm
Hubraum: 305 cm³
Leistung: 11 PS/8,1 kW bei 4200/min
Ventile: 2 hängende Ventile
Gemischaufbereitung: 25-mm-Vergaser

Kraftübertragung und Getriebe
Getriebe: Vierganggetriebe, per Hand zu schalten
Kraftübertragung: Kardanwelle

Fahrwerk
Rahmen: Doppelschleifen-Pressstahlrahmen
Vorne: Gezogene Schwinge mit Blattfederung
Hinten: Starrrahmen
Vorderradbremse: Trommel, Ø 180 mm
Hinterradbremse: Trommel, Ø 180 mm
Vorderreifen: 26 x 3,5
Hinterreifen: 26 x 3,5

Abmessungen und Gewichte
Trockengewicht: 149 kg
Länge: 1980 mm
Sitzhöhe: 740 mm
Tankinhalt: 12,5 Liter

Fahrleistungen
Höchstgeschwindigkeit: 100 km/h

Die kühle Aufnahme, die die R 3 fand, entmutigte die BMW-Verantwortlichen keineswegs, die weiterhin an die Chancen einer Maschine von mittelgroßem Hubraum glaubten. 1937, im Jahr nach dem missglückten Abenteuer R 3, ersetzte das Werk sowohl R 3 als auch R 4 durch die R 35; dieses 350-cm³-Motorrad besaß die ausgereifte Technik der Einzylindermodelle, hielt aber einen Respektabstand zu den jüngsten Errungenschaften der Boxer-Baureihe.

Bei ihrem vierten Einzylindermotorrad versuchten sich die Bayern an einer neuen Hubraumgröße; die 350 cm³ waren ein guter Kompromiss.

Anstelle eines Stahlrohrrahmens besaß sie den Pressstahlrahmen, der sich aber als ausgesprochen tauglich erwiesen hatte. Auch blieb es bei der Handschaltung, während die hubraumgrößeren BMW Maschinen mittlerweile per Fuß geschaltet wurden. Die R 35 kam sehr gut an, wie die 15.000 bis 1940 gebauten Exemplare beweisen.

R 35

Motor
Typ: Einzylinder
Bohrung x Hub: 72 x 84 mm
Hubraum: 342 cm³
Leistung: 14 PS/10,3 kW bei 4500/min
Ventile: 2 hängende Ventile
Gemischaufbereitung: 22-mm-Vergaser

Kraftübertragung und Getriebe
Getriebe: Vierganggetriebe, per Hand zu schalten
Kraftübertragung: Kardanwelle

Fahrwerk
Rahmen: Doppelschleifen-Pressstahlrahmen
Vorne: Teleskopgabel
Hinten: Starrrahmen
Vorderradbremse: Trommel, Ø 180 mm
Hinterradbremse: Trommel, Ø 180 mm
Vorderreifen: 3,50 x 19
Hinterreifen: 3,50 x 19

Abmessungen und Gewichte
Trockengewicht: 155 kg
Länge: 2000 mm
Sitzhöhe: 740 mm
Tankinhalt: 12 Liter

Fahrleistungen
Höchstgeschwindigkeit: 100 km/h

R 20

Motor
Typ: Einzylinder
Bohrung x Hub: 60 x 68 mm
Hubraum: 192 cm³
Leistung: 8 PS/5,9 kW bei 5400/min
Ventile: 2 hängende Ventile
Gemischaufbereitung: 18,2-mm-Vergaser

Kraftübertragung und Getriebe
Getriebe: Dreiganggetriebe
Kraftübertragung: Kardanwelle

Fahrwerk
Rahmen: Verschraubter Stahlrohrrahmen
Vorne: Teleskopgabel
Hinten: Starrrahmen
Vorderradbremse: Trommel, Ø 160 mm
Hinterradbremse: Trommel, Ø 180 mm
Vorderreifen: 3,00 x 19
Hinterreifen: 3,00 x 19

Abmessungen und Gewichte
Trockengewicht: 130 kg
Länge: 2000 mm
Sitzhöhe: 740 mm
Tankinhalt: 12 Liter

Fahrleistungen
Höchstgeschwindigkeit: 95 km/h

Nach fünf erfolgreichen Jahren musste sich die R 2 eine umfassendere Überarbeitung als in der gesamten Zeit nach ihrem Start gefallen lassen. Die Ingenieure wollten beim Nachfolgemodell die Auslegung als „Volksmotorrad" beibehalten, damit die Kunden weiterhin in den Genuss der Steuerfreiheit kamen, es andererseits aber mit zeitgemäßerer Technik und besseren Fahrleistungen versehen. 1937 erschien die R 20, deren Antriebstechnik sich wesentlich stärker an den Zweizylinder-Boxermodellen orientierte. Nicht zu übersehen war die Aufgabe des Pressstahlrahmens zugunsten einer Struktur aus Stahlrohren (die den Möglichkeiten der Zeit entsprechend verschraubt, nicht verschweißt wurden), was die R 20 graziler und schlanker wirken ließ. Dieser Eindruck täuschte freilich, denn in Wahrheit war die R 20 um 20 Kilogramm schwerer als die R 2. Weitere Neuerungen betrafen das Getriebe, das jetzt nach heutiger Manier über einen Fußhebel geschaltet wurde, und den Motor, der sich in vielen Details modifiziert zeigte. Hauptziel der Übung war das Streben nach geringeren Laufgeräuschen und nach höherer Zuverlässigkeit. Eine Leistungserhöhung stand hingegen nicht im Lastenheft der Ingenieure, denn es blieb bei den 8 PS, die der Einzylinder der R 2 bereits 1934 erreicht hatte.

Die R 20 besaß wie alle BMW Maschinen jener Zeit einen Auspuff mit Fischschwanz-Endstück und war das erste Einzylindermodell, das technische Details von den Boxermodellen übernahm, etwa den Stahlrohr- anstelle des Pressstahlrahmens.

Die R 23 markierte die BMW-Rückkehr in die Viertelliterklasse. Die Ingenieure wollten den Freunden des Hauses bessere Fahrleistungen bieten, was ihnen in der Hauptsache durch neue Ansaugkanäle auch gelang.

Mitte 1938 wurde die R 20 aus der Produktion genommen und durch die R 23 ersetzt, die im Großen und Ganzen der R 20 entsprach, allerdings im Hubraum vergrößert und auf die gut 250 cm^3 gebracht wurde, die bereits die R 39, das erste Einzylindermodell des Hauses, aufgewiesen hatte. Optisch unterschied sich die R 23 durch das in den Tank eingelassene Ablagefach, das zwar ein praktisches Detail darstellte, andererseits aber den Tankinhalt von 12 auf 9,6 Liter verkleinerte und dadurch die Reichweite schrumpfen ließ. Der Zylinder war mit dem der Boxer-R 5 identisch, was die Fertigungskosten senkte und einen entschieden niedrigen Verkaufspreis ermöglichte, der sich um fast die Hälfte unter dem der R 5 bewegte, was bei der Kundschaft sehr gut ankam. Außer durch den größeren Hubraum, der durch eine Aufbohrung bewerkstelligt wurde, unterschied sich die R 23 von der ausgelaufenen R 20 durch eine Mehrleistung von 2 PS, ansonsten waren sich die beiden Maschinen sehr ähnlich. Gemein hatten sie auch die Fußschaltung und seltsamerweise ein Dreiganggetriebe, obwohl BMW in der Vergangenheit schon Motorräder mit vier Gängen angeboten hatte.

R 23

Motor
Typ: Einzylinder
Bohrung x Hub: 68 x 68 mm
Hubraum: 247 cm^3
Leistung: 10 PS/7,3 kW bei 5400/min
Ventile: 2 hängende Ventile
Gemischaufbereitung: 18,2-mm-Vergaser

Kraftübertragung und Getriebe
Getriebe: Dreiganggetriebe
Kraftübertragung: Kardanwelle

Fahrwerk
Rahmen: Verschraubter Stahlrohrrahmen
Vorne: Teleskopgabel
Hinten: Starrrahmen
Vorderradbremse: Trommel, Ø 160 mm
Hinterradbremse: Trommel, Ø 180 mm
Vorderreifen: 3,00 x 19
Hinterreifen: 3,00 x 19

Abmessungen und Gewichte
Trockengewicht: 135 kg
Länge: 2000 mm
Sitzhöhe: 740 mm
Tankinhalt: 9,6 Liter

Fahrleistungen
Höchstgeschwindigkeit: 95 km/h

R 12

Motor
Typ: Zweizylinder-Boxer
Bohrung x Hub: 78 x 78 mm
Hubraum: 745 cm³
Leistung: 18 PS/13,2 kW bei 3400/min
(mit zwei Vergasern: 20 PS/14,7 kW bei 4000/min)
Ventile: 2 stehende Ventile pro Zylinder
Gemischaufbereitung:
25-mm-Vergaser (oder zwei 23,8-mm-Vergaser)

Kraftübertragung und Getriebe
Getriebe: Vierganggetriebe mit manueller Schaltung
Kraftübertragung: Kardanwelle

Fahrwerk
Rahmen: Doppelschleifen-Pressstahlrahmen
Vorne: Teleskopgabel
Hinten: Starrrahmen
Vorderradbremse: Trommel, Ø 200 mm
Hinterradbremse: Trommel, Ø 200 mm
Vorderreifen: 3,50 x 19
Hinterreifen: 3,50 x 19

Abmessungen und Gewichte
Trockengewicht: 185 kg
Länge: 2100 mm
Sitzhöhe: 740 mm
Tankinhalt: 14 Liter

Fahrleistungen
Höchstgeschwindigkeit: 110 km/h

Weniger als zehn Jahre hatten den Bayerischen Motorenwerken genügt, um sich einen guten Namen zu machen und in den kleinen Kreis der großen Motorradbauer aufzurücken. Der große Erfolg stellte sich zu Beginn der 1930er-Jahre ein, als zu den vom normalen Publikum gekauften Maschinen die Aufträge der Wehrmacht hinzukamen, die nach Hitlers Plänen reorganisiert und ausgebaut wurde.

1935 renovierten die Ingenieure die Spitzenmodelle des Hauses mit 750 cm³ großem Zweizylinder-Boxermotor, namentlich die seit 1929 gebauten R 11 und die R 16. Ingenieur Alfred Böning, der das Projekt leitete, hatte den Auftrag, eine neue Boxermaschine zu konstruieren, die sich gegen die Vierzylinder-Zündapp K 800 behaupten konnte, die schon 1933 die Schwelle von 20 PS erreicht hatte.

Das Projekt mündete nicht direkt in die R 12, sondern anfangs in die R 7, die die gesetzten Ziele deutlich übertraf. Dabei handelte es sich um eine 750er mit hängenden Ventilen und einem als Brückenrahmen ausgebildeten Pressstahlrahmen in Schalenbauweise, wie er im Serienbau erst Jahrzehnte später üblich wurde. Gerade aufgrund dieses Rahmens, der vom damaligen Kanon stark abwich, blieb die R7 aber im Prototypenstadium und wurde nie gebaut. Zu hoch war seine Verwindungssteifigkeit, vor allem aber die Kosten für die Umsetzung, selbst für eine exklusive Marke wie BMW.

Nach Aufgabe dieses revolutionären Konzepts geriet die 1935 vorgestellte R 12 anderen 750er-Modellen des Hauses, die ihr vorausgegangen waren, wesentlich ähnlicher. Ähnlicher, aber nicht identisch, denn ein Detail des Böning-Modells ging in Serie: die innovative vordere Radführung, die die veraltete Schwinge mit Blattfedern ablöste, die sich als nicht mehr fahrsicher und stabil erwiesen hatten. Stattdessen entwickelte man eine Teleskopgabel mit hydraulischem Stoßdämpfer, den Vorläufer der heute bei fast allen Serienmotorrädern verwendeten Gabel (mit Ausnahme von BMW selbst, wo man seit 1993 zumeist die Telelever-Gabel verwendet). Hier dienten Schrauben- statt Blattfedern der Federung und die Dämpfung übernahmen ölgefüllte hydraulische Kartuschen, die weicher ansprachen und damit Komfort und Sicherheit erhöhten – Eigenschaften, die bislang von den Herstellern nicht besonders beachtet worden waren, obwohl der Zustand der Straßen allgemein sehr viel schlechter war als heute. Die

Nahaufnahme des zeittypischen, auf dem Scheinwerfer sitzenden Tachometers; die Nadel bewegte sich von rechts nach links.

Die R 12 folgte dem wunderschönen R 7-Prototyp nach, einem faszinierenden Motorrad mit einzigartiger Technik, das aber für die Serienfertigung zu teuer war. Aufgabe der R 12 war es, mit der vierzylindrigen Zündapp K 800 zu konkurrieren.

R 12 ging also das Problem der Vorderradführung erfolgreich an. Was das Hinterrad anging, so musste aber nach wie vor der Sattel als federndes Element genügen; es blieb hinten beim klassischen Starrrahmen. Bis zur allgemeinen Verbreitung der hinteren Stoßdämpfer, die Moto Guzzi bereits 1928 eingeführt hatte, vergingen noch einige Jahre; bei BMW kamen sie ab 1938 zum Einsatz. Zwar sah die R 12 eher unscheinbar aus, ihre revolutionäre Teleskopgabel war aber nicht ihr einziges exklusives Merkmal. Das neue Modell war ganz auf hohe Zuverlässigkeit ausgelegt. Zu diesem Zweck erhielt es eine robustere Kurbelwelle, eine hintere Trommelbremse und vor allem Felgen von 19 Zoll Durchmesser, die zwischen vorne und hinten austauschbar waren. Auf diese Weise bekräftigte die R 12 den BMW-Ruf als Hersteller solider, langlebiger Maschinen, den man sich in der Zwischenzeit erworben hatte. Es war gerade die hohe Zuverlässigkeit, die der neuen 750er erlaubte, die strengen Anforderungen der Wehrmacht zu erfüllen, die ab 1938 fast alle vom Band laufenden Exemplare erwarb; auf diese Weise wurde die R 12 eines der erfolgreichsten Motorradmodelle der BMW-Geschichte und blieb auch nach Erscheinen der R 75, der einzigen ausdrücklich für die Wehrmacht entwickelten Maschine, in der Fertigung.

Der Motor der R 12 gehörte der Familie mit stehenden Ventilen an und wurde in zwei Versionen angeboten, mit Einfach- oder mit Doppelvergaser. Damit unterschieden sich die beiden Varianten in Leistung und Preis voneinander; sie kamen auf 18 bzw. 20 PS. Erfolgreicher war die schwächere Ausführung, denn sie wurde in großen Stückzahlen von der Wehrmacht bestellt und dort gerne mit einem Seitenwagen versehen. Dieser machte mit seinem direkten und indirekten Mehrgewicht die nicht übermäßig starke Maschine recht langsam, die dieses Manko aber durch eine überdurchschnittliche Elastizität wieder ausglich.

Die Militärversion unterschied sich von der zivilen Ausführung nur geringfügig. Neben der dunklen Lackierung ohne Zierlinien auf Rahmen, Fahrwerk und Schutzblechen wiesen die Wehrmachtsmaschinen lediglich Rahmenverstärkungen im Bereich des Tanks und ein geändertes vorderes Schutzblech auf. Dazu kamen kleinere Details, die dem Einsatz unter schwierigen Bedingungen angepasst waren, zum

Die R 12 blieb dem Kardanantrieb treu und wurde in zwei Varianten gebaut, einer zivilen (links) und einer Militärversion.
Die Motoren der Wehrmachtsmaschinen waren im Interesse höherer Robustheit in der Leistung um 2 PS reduziert.

Beispiel ein Ölbad-Luftfilter. Die Militär-R 12 besaß ein spezielles Filterelement, das zudem an eine geschütztere Stelle nahe dem Getriebe hinten an den Tank verlegt wurde.

Die R 12 war ein wichtiger Meilenstein in der Geschichte der deutschen Motorräder, denn erstmals wies sie eine Gabel mit hydraulischen Stoßdämpferelementen auf, was den Fahrkomfort deutlich verbesserte.

Die liegenden Zylinder dieses Modells wurden entweder von einem Einfachvergaser (oben) oder zwei Vergasern versorgt; in letzterem Fall lag die Leistung höher.

Die R 17 war das sportliche, besser gesagt das supersportliche Schwestermodell der R 12, denn ihre Leistung lag fast doppelt so hoch; damit bot sie brillante Fahrleistungen und war auch für motorsportliche Einsätze geeignet. Der Hubraum war mit dem der R 12 annähernd identisch, wies aber geänderte Innenmaße auf. Vor allem aber unterschieden sich die beiden Zweizylindermotoren in der Lage der Ventile, die dort stehend, hier aber hängend ihren Dienst verrichteten. Dadurch und durch weitere Maßnahmen konnte das Gewicht der R 17 gesenkt werden, die mit ihrem Zweivergaser-Triebwerk eine Spitze von 140 km/h erreichte. Sie war die leistungsstärkste Maschine ihrer Zeit, doch geriet sie durch ihre exklusive Technik teuer in der Herstellung und damit teuer im Verkauf. Während die R 12 1630 Reichsmark kostete, wurde die stärkere Schwester um 2040 Mark verkauft, was ihren Absatz stark eindämmte; von 1935 bis 1937 entstanden lediglich 450 Stück. Die R 17 war ein außergewöhnliches Stück Technik, blieb im Verkauf aber weit hinter dem zugehörigen Basismodell zurück, wurde daher nicht weiterentwickelt und blieb über ihre Bauzeit ohne Änderungen optischer oder technischer Natur.

Mit hängenden Ventilen war die R 17 fast doppelt so stark wie die R 12, von der sie abgeleitet war.

R 17

Motor
Typ: Zweizylinder-Boxer
Bohrung x Hub: 83 x 68 mm
Hubraum: 735 cm^3
Leistung: 33 PS/24,3 kW bei 5000/min
Ventile: 2 hängende Ventile pro Zylinder
Gemischaufbereitung: 25,4-mm-Doppelvergaser

Kraftübertragung und Getriebe
Getriebe: Vierganggetriebe mit manueller Schaltung
Kraftübertragung: Kardanwelle

Fahrwerk
Rahmen: Doppelschleifen-Pressstahlrahmen
Vorne: Teleskopgabel
Hinten: Starrrahmen
Vorderradbremse: Trommel, Ø 200 mm
Hinterradbremse: Trommel, Ø 200 mm
Vorderreifen: 3,50 x 19
Hinterreifen: 3,50 x 19

Abmessungen und Gewichte
Trockengewicht: 183 kg
Länge: 2100 mm
Sitzhöhe: 740 mm
Tankinhalt: 14 Liter

Fahrleistungen
Höchstgeschwindigkeit: 140 km/h

1936, sechs Jahre nach Erscheinen der R 57, lancierte BMW ein Modell der Halbliterklasse von deutlich sportivem Zuschnitt. Der Motor mit hängenden Ventilen saß in einem Rohrrahmen, der einen echten Fortschritt darstellte und auch in etlichen späteren Modellen Verwendung fand. Die Rohre wurden verschweißt, was alle bisherigen Probleme der zu geringen Verwindungssteifigkeit beseitigte.

Neben Hubraum und Rahmen stellte die Schaltung zweifellos eine erwähnenswerte Neuerung dar. Von der R 32 bis zum Erscheinen der R 5 wurden die BMW Maschinen stets per Hand geschaltet, von diesem Augenblick an gingen die Bayern jedoch zur Fußschaltung über.

Mit der R 5 kehrte BMW in die Halbliterklasse zurück. Sie besaß einen Stahlrohrrahmen, den viele spätere Maschinen des Hauses übernahmen.

R 5

Motor
Typ: Zweizylinder-Boxer
Bohrung x Hub: 68 x 68 mm
Hubraum: 494 cm³
Leistung: 24 PS/17,6 kW bei 5800/min
Ventile: 2 hängende Ventile pro Zylinder
Gemischaufbereitung: zwei 22,2-mm-Vergaser

Kraftübertragung und Getriebe
Getriebe: Vierganggetriebe
Kraftübertragung: Kardanwelle

Fahrwerk
Rahmen: Doppelschleifen-Stahlrohrrahmen
Vorne: Teleskopgabel
Hinten: Starrrahmen
Vorderradbremse: Trommel, Ø 200 mm
Hinterradbremse: Trommel, Ø 200 mm
Vorderreifen: 3,50 x 19
Hinterreifen: 3,50 x 19

Abmessungen und Gewichte
Trockengewicht: 165 kg
Länge: 2130 mm
Sitzhöhe: 740 mm
Tankinhalt: 15 Liter

Fahrleistungen
Höchstgeschwindigkeit: 135 km/h

Ein Jahr nach der R 5 kam eine Version mit größerem Hubraum heraus, die aber keinen Zuwachs an Sportlichkeit mit sich brachte. Im Gegenteil, die nur bis 1937 gebaute R 6 war eine sparsamere und langsamere Alternative zur R 5. Die beiden Maschinen teilten sich zahlreiche Komponenten, der Zweizylinder-Boxermotor war aber eine Neuentwicklung mit stehenden Ventilen. Man muss aber darauf hinweisen, dass der schwächere Motor in der Herstellung nicht preiswerter war, weshalb die R 6 kaum weniger kostete als die stärkere Schwester. Trotz des größeren Hubraums leistete die R 6 nur 18 anstelle der 24 PS der R 5, dennoch kam sie auf eine ausgezeichnete Spitze von 125 km/h.

Die R 6 war hubraumstärker als die R 5, aber als Tourenmaschine schwächer und etwas preiswerter.

R 6

Motor
Typ: Zweizylinder-Boxer
Bohrung x Hub: 70 x 78 mm
Hubraum: 596 cm³
Leistung: 18 PS/13,2 kW bei 4800/min
Ventile: 2 stehende Ventile pro Zylinder
Gemischaufbereitung: zwei 22,2-mm-Vergaser

Kraftübertragung und Getriebe
Getriebe: Vierganggetriebe
Kraftübertragung: Kardanwelle

Fahrwerk
Rahmen: Doppelschleifen-Stahlrohrrahmen
Vorne: Teleskopgabel
Hinten: Starrrahmen
Vorderradbremse: Trommel, Ø 200 mm
Hinterradbremse: Trommel, Ø 200 mm
Vorderreifen: 3,50 x 19
Hinterreifen: 3,50 x 19

Abmessungen und Gewichte
Trockengewicht: 175 kg
Länge: 2130 mm
Sitzhöhe: 740 mm
Tankinhalt: 15 Liter

Fahrleistungen
Höchstgeschwindigkeit: 125 km/h

R 51

Motor
Typ: Zweizylinder-Boxer
Bohrung x Hub: 68 x 68 mm
Hubraum: 494 cm^3
Leistung: 24 PS/17,6 kW bei 5600/min
Ventile: 2 hängende Ventile pro Zylinder
Gemischaufbereitung: zwei 22,2-mm-Vergaser

Kraftübertragung und Getriebe
Getriebe: Viergangetriebe
Kraftübertragung: Kardanwelle

Fahrwerk
Rahmen: Doppelschleifen-Stahlrohrrahmen
Vorne: Teleskopgabel
Hinten: Teleskopstoßdämpfer
Vorderradbremse: Trommel, Ø 200 mm
Hinterradbremse: Trommel, Ø 200 mm
Vorderreifen: 3,50 x 19
Hinterreifen: 3,50 x 19

Abmessungen und Gewichte
Trockengewicht: 182 kg
Länge: 2130 mm
Sitzhöhe: 740 mm
Tankinhalt: 14 Liter

Fahrleistungen
Höchstgeschwindigkeit: 140 km/h

Dass die Laufbahn der nur 1936/37 gebauten R 5 so kurz war, lag nicht an mangelndem Erfolg, sondern an der Verfügbarkeit neuer Technik, die rasch ein Nachfolgemodell möglich machte, um sich der immer dichter aufrückenden Konkurrenz zu erwehren. Die große Neuheit an der R 51 war die Aufgabe des hinteren Starrrahmens zugunsten von Stoßdämpfern. Sie erhielt Teleskopdämpfer, die Komfort und Fahrsicherheit gegenüber dem bislang Üblichen deutlich erhöhten. Für die Stoßdämpfer mussten die hintere Rahmenstruktur und die Kraftübertragung geändert werden und die R 51 musste umfangreiche Langstreckenerprobungen hinter sich bringen. Eine wurde von Alexander von Falkenhausen, der die Maschine entwickelt und kaum Erfahrungen als Pilot hatte,

Der technische Fortschritt in den späten 1930er-Jahren führte zur BMW R 51, dem ersten deutschen Motorrad mit gefederten Hinterrädern.

durchgeführt; er nahm 1937 an der Internationalen Sechstagefahrt in Wales teil.

1938 war die R 51, die den Motor der R 5 besaß, marktreif. Der neue Rahmen ließ die Maschine recht sportlich geraten; in der Folge wurden aus der R 51 einige Wettbewerbsmodelle unter den Bezeichnungen RS (die knapp 40 Jahre später wieder aufgegriffen wurde) und SS entwickelt.

Das BMW-Modellprogramm des Jahres 1938 war recht umfangreich und umfasste Modelle für jeden Einsatzzweck. Zusammen mit der R 51 erschien eine hubraum- und leistungsstärkere Variante. Diese R 66 war eine 600er mit hängenden Ventilen, höherer Verdichtung und rundum besseren Fahrleistungen. Aus den 24 PS der Halblitermaschine wurden hier 30 PS, die sich zudem bei einer niedrigeren Drehzahl einstellten.

Die R 66 präsentierte sich als sportliche Rassemaschine und war für den Betrieb mit einem Seitenwagen ohne allzu großen Verlust an Temperament bestens geeignet; viele Experten halten sie für das beste BMW-Modell der Vorkriegszeit. Sie blieb bis 1941 in Produktion.

Mit ihren 30 PS war die R 66 die sportlichste BMW jener Zeit.

R 66

Motor
Typ: Zweizylinder-Boxer
Bohrung x Hub: 70 x 78 mm
Hubraum: 596 cm³
Leistung: 30 PS/22 kW bei 5300/min
Ventile: 2 hängende Ventile pro Zylinder
Gemischaufbereitung: zwei 23,8-mm-Vergaser

Kraftübertragung und Getriebe
Getriebe: Vierganggetriebe
Kraftübertragung: Kardanwelle

Fahrwerk
Rahmen: Doppelschleifen-Stahlrohrrahmen
Vorne: Teleskopgabel
Hinten: Teleskopstoßdämpfer
Vorderradbremse: Trommel, Ø 200 mm
Hinterradbremse: Trommel, Ø 200 mm
Vorderreifen: 3,50 x 19
Hinterreifen: 3,50 x 19

Abmessungen und Gewichte
Trockengewicht: 187 kg
Länge: 2130 mm
Sitzhöhe: 740 mm
Tankinhalt: 14 Liter

Fahrleistungen
Höchstgeschwindigkeit: 145 km/h

Die Geschichte der R 61 entspricht jener der R 6. Die Modellbezeichnung wurde zur Unterscheidung von der Vorgängerin um eine 1 erweitert. Die R 6 hatte nur eine Saison lang im Programm gestanden, dann führte der Erfolg des neuen Fahrwerks mit hinteren Stoßdämpfern zur Einführung einer Nachfolgerin. Die R 61 besaß im modernisierten Rahmen den Boxermotor mit stehenden Ventilen, der abgesehen von den nötigen Anpassungen der Kraftübertragung an die hinteren Stoßdämpfer, unverändert übernommen wurde.

Diese Maschine wurde von 1938 bis 1941 gebaut und erhielt in diesem Zeitraum keine nennenswerten Modifikationen. Die Stoßdämpfer erhöhten das Gewicht um 9 Kilogramm; die Höchstgeschwindigkeit lag daher etwas niedriger als bei der Variante mit hinterem Starrrahmen.

Die R 61 war eine Tourenmaschine. Zum elastischen Motor gesellte sich die komfortable Hinterradfederung.

R 61

Motor
Typ: Zweizylinder-Boxer
Bohrung x Hub: 70 x 78 mm
Hubraum: 596 cm³
Leistung: 18 PS/13,2 kW bei 4800/min
Ventile: 2 stehende Ventile pro Zylinder
Gemischaufbereitung: zwei 22,2-mm-Vergaser

Kraftübertragung und Getriebe
Getriebe: Vierganggetriebe
Kraftübertragung: Kardanwelle

Fahrwerk
Rahmen: Doppelschleifen-Stahlrohrrahmen
Vorne: Teleskopgabel
Hinten: Teleskopstoßdämpfer
Vorderradbremse: Trommel, Ø 200 mm
Hinterradbremse: Trommel, Ø 200 mm
Vorderreifen: 3,50 x 19
Hinterreifen: 3,50 x 19

Abmessungen und Gewichte
Trockengewicht: 184 kg
Länge: 2130 mm
Sitzhöhe: 740 mm
Tankinhalt: 14 Liter

Fahrleistungen
Höchstgeschwindigkeit: 115 km/h

R 71

Motor
Typ: Zweizylinder-Boxer
Bohrung x Hub: 78 x 78 mm
Hubraum: 745 cm³
Leistung: 22 PS/16,2 kW bei 4600/min
Ventile: 2 stehende Ventile pro Zylinder
Gemischaufbereitung: zwei 24-mm-Vergaser

Kraftübertragung und Getriebe
Getriebe: Vierganggetriebe
Kraftübertragung: Kardanwelle

Fahrwerk
Rahmen: Doppelschleifen-Stahlrohrrahmen
Vorne: Teleskopgabel
Hinten: Teleskopstoßdämpfer
Vorderradbremse: Trommel, Ø 200 mm
Hinterradbremse: Trommel, Ø 200 mm
Vorderreifen: 3,50 x 19
Hinterreifen: 3,50 x 19

Abmessungen und Gewichte
Trockengewicht: 187 kg
Länge: 2130 mm
Sitzhöhe: 740 mm
Tankinhalt: 14 Liter

Fahrleistungen
Höchstgeschwindigkeit: 125 km/h

Mit der R 71, die bis zum Zweiten Weltkrieg in Produktion blieb, endete eine ganze Ära des BMW Motorradbaus, nämlich die Zeit der Boxermotoren mit stehenden Ventilen. Die 750er-Maschine erschien zeitgleich mit R 51 und R 61, denen sie konzeptionell stark ähnelte.

Die R 71 war im Grunde eine hubraumstärkere R 61, von der sie sich in erster Linie durch die vergrößerte Bohrung unterschied, und sollte die R 12 von gleichem Hubraum, aber mit hinterem Starrrahmen, ersetzen; das äußerte sich auch darin, dass BMW das neue Modell recht preiswert anbot.

Tatsächlich wurden R 71 und R 12 parallel angeboten, wobei Letztere in der Hauptsache für die Wehrmacht produziert wurde.

Nach der R 71 besaß keine Zweizylinder-BMW mehr stehende Ventile.

R 51/2

Motor
Typ: Zweizylinder-Boxer
Bohrung x Hub: 68 x 68 mm
Hubraum: 494 cm³
Leistung: 24 PS/17,6 kW bei 5800/min
Ventile: 2 hängende Ventile pro Zylinder
Gemischaufbereitung: zwei 22-mm-Vergaser

Kraftübertragung und Getriebe
Getriebe: Vierganggetriebe
Kraftübertragung: Kardanwelle

Fahrwerk
Rahmen: Doppelschleifen-Stahlrohrrahmen
Vorne: Teleskopgabel
Hinten: Teleskopstoßdämpfer
Vorderradbremse: Trommel, Ø 200 mm
Hinterradbremse: Trommel, Ø 200 mm
Vorderreifen: 3,50 x 19
Hinterreifen: 3,50 x 19

Abmessungen und Gewichte
Trockengewicht: 185 kg
Länge: 2130 mm
Sitzhöhe: 720 mm
Tankinhalt: 15 Liter

Fahrleistungen
Höchstgeschwindigkeit: 140 km/h

Nachdem das Werk nach Kriegsende im Rahmen der alliierten Besatzung und aufgrund der schwierigen wirtschaftlichen Gesamtlage zunächst nur einzylindrige 250er-Modelle hatte bauen können, kehrte man 1950 schließlich wieder zur Herstellung einer Maschine mit dem klassischen Boxermotor zurück. Wie die Bezeichnung vermuten lässt, basierte die R 51/2 auf der R 51, deren Bau zehn Jahre zuvor eingestellt worden war. Optisch wichen die beiden Ausführungen vor allem vorne voneinander ab, wo bei der /2 ein voluminöseres Schutzblech und eine Teleskopgabel zu sehen waren, die von der Militär-R 75 stammten. Der Motor besaß den Block der R 51 sowie Kolben, Köpfe und Zylinder von den 250er-Einzylindermodellen, die in den Jahren zuvor technisch modernisiert worden waren.

Nach dem Zweiten Weltkrieg war erst 1950 wieder eine BMW mit Boxermotor bei den Händlern zu haben; in jenem Jahr erschien die R 51/2 mit aus den frühen 1940er-Jahren stammender Technik.

Die R 51/2 hatte die Aufgabe, als Lückenbüßer nicht den Kontakt zu den mittlerweile neu erschienenen Modellen mittleren und großen Hubraums der anderen europäischen Werke abreißen zu lassen; daher blieb sie nur ein Jahr lang im Angebot. 1951 erschien die R 51/3 in bekannter Optik, aber mit einigen technischen Neuerungen versehen. Die wichtigsten Änderungen betrafen den Motor, den man noch langlebiger und laufruhiger machte und der in dieser Form alle Zweizylindermaschinen von 500 und 600 cm³ zwischen 1951 und 1960 antrieb. Sehr fortschrittlich für die Zeit war auch die Vorderradführung mittels einer doppelt wirkenden Teleskopgabel, deren Hydraulik beim Ein- wie beim Ausfedern dämpfend wirkte. Zudem besaß die R 51/3 Reibscheiben als Lenkungsdämpfer, der die Fahrstabilität erhöhte.

1951 erhielt die R 51/3 einen modernisierten und robusteren Motor, der unverändert 24 PS leistete.

R 51/3

Motor
Typ: Zweizylinder-Boxer
Bohrung x Hub: 68 x 68 mm
Hubraum: 494 cm³
Leistung: 24 PS/17,6 kW bei 5800/min
Ventile: 2 hängende Ventile pro Zylinder
Gemischaufbereitung: zwei 22,2-mm-Vergaser

Kraftübertragung und Getriebe
Getriebe: Vierganggetriebe
Kraftübertragung: Kardanwelle

Fahrwerk
Rahmen: Doppelschleifen-Stahlrohrrahmen
Vorne: Teleskopgabel
Hinten: Teleskopstoßdämpfer
Vorderradbremse: Trommel, Ø 200 mm
(ab 1952 Duplexbremse)
Hinterradbremse: Trommel, Ø 200 mm
Vorderreifen: 3,50 x 19
Hinterreifen: 3,50 x 19

Abmessungen und Gewichte
Trockengewicht: 190 kg
Länge: 2130 mm
Sitzhöhe: 720 mm
Tankinhalt: 17 Liter

Fahrleistungen
Höchstgeschwindigkeit: 140 km/h

Gemeinsam mit der R 51/3 erschien 1951 die R 67. Dabei handelte es sich um eine hubraumgrößere Variante mit um 2 PS stärkerem 594-cm³-Motor, die ausdrücklich für den Seitenwagenbetrieb bestimmt war. Sie ähnelte stark der R 51/3, wog allerdings etwas mehr und war ein Hauch schneller.

Die R 67 wurde nach nur einem Jahr von der R 67/2 und 1955 von der dritten Serie abgelöst. Die Unterschiede zwischen den einzelnen Versionen betrafen überwiegend Kleinigkeiten, allerdings wurden bei der R 67/2 die Leistung auf 28 PS erhöht und die Trommelbremsen vergrößert.

Anders als die R 51 verkaufte sich das 600er-Modell nur mäßig, obwohl sie anfangs nicht wesentlich mehr kostete; den größten Erfolg hatte die zweite Serie mit 4234 gebauten Exemplaren.

Der im Vergleich zur R 51/3 größere Hubraum und das gestiegene Drehmoment machten die R 67 zur idealen Gespann-Maschine.

R 67

Motor
Typ: Zweizylinder-Boxer
Bohrung x Hub: 72 x 73 mm
Hubraum: 594 cm³
Leistung: 26 PS/19,1 kW bei 5400/min
(R 67/2 und R 67/3: 28 PS/20,6 kW bei 5500/min)
Ventile: 2 hängende Ventile pro Zylinder
Gemischaufbereitung: zwei 24-mm-Vergaser

Kraftübertragung und Getriebe
Getriebe: Vierganggetriebe
Kraftübertragung: Kardanwelle

Fahrwerk
Rahmen: Doppelschleifen-Stahlrohrrahmen
Vorne: Teleskopgabel
Hinten: Teleskopstoßdämpfer
Vorderradbremse: Trommel, Ø 200 mm
(ab R 67/2: Duplexbremse)
Hinterradbremse: Trommel, Ø 200 mm
Vorderreifen: 3,50 x 19
Hinterreifen: 3,50 x 19 (R 67/3: 4,00 x 19)

Abmessungen und Gewichte
Trockengewicht: 192 kg
Länge: 2130 mm
Sitzhöhe: 720 mm
Tankinhalt: 17 Liter

Fahrleistungen
Höchstgeschwindigkeit: 145 km/h

Von der R 51 wurden Rennmodelle wie die R 51 RS abgeleitet, die hier 2002 beim Festival of Speed im englischen Goodwood zu sehen ist.

43

R 75

Motor
Typ: Zweizylinder-Boxer
Bohrung x Hub: 78 x 78 mm
Hubraum: 745 cm³
Leistung: 26 PS/19 kW bei 4000/min
Ventile: 2 hängende Ventile pro Zylinder
Gemischaufbereitung: zwei 24-mm-Vergaser

Kraftübertragung und Getriebe
Getriebe: Vierganggetriebe mit Rückwärtsgang mit Hand- und Fußschaltung
Kraftübertragung: Kardanwelle

Fahrwerk
Rahmen: Verschraubter Stahlrohrrahmen
Vorne: Teleskopgabel
Hinten: Starrrahmen, Blattfeder am Seitenwagen
Vorderradbremse: Trommel, Ø 250 mm
Hinterradbremse: Hydraulisch betätigt, auch am Seitenwagen
Vorderreifen: 16 Zoll
Hinterreifen: 16 Zoll

Abmessungen und Gewichte
Trockengewicht: 420 kg (mit Seitenwagen)
Länge: 2400 mm
Sitzhöhe: 760 mm
Tankinhalt: 24 Liter

Fahrleistungen
Höchstgeschwindigkeit: 95 km/h

Die expansionistischen Ziele des Dritten Reiches hatten die Nachfrage nach der R 12, die die Wehrmacht zu ihrem offiziellen Motorrad erkoren hatte, angekurbelt. Von 1935 bis 1942 entstanden von ihr über 36.000 Stück ganz überwiegend in der Militärversion. Gleichwohl waren dies keine speziell für militärische Zwecke konstruierten Maschinen, und die R 12 begann bald, beim Einsatz im Gelände an ihre Grenzen zu stoßen, insbesondere auf Schlamm und Sand – in den kommenden Jahren das Haupteinsatzgebiet der im Zweiten Weltkrieg eingesetzten Fahrzeuge. Hitlers Wehrmacht musste darauf reagieren und veröffentlichte im Herbst 1937 eine Ausschreibung für eine Alternative zum VW-Kübelwagen. Anstelle des einfachen Motorrades bevorzugte man das Gespann, denn drei Räder ergaben den besten Kompromiss aus Handlichkeit und Tempo, erlaubten eine ansehnliche Zuladung und brachten den mit seiner Ausrüstung schwer beladenen Soldaten auf schwierigem Terrain nicht so sehr in Sturzgefahr. BMW stellte dem Projekt Alex von Falkenhausen voran, der anfangs gegen Zündapp arbeitete, das an der Ausschreibung ebenfalls teilnahm, später aber mit dem Nürnberger Unternehmen kooperierte, da die Wehrmacht zur Vereinfachung der Logistik gemeinsame Komponenten verlangte. Die Standardisierung von Teilen war der Wehrmacht ein wichtiges Anliegen, das sich auch darin äußerte, dass das neue Gespann jene 16-Zoll-Pneus erhielt, die vom Heer auch für Autos verwendet wurden. Gefordert wurden neben diesen Standardreifen auch eine Mindestreichweite von 350 Kilometern, eine Bodenfreiheit von mindestens 15 Zentimetern, eine Leistung von 26 PS und eine Spitze von 95 km/h.

Knapp drei Jahre nach Beginn des Projekts, im Juni 1940, schloss von Falkenhausen seine Erprobungen ab und erhielt grünes Licht für die Produktion der R 75. Es handelte sich um ein fortschrittliches Projekt, geprägt von innovativer Technik und zahlreichen neuartigen Details, die die Zuverlässigkeit und die Wartungsfreundlichkeit der Maschine erhöhten. Es entstanden

Die R 75 war nicht einfach eine BMW mit Seitenwagen, sondern wurde eigens für das Militär entwickelt.

rund 18.000 Exemplare (es gibt keine offiziellen Zahlen, da der Bau an mehreren Standorten stattfand) von dieser sehr teuren, aber auch unaufhaltsamen und fast unzerstörbaren Militärmaschine. Die R 75 wurde um den Zweizylinder-Boxermotor herum konstruiert, der einen Hubraum von 745 cm³ aufwies, um auch bei der Verwendung niederoktanigen Benzins die von der Wehrmacht geforderte Leistung bieten zu können, und besaß einige Details, die sie für die verschiedenen Kriegsschauplätze, auf denen sie eingesetzt wurde, geeignet machten, von Russland bis Nordafrika. Zu den exklusivsten Besonderheiten zählten der verschraubte Rahmen, der es ermöglichte, Tank und Lenker abzunehmen und damit besser an den Motor heranzukommen, sowie die spezielle Kraftübertragung. Die mit Sperrdifferenzial und Lastverteiler versehene Kardanwelle konnte das für Gespanne typische Eintauchen beim Bremsen und Beschleunigen kompensieren. Die Kraftübertragung

Die Kraftübertragung der R 75 (oben) umfasste unter anderem ein Sperrdifferenzial, was die Geländegängigkeit verbesserte.

Im Heck des Seitenwagens befand sich ein geräumiges Ablagefach, in dem das Bordwerkzeug und die wichtigsten Ersatzteile untergebracht waren, womit man für den Notfall gerüstet war.

Die R 75 rollte auf drei Reifen von identischer Größe. Das auf dem Seitenwagen installierte Ersatzrad konnte daher jedes der drei Laufräder ersetzen (links unten und gegenüberliegende Seite).

leitete ein Drittel des Antriebsdrehmoments auf das Seitenwagenrad und zwei Drittel auf das Hinterrad des Motorrads, wodurch die R 75 wesentlich agiler war als man denken könnte (trotz des Trockengewichts von 420 kg) und auch auf schwierigem Geläuf über eine sehr gute Traktion verfügte. Auch das Getriebe zeigte Besonderheiten; der Fahrer konnte im Gelände zwischen drei und auf der Straße zwischen vier Gängen wählen. Auch ein Rückwärtsgang war vorhanden, um bei voller Beladung, wenn das Gespann über 900 Kilogramm wiegen konnte, die nötige Manövrierfähigkeit zu erhalten. Die Militär-BMW konnte auch ohne Seitenwagen fahren, es wurden aber fast ausschließlich Gespanne gebaut.

Der Bau erfolgte zunächst im Werk München, im März 1942 wurde die Montagelinie aber demontiert und nach Eisenach gebracht, wo im Herbst die Gespannproduktion wieder aufgenommen wurde. Angesichts des Krieges fehlte es an Zeit für eine tiefgreifende Weiterentwicklung, dennoch wurden der R 75 während ihrer vierjährigen Bauzeit diverse Verbesserungen zuteil, von denen die Lage des Luftfilters am meisten ins Auge fällt. Von der damals bei BMW üblichen Einbaulage auf dem Getriebe wanderte er auf den Tank, wo er von einem auffälligen Gehäuse geschützt wurde, die Watfähigkeit verbesserte und das Risiko eindringenden Sandes geringer war – die R 75 war eines der bevorzugten Fahrzeuge von Rommels Afrikakorps beim Nordafrikafeldzug.

Die R 75 war weithin für ihre hohe Zuverlässigkeit bekannt, die sie auch unter schwierigsten Umständen zeigte; aus diesem Grund wurde sie von weniger fähigen und fantasiebegabten Unternehmen nachgeahmt. Die echten R 75 wurden zuerst im Werk München, dann in Eisenach gefertigt. Dazu kamen

die nicht von BMW selbst gebauten Exemplare etwa aus rumänischer Produktion, für deren Bau die in der Region reichlich vorhandenen Ersatzteile herangezogen wurden. Die hervorragende Logistik der Wehrmacht, die an strategischen Punkten Wartungszentren eingerichtet hatte und die Ersatzteile vor Ort in den besetzten Gebieten fertigen ließ, ließen die R 75 auch noch gebaut werden, nachdem die offizielle Herstellung beendet war. Bereits im Sommer 1944 entstand in Frankreich eine solche Serie, und auch in den osteuropäischen Ländern ging sie nach Kriegsende in Produktion. Die zahlreichen in Russland zurückgebliebenen Exemplare dienten Zivilisten als Fortbewegungsmittel, aber auch als Ausgangspunkt für Nachbauten des BMW-Gespanns. Diese Kopien besaßen zwar die Optik der R 75, nicht aber ihre sagenhafte Zuverlässigkeit und Geländegängigkeit. Während schon Alex von Falkenhausen auf die Kosten schielen musste und nicht die bestmögliche Technik hatte verwenden können, waren die sowjeti-

Obwohl sie auf die eleganten Linien der zivilen BMW Maschinen verzichtete, war die R 75 nicht unkomfortabel. Der Soziussitz (oben links) besaß eine verstellbare Federung.

Alles an dieser Maschine war auf Robustheit und den Einsatz in schwierigem Gelände überall ausgelegt. Verchromte oder polierte Teile sucht man an ihr vergebens, und auch das BMW Emblem ist mit Tarnlack überzogen (oben rechts).

Ab 1942 war der Auspuff höher geführt (links), was die Fahrt im Gelände einfacher machte.

schen Imitationen vereinfachte Sparausgaben und daher weit vom qualitativen Standard des Wehrmacht-Motorrades entfernt.

Die R 75 war für einige Jahre das letzte Motorrad aus BMW-Produktion, dann folgte eine lange Zwangspause, was auch daran lag, dass das Werk Eisenach unter sowjetische Kontrolle geriet. Die Pause währte von 1944 bis 1947, dann genehmigten die alliierten Behörden den Bau einer limitierten Serie eines Modells, das von wesentlich ärmlicherer Technik war als die High-tech-750er der Wehrmacht.

Der Zweizylinder der R 75 war vom Motor der R 71 abgeleitet, besaß aber hängende Ventile (oben). Das Getriebe verfügte über vier Vorwärtsgänge und einen Rückwärtsgang, der das Manövrieren mit dem leer über 400 Kilo schweren Gespann erleichterte.

Dieses in über 18.000 Exemplaren gebaute Motorrad gab es in unterschiedlichen Farbgebungen und Ausführungen, je nach Einsatzzweck. Am bekanntesten dürfte die sandgelbe Version sein, die in Rommels Afrikakorps Verwendung fand. Links ein solches Gespann bei der Nordafrika-Offensive des Jahres 1942.

R 25

Motor
Typ: Einzylinder
Bohrung x Hub: 68 x 68 mm
Hubraum: 247 cm^3
Leistung: 12 PS/8,8 kW bei 5600/min
Ventile: 2 hängende Ventile
Gemischaufbereitung: 24-mm-Vergaser

Kraftübertragung und Getriebe
Getriebe: Viergangetriebe
Kraftübertragung: Kardanwelle

Fahrwerk
Rahmen: Verschweißter Stahlrohrrahmen
Vorne: Teleskopgabel
Hinten: Geradwegfederung
Vorderradbremse: Trommel, Ø 160 mm
Hinterradbremse: Trommel, Ø 160 mm
Vorderreifen: 3,25 x 19
Hinterreifen: 3,25 x 19

Abmessungen und Gewichte
Trockengewicht: 140 kg
Länge: 2073 mm
Sitzhöhe: 710 mm
Tankinhalt: 12 Liter

Fahrleistungen
Höchstgeschwindigkeit: 97 km/h

Die Jahre des Erfolges dank militärischer Aufträge waren nun Vergangenheit. Die Lage, der sich die Bayerischen Motorenwerke ausgesetzt sahen, war problematisch: Alle Reparaturstätten und Ersatzteillager für die R 75 lagen auf vormals besetztem Gebiet, das sich jetzt in der Hand der alliierten Streitkräfte befand. Und das einzige Werk, in dem in der Vorkriegszeit Motorräder entstanden waren, stand jetzt unter britischer Aufsicht. BMW musste daher praktisch bei Null anfangen; man besaß lediglich Teile für den Bau der kleinen R 23 mit 250-cm^3-Einzylindermotor. Gegen Ende 1947 war das Werk mit ersten Lebenszeichen wieder zurück und präsentierte den ersten Prototyp der Nachkriegszeit. Eigentlich handelte es sich dabei um eine Studie, nicht um einen funktionstüchtigen Prototyp, denn aufgrund der Umstände musste die gezeigte Maschine ohne Kurbelwelle und Getriebezahnräder auskommen.

Die Schwierigkeiten konnten überwunden werden und die Amerikaner genehmigten den Bau eines ersten Loses von 100 solchen Motorrädern. Die Lage entspannte sich und auf dem Genfer Salon im Frühjahr 1948 stellte BMW sein neues Modell offiziell vor. Dies war die R 24, die auf den mit der R 23 gewonnenen Erfahrungen basierte und über eine mit der R 75 verwandte Technik verfügte; der verschraubte Rahmen erleichterte die Wartung. Als Modell für den Neuanfang war die 1750 Mark teure R 23 ideal geeignet. Trotz des hohen Bestelleingangs war es aber alles andere als sicher, dass sie den Sprung vom Reißbrett in die Serienfertigung auch schaffen würde, denn BMW mangelte es an den für den Bau nötigen Maschinen. Eine gefährliche Lage, die durch zwei Unternehmen behoben wurde, die zuvor gleichfalls für die Wehrmacht produziert hatten: NSU und Zündapp. Mit letzterem Werk hatte sich BMW bereits die Entwicklung einiger Komponenten für das Wehrmacht-Gespann geteilt; nun stellten die beiden Firmen BMW einen Teil ihrer vorhandenen Anlagen zur Verfügung, damit die R gebaut werden konnte.

Die Nachfrage überstieg rasch die von den Amerikanern genehmigte Stückzahl, und bald schon erhielten die BMW Ingenieure den Auftrag, die Nachfolgerin der R 24 zu konzipieren, die im September 1950 erschien. Während das erste Nachkriegsmodell noch der Vergangenheit verhaftet war und sich älterer Technik bediente, wartete die R 25 erstmals mit Neuerungen auf. Der auf

Nach der R 24, mit der die Nachkriegsproduktion wieder aufgenommen werden konnte, erschien die modernere R 25; sie besaß einen verschweißten statt verschraubten Rahmen und eine Geradwegfederung am Hinterrad.

Die zweite Serie erhielt einen Sitz mit waagerechter anstelle senkrecht stehender Feder (gegenüberliegende Seite).

dem von 1938 bis 1940 gebauten Einzylinder basierende Motor erhielt eine robustere Kurbelwelle von noch höherer Lebensdauer. Die an der R 24 eingeführten Neuheiten, d.h. der Kopf mit dem direkt von der R 75 abgeleiteten Brennraum und das mit vier statt drei Gängen aufwartende Getriebe, blieben auch der R 25 erhalten. Beim Rahmen vollzog das Werk hingegen einen Schritt nach hinten und verzichtete auf die Verschraubungen im vorderen Teil zugunsten eines konventionell verschweißten Rohrrahmens. Beim Fahrwerk vollzog die R 25 den definitiven Schritt zur Rundumfederung. Zwar war die Teleskopgabel damals bereits allgemeiner Standard, dasselbe ließ sich von der hinteren Federung hingegen nicht

behaupten. Zur Vereinfachung hatte man die R 24 mit einem hinteren Starrrahmen versehen, bei einer Maschine moderneren Zuschnittes konnte man sich das aber nicht mehr erlauben. Die hinteren Stoßdämpfer ließen das Gewicht um 10 Kilogramm steigen (auf insgesamt 140 kg), was sich aber auf die Fahrleistungen nicht spürbar auswirkte. Im Gegenteil, trotz des nur wenig geänderten Motors stieg die angegebene Höchstgeschwindigkeit von den 95 km/h der R 24 auf nunmehr 97 km/h, das Verdienst eines neuen, längeren Ansaugtraktes. Und trotz des Mehr an Komfort und Sicherheit kostete das neue Modell mit 1750 Mark nicht mehr als die Vorgängerin. Mit der R 25 kamen die Bayerischen Motorenwerke wieder auf ansehnliche Stückzahlen; sie wurde in zwei Jahren über 23.000 Mal verkauft. Diese hoffnungsfrohen Zahlen sollten aber nur das Vorspiel zum weiteren Erfolg der Einzylindermaschinen sein; mit über 110.000 Stück in vier verschiedenen Serien wurde die R 25 die bis dahin erfolgreichste Maschine der Bayern.

Der Auspuff mit Fischschwanz, der zuvor für die BMW Maschinen typisch gewesen war, wich bei der R 24 einem zigarrenförmigen Schalldämpfer (oben links), der lange Zeit bei BMW üblich blieb.

Die Geradwegfederung am Hinterrad nach Art der ebenfalls 1950 vorgestellten R 51/2 zeigte sich hier in leicht geänderter, effizienterer Form (rechts).

Auch hier erfolgte die Kraftübertragung mittels einer Kardanwelle (oben rechts), die dem jetzt vorhandenen Federweg des Hinterrades angepasst wurde.

Am Vorderrad verzögerte eine Halbnaben-Trommelbremse auf der rechten Seite (links und gegenüberliegende Seite), die drei Jahre später vergrößert wurde.

Dass BMW nach dem Krieg wieder damit beginnen konnte, Motorräder anzubieten, war allein das Verdienst der R 24, der einzigen Maschine, die BMW angesichts der fehlenden Produktionsmittel und der schlechten Finanzlage in Serie gehen lassen konnte, da sie die direkte Erbin der bis 1940 gebauten R 23 war. Die Wiederaufnahme der Zweiradproduktion fand unter der strengen Überwachung der alliierten Behörden statt, die Mitte 1947 den Bau einer kleinen Serie von Krafträdern genehmigten, um damit noch vorhandene Teile aufzubrauchen. Doch schon im folgenden Jahr, als die zugestandene Stückzahl erreicht war, konnten die Ingenieure eine weiterentwickelte R 23 konstruieren, deren Neuheiten es rechtfertigten, ihr eine neue Bezeichnung zu

Die R 24 war die erste Nachkriegs-BMW, abgesehen von einer Kleinserie von R 23, die aus noch vorhandenen Teilen gefertigt wurde.

verleihen. Optisch ließ sich die neue R 24 von der R 23 allein durch die andere Form des Zylinderkopfes auf dem 250-cm³-Einzylinder unterscheiden. Wichtiger waren aber die Leistungssteigerung und das neue Getriebe, das nun nicht mehr wie in der Vorkriegszeit üblich über drei, sondern über vier Gänge verfügte.

Die R 24 erbte von der R 75, dem bekannten Wehrmachtsgespann, den verschraubten Rahmen, der Wartungs- und Reparaturvorgänge erleichterte. Dieses konstruktive Merkmal wurde aber bald zugunsten eines verschweißten, verwindungssteiferen Rahmens wieder aufgegeben.

R 24

Motor
Typ: Einzylinder
Bohrung x Hub: 68 x 68 mm
Hubraum: 247 cm³
Leistung: 12 PS/8,8 kW bei 5600/min
Ventile: 2 hängende Ventile
Gemischaufbereitung: 22-mm-Vergaser

Kraftübertragung und Getriebe
Getriebe: Vierganggetriebe
Kraftübertragung: Kardanwelle

Fahrwerk
Rahmen: Verschraubter Stahlrohrrahmen
Vorne: Teleskopgabel
Hinten: Starrrahmen
Vorderradbremse: Trommel, Ø 160 mm
Hinterradbremse: Trommel, Ø 160 mm
Vorderreifen: 3,00 x 19
Hinterreifen: 3,00 x 19

Abmessungen und Gewichte
Trockengewicht: 130 kg
Länge: 2020 mm
Sitzhöhe: 710 mm
Tankinhalt: 12 Liter

Fahrleistungen
Höchstgeschwindigkeit: 95 km/h

Nachdem die Bayerischen Motorenwerke mit der R 25 erstmals nach dem Krieg wieder hohe Stückzahlen erreicht hatten, konnte der Markterfolg mit der zweiten Serie, der R 25/2, weiter ausgebaut werden; sie kam zwischen ihrer Einführung im Jahr 1951 und der Ablösung durch die R 25/3 auf reichlich 39.000 Stück. Eine eindrucksvolle Zahl, nicht nur nach damaligen, sondern auch nach absoluten Maßstäben, die das hohe Interesse an der Viertelliterklasse beweist, obwohl diese zweite Serie weder technisch noch optisch nennenswert geändert wurde. Nur genaues Hinschauen lässt kleinste Änderungen erkennen, die gewiss nicht von großer Bedeutung sind. Immerhin erhielt die Maschine einen neuen Sitz, dessen komfortsteigernde Feder waagerecht montiert war und auf

Die R 25/2 ersetzte nach nur einem Jahr Bauzeit die R 25. Ihr Motor leistete weiterhin 12 PS.

Zug reagierte; zuvor hatten die Federn senkrecht gestanden. Außerdem waren nun die Felgen zweifarbig, nicht mehr nur in Schwarz lackiert, und der Schalter am Lenker zum Ein- und Ausschalten der Beleuchtung erhielt eine praxisnähere, funktionellere Gestalt. Die Versuche vor Beginn der Serienfertigung brachten dem Motor einen kleineren Vergaser ein, der aber, im Verein mit einem größeren Einlassventil und dem geänderten Ansaugtrakt, eine höhere Spitze ermöglichte.

R 25/2

Motor
Typ: Einzylinder
Bohrung x Hub: 68 x 68 mm
Hubraum: 247 cm^3
Leistung: 12 PS/8,8 kW bei 5600/min
Ventile: 2 hängende Ventile
Gemischaufbereitung: 22-mm-Vergaser

Kraftübertragung und Getriebe
Getriebe: Vierganggetriebe
Kraftübertragung: Kardanwelle

Fahrwerk
Rahmen: Verschraubter Stahlrohrrahmen
Vorne: Teleskopgabel
Hinten: Geradwegfederung
Vorderradbremse: Trommel, Ø 160 mm
Hinterradbremse: Trommel, Ø 160 mm
Vorderreifen: 3,25 x 19
Hinterreifen: 3,25 x 19

Abmessungen und Gewichte
Trockengewicht: 142 kg
Länge: 2020 mm
Sitzhöhe: 730 mm
Tankinhalt: 12 Liter

Fahrleistungen
Höchstgeschwindigkeit: 105 km/h

R 25/3

Motor
Typ: Einzylinder
Bohrung x Hub: 68 x 68 mm
Hubraum: 247 cm^3
Leistung: 13 PS/9,6 kW bei 5800/min
Ventile: 2 hängende Ventile
Gemischaufbereitung: 24-mm-Vergaser

Kraftübertragung und Getriebe
Getriebe: Vierganggetriebe
Kraftübertragung: Kardanwelle

Fahrwerk
Rahmen: Verschweißter Stahlrohrrahmen
Vorne: Teleskopgabel
Hinten: Geradwegfederung
Vorderradbremse: Trommel, Ø 160 mm
Hinterradbremse: Trommel, Ø 160 mm
Vorderreifen: 3,25 x 18
Hinterreifen: 3,25 x 18

Abmessungen und Gewichte
Trockengewicht: 150 kg
Länge: 2065 mm
Sitzhöhe: 730 mm
Tankinhalt: 12 Liter

Fahrleistungen
Höchstgeschwindigkeit: 119 km/h

Mit einer Stückzahl von 47.700 Exemplaren war und blieb die R 25/3 lange Zeit das meistverkaufte BMW Motorradmodell überhaupt; erst im Jahr 2000 wurde sie von der R 1100 RT überholt, die auf über 53.000 Stück kam. Die R 25/3, die dritte Variante der ersten BMW Nachkriegsmaschine, erschien 1953 bereits vor dem Auslaufen der R 25/2. Die ersten beiden Serien hatten sich nur durch kleine Details voneinander unterschieden, die dritte präsentierte sich hingegen mit zahlreichen Änderungen konstruktiver und optischer Natur. Erkennbar war sie sofort an ihrem vergrößerten Tank, der nicht nur mehr Sprit fasste, sondern auch eine Umgestaltung des Ansaugtraktes ermöglichte, wodurch die Leistung angehoben und der Verschleiß reduziert werden konnte. Ferner wuchsen die Trommelbremsen in Durchmesser und Dicke und die hydraulische Gabel wurde geändert.

Mit der dritten Version endete 1956 die Ära R 25, die mit über 100.000 gebauten Exemplaren ein Meilenstein der BMW Geschichte war.

R 26

Motor
Typ: Einzylinder
Bohrung x Hub: 68 x 68 mm
Hubraum: 247 cm^3
Leistung: 15 PS/11 kW bei 6400/min
Ventile: 2 hängende Ventile
Gemischaufbereitung: 26-mm-Vergaser

Kraftübertragung und Getriebe
Getriebe: Vierganggetriebe
Kraftübertragung: Kardanwelle

Fahrwerk
Rahmen: Verschweißter Stahlrohrrahmen
Vorne: Langarmschwinge mit Federbeinen
Hinten: Langarmschwinge mit Federbeinen
Vorderradbremse: Trommel, Ø 160 mm
Hinterradbremse: Trommel, Ø 160 mm
Vorderreifen: 3,25 x 18
Hinterreifen: 3,25 x 18

Abmessungen und Gewichte
Trockengewicht: 158 kg
Länge: 2090 mm
Sitzhöhe: 770 mm
Tankinhalt: 15 Liter

Fahrleistungen
Höchstgeschwindigkeit: 128 km/h

Drei Jahre lang war die R 25/3 sehr erfolgreich unterwegs, 1956 aber hielt man die Zeit für gekommen, der Maschine eine grundlegende Überarbeitung zu spendieren, denn im Vergleich mit den neuen Zweizylinder-Boxermaschinen mit neuem Fahrwerk wirkte das erfolgreiche Einzylindermodell doch etwas ältlich.

Heraus kam ein völlig neues, imposanteres Motorrad, solider und komfortabler als ihre Vorläuferinnen in der Viertelliterklasse. Leistung und Robustheit des Motors wurden weiter gesteigert, Letztere durch vergrößerte Kühlrippen am Zylinder, sein Innenleben neu gestaltet. Diese Änderungen machten die R 26 auch für den Gespannbetrieb geeignet, der damals in hohem Schwange stand.

1956 wich an der R 26 die hintere Geradwegfederung einer modernen Auslegung mit Schwinge.

Mit der R 27 verabschiedete sich BMW von den kleinen Hubräumen und der Einzylindrigkeit, allerdings nur vorübergehend; erst viele Jahre später freilich griff das Werk bei der F 650 und dem Projekt C1 wieder auf Einzylinder-Motoren zurück. Die R 27 erschien 1960 und sollte die Probleme bereinigen, die bei der R 26 im Zusammenspiel zwischen Motor und Rahmen aufgetreten waren. Der Einzylinder und das Getriebe wurden daher elastisch in Gummielementen gelagert, um den Vibrationen ein Ende zu bereiten. In ihren letzten Jahren näherte sich die R 27 in Aussehen und Ausstattung immer weiter den Boxermodellen an. Mit den Zweizylindern teilte sich diese Maschine etliche Details, von der üppig dimensionierten hinteren Schwinge (wenn auch auf Kosten einer kleinen Trommelbremse) über das Rücklicht bis zu den in den Lenkerenden sitzenden Blinkern, die 1962 eingeführt wurden. Der noch immer zufrieden stellende Absatz ließ die BMW-Oberen das Viertellitermotorrad bis 1966 im Programm behalten; in der Tat wurden von einem möglichen Nachfolgemodell drei Prototypen mit unterschiedlicher Leistung gebaut, die die Einzylinderfamilie in die 1970er-Jahre hätten führen können. Nach einer Reihe von Machbarkeits- und Marktstudien gingen diese R 28, R 28 B und R 28 C, wie die Prototypen hießen, aber doch nicht in Serie.

Bei der R 27 erreichte der Einzylindermotor eine Leistung von 18 PS, womit auch der Gespannbetrieb möglich war; ihr Rahmen war dem der Boxermodelle weiter angenähert. Trotz des großen Erfolges endete mit diesem Typ die Ära der einzylindrigen R-Modelle.

R 27

Motor
Typ: Einzylinder
Bohrung x Hub: 68 x 68 mm
Hubraum: 247 cm³
Leistung: 18 PS/13,2 kW bei 7400/min
Ventile: 2 hängende Ventile
Gemischaufbereitung: 26-mm-Vergaser

Kraftübertragung und Getriebe
Getriebe: Vierganggetriebe
Kraftübertragung: Kardanwelle

Fahrwerk
Rahmen: Verschweißter Stahlrohrrahmen
Vorne: Langarmschwinge mit Federbeinen
Hinten: Langarmschwinge mit Federbeinen
Vorderradbremse: Trommel, Ø 160 mm
Hinterradbremse: Trommel, Ø 160 mm
Vorderreifen: 3,25 x 18
Hinterreifen: 3,25 x 18

Abmessungen und Gewichte
Trockengewicht: 162 kg
Länge: 2090 mm
Sitzhöhe: 770 mm
Tankinhalt: 15 Liter

Fahrleistungen
Höchstgeschwindigkeit: 130 km/h

R 68

Motor
Typ: Zweizylinder-Boxermotor
Bohrung x Hub: 72 x 73 mm
Hubraum: 594 cm³
Leistung: 35 PS/25,7 kW bei 7000/min
Ventile: 2 hängende Ventile pro Zylinder
Gemischaufbereitung: zwei 26-mm-Vergaser

Kraftübertragung und Getriebe
Getriebe: Vierganggetriebe
Kraftübertragung: Kardanwelle

Fahrwerk
Rahmen: Verschweißter Stahlrohrrahmen
Vorne: Teleskopgabel
Hinten: Geradwegfederung
Vorderradbremse: Duplexbremse, Ø 200 mm
Hinterradbremse: Trommel
Vorderreifen: 3,50 x 19
Hinterreifen: 3,50 x 19

Abmessungen und Gewichte
Trockengewicht: 193 kg
Länge: 2130 mm
Sitzhöhe: 725 mm
Tankinhalt: 17 Liter

Fahrleistungen
Höchstgeschwindigkeit: 165 km/h

Das vom Krieg gezeichnete Deutschland war zu Beginn der 1950er-Jahre bestrebt, im Alltag wieder Normalität einkehren zu lassen, wobei in vielem noch die Besatzungsbehörden das Sagen hatten. Aufgrund guter Führung erlaubte die internationale Motorrad-Sportbehörde 1952 deutschen Fahrern, die zur Strafe bislang ausgeschlossen gewesen waren, wieder die Teilnahme an Rennveranstaltungen. Die Rückkehr in den großen Sport war nun möglich, es fehlte aber an einer tauglichen Maschine, um es mit der europäischen Konkurrenz aufnehmen zu können, insbesondere mit den Engländern, die die Szene international beherrschten. Nach den ersten, direkt von den wenig sportlichen aktuellen Serienmodellen abgeleiteten Versuchen, beschloss BMW sich ernsthaft diesem Gebiet zuzuwenden. Die Ergebnisse ließen nicht lange auf sich warten.

Bereits auf der IAA des Jahres 1952 präsentierte BMW einen Prototyp namens „Sechs Tage", aus Anlass der Teilnahme an der Internationalen Sechstagefahrt, die wenige Tage zuvor in Italien zu Ende gegangen war. Dieses als Basis-Motorrad für den Geländesport vorgestellte Modell entsprach in Wahrheit schon weitestgehend der nachmaligen Serienausführung, die den Namen R 68 erhielt. Es stand viel auf dem Spiel, daher gaben sich die BMW Ingenieure alle Mühe, wie schon früher ein exklusives Modell auf die Räder zu stellen, was nicht unbemerkt blieb. Die Maschine war in jedem Detail auf ein Ziel ausgerichtet, nämlich die Schwelle von 100 Meilen pro Stunde (160,9 km/h) zu übertreffen, was bei keinem Serienmotorrad jener Zeit der Fall war. Mit ihren angegebenen und echten 165 km/h erwarb sich die R 68 rasch den Beinamen „100-Meilen-Motorrad", welchen Titel später die noch schnellere R 69 erbte, die acht Jahre später erschien.

Das Ziel höchstmöglicher Geschwindigkeit verlangte nach sehr fortschrittlicher Technik; der 594 cm³ große Boxermotor leistete 35 PS, zugleich wog die Maschine trocken lediglich 193 Kilogramm. Einziger Wermutstropfen dabei war der hohe Preis von 3950 D-Mark, etwa das Doppelte einer Triumph 650. Ihre extrem hohen Fahrleistungen sicherten der R 68 aber einen gewissen Kundenkreis; in drei Jahren wurden von ihr annähernd 1500 Stück verkauft.

Wie die heutigen Sportmaschinen wurde auch das „100-Meilen-Motorrad" laufend fortentwickelt; es gab von ihr drei

Die Ausstattung war, angefangen bei den Hebeln am Lenker, ganz auf sportlichen Fahrstil und Gewichtsersparnis ausgelegt.

Die Tachoskala reicht bis 160 km/h (oben), eine Geschwindigkeit, die die R 68 auch tatsächlich erreichte; sie trug daher den Beinamen „100-Meilen-Motorrad".

nonsolomoto

unterschiedliche Serien. Als Geländemaschine besaß die R 68 der ersten Serie einen hochgelegten Auspuff, der zwischen hinterem Schutzblech und rechtem Stoßdämpfer geführt war, um auf schwerem Gelände nicht im Weg zu sein. Auf Wunsch und ohne Aufpreis war aber auch ein herkömmlicher Auspuff für den Einsatz auf der Straße und bei Rundstreckenrennen lieferbar. In beiden Fällen handelte es sich um einen 2-in-1-Auspuff, bei dem beide Rohre in einen gemeinsamen Schalldämpfer mündeten; dieses Detail stammte direkt aus dem Rennsport und war hier erstmals an einer Serienmaschine vorhanden. Nach ersten Einsätzen bei Zuverlässigkeitsfahrten im Gelände bewies die R 68 aber hauptsächlich auf Asphalt ihr hohes Tempo, und ab der zweiten Serie wurde der Geländeauspuff nicht mehr serienmäßig, sondern nur noch auf Wunsch montiert.

Der Motor erfuhr keine grundlegenden Änderungen, da seine Konstruktion als absolut konkurrenzfähig betrachtet wurde, und lediglich das Auspuffendrohr wurde revidiert; die Unterschiede zwischen den drei Versionen beschränkten sich auf das Fahrwerk. Noch 1953 erhielt die Gabel zum Schutz der Stoßdämpfer Faltenbälge, die an der ersten Ausführung noch nicht vorhanden waren. Bei der letzten, 1954 eingeführten Serie wurde die vordere Bremse geändert und die Räder bestanden jetzt aus Aluminium. Die R 68 wurde von Saison zu Saison verbessert; die Modifikationen gingen direkt auf die Erfahrungen in den internationalen Rennen zurück, eines aber wurde nicht geändert: Obwohl der Gespannbetrieb damals groß in Mode war, insbesondere in den Ländern Mittel- und Nordeuropas, erhielt die R 68, anders als die übrigen Modelle im BMW-Programm, zu keiner Zeit Befestigungspunkte für einen Seitenwagen.

Mit der R 68 hielten die neuen Ventildeckel Einzug (oben links), die den beiden Zylindern ein kompakteres, schöneres Erscheinungsbild verliehen.

Der mit 35 PS stärkste Motor der Reihe saß in einem verbesserten Rahmen (oben rechts), der von dem des Prototyps abgeleitet war, mit dem BMW 1952 die Sechstage-Fahrt bestritten hatte.

Die R 68 war strikt einsitzig; das auf Wunsch erhältliche „Rennbrötchen", eine gepolsterte Fläche auf dem hinteren Schutzblech, diente lediglich dazu, dem Fahrer eine geduckte Sitzhaltung zu ermöglichen.

Aufgrund ihrer rennsportlichen Natur war die R 68 für den Betrieb auf der Straße auch mit dem sogenannten „Rennbrötchen“ lieferbar, ein auf dem hinteren Schutzblech montiertes Sitzkissen als Verlängerung des Fahrersitzes. Dabei handelte es sich keineswegs um einen Soziussitz, sondern um eine Art Sitzbankverlängerung, die es dem Fahrer erlaubte, sich flach auf den Tank zu legen und damit eine aerodynamisch günstige Haltung einzunehmen.

Der ganz und gar klassische Boxermotor der R 68 bot einen vertrauten Anblick und sah insbesondere dem Triebwerk der wesentlich unsportlicheren R 67 ähnlich. Wenn man diese beiden Boxeraggregate im direkten Vergleich betrachtet, fallen bei der R 68 lediglich die etwas größeren Köpfe und die beiden Längsrippen auf den Ventildeckeln zur besseren Kühlung ins Auge, die an zahlreichen späteren Serienmodellen wiederzufinden waren. Auch inwendig war der Boxer ähnlich gestaltet, abgesehen von einigen Details, die zum Erreichen einer hohen Leistung unverzichtbar waren, ohne die typische BMW-Zuverlässigkeit zu gefährden. Die schärfere Nockenwelle wirkte auf Ventile von vergrößertem Durchmesser. Die Gemischaufbereitung bewerkstelligten größere 26- statt 24 mm-Vergaser. Und um schadlos höheren Drehzahlen standhalten zu können, lief die Kurbelwelle nicht in den gewohnten Kugellagern, sondern in Nadellagern.

R 50

Motor
Typ: Zweizylinder-Boxermotor
Bohrung x Hub: 68 x 68 mm
Hubraum: 494 cm^3
Leistung: 26 PS/19,1 kW bei 5800/min
Ventile: 2 hängende Ventile pro Zylinder
Gemischaufbereitung: zwei 24-mm-Vergaser

Kraftübertragung und Getriebe
Getriebe: Vierganggetriebe
Kraftübertragung: Kardanwelle

Fahrwerk
Rahmen: Verschweißter Stahlrohrrahmen
Vorne: Langarmschwinge mit Federbeinen (ab 1967 für USA: Teleskopgabel)
Hinten: Langarmschwinge mit Federbeinen
Vorderradbremse: Duplexbremse, Ø 200 mm
Hinterradbremse: Trommel, Ø 200 mm
Vorderreifen: 3,50 x 18
Hinterreifen: 3,50 x 18

Abmessungen und Gewichte
Trockengewicht: 195 kg
Länge: 2125 mm
Sitzhöhe: 725 mm
Tankinhalt: 17 Liter

Fahrleistungen
Höchstgeschwindigkeit: 140 km/h

Die auf dem Autosalon von Brüssel im Jahr 1955 präsentierte R 50 war für BMW dahingehend ein Wendepunkt, als sie die Ära der Vollschwingen-BMW einläutete. Bislang hatte das Werk am Hinterrad einen Starrrahmen oder die Geradweg-Federung verwendet, bei der R 50 griff man erstmals auf die damalige Rennsporttechnik zurück. Hand in Hand mit dem neuen Fahrwerk gingen technische Modifikationen am Motor, der ein neues Getriebe und eine neue Kupplung erhielt; Nadellager erhöhten die Zuverlässigkeit der Boxer-Technik nachhaltig. Die bis 1969 gebaute R 50 besaß – auch für den US-Markt – ab 1967 eine Teleskop- anstelle der vorherigen Langarmschwinge.

1955 hielt bei der R 50 die hintere Schwinge statt der Geradwegfederung Einzug.

R 69

Motor
Typ: Zweizylinder-Boxermotor
Bohrung x Hub: 72 x 73 mm
Hubraum: 594 cm^3
Leistung: 35 PS/25,7 kW bei 6800/min
Ventile: 2 hängende Ventile pro Zylinder
Gemischaufbereitung: zwei 26-mm-Vergaser

Kraftübertragung und Getriebe
Getriebe: Vierganggetriebe
Kraftübertragung: Kardanwelle

Fahrwerk
Rahmen: Verschweißter Stahlrohrrahmen
Vorne: Langarmschwinge mit Federbeinen (ab 1967 für USA: Teleskopgabel)
Hinten: Langarmschwinge mit Federbeinen
Vorderradbremse: Duplexbremse, Ø 200 mm
Hinterradbremse: Trommel, Ø 200 mm
Vorderreifen: 3,50 x 18
Hinterreifen: 3,50 x 18

Abmessungen und Gewichte
Trockengewicht: 202 kg
Länge: 2125 mm
Sitzhöhe: 725 mm
Tankinhalt: 17 Liter

Fahrleistungen
Höchstgeschwindigkeit: 165 km/h

Da man nun einen stabileren Rahmen hatte, der auch für stärkere Motoren geeignet war, konzipierte BMW bald auf Basis der R 50 eine Maschine mit, nach damals gültigen Maßstäben, hoher Leistung. 1955 war die R 69 die sportlichste Maschine im Programm, zumindest bis zum Erscheinen der S, die in jenen Jahren den sportlichen Höhepunkt darstellte. Mit 100 cm^3 und nur 6 Kilogramm mehr auf den Rippen als die R 50 kam die R 69 mit ihren 35 PS auf ansehnliche Fahrleistungen. Einziger optischer Unterschied zwischen dem 500- und dem 600-cm^3-Modell, die es beide ausschließlich in Schwarz mit weißen Zierstreifen gab, war das Sitzkissen auf dem hinteren Schutzblech, das einem Sozius Platz bot, aber auch dem Fahrer eine sportlich-flache, nach hinten gerückte Sitzposition ermöglichte.

Die R 69 bot einen interessanten Mix aus Ausstattung und Fahrleistungen, konnte aber die Rolle des sportlichen Alltagsmotorrades, die das Werk ihr zugedacht hatte, nicht ausfüllen.

Ein Jahr nach Einführung der Modellfamilie mit neuem Fahrwerk ging die R 60 in Produktion, die zwar der R 50 ähnelte, deren Motor aber im Volumen dem der R 69 glich. Bohrung und Hub der beiden Triebwerke waren identisch, hier leistete der Boxer aber mit kleineren Vergasern (24 statt 26 mm) deutlich weniger, nämlich 28 PS, zudem drehte er weniger hoch, wodurch sich eine entspanntere, sparsamere Fahrweise wie von selbst einstellte. Der Verzicht auf Sportlichkeit, der sich auch in einer um 20 km/h niedrigeren Spitze äußerte, führte aber auch dazu, dass die R 60 rund 700 Mark preiswerter war als die R 69. Trotz ihrer harmonischen Eigenschaften blieb der Absatz hinter den Erwartungen zurück, so dass die Herstellung dieses Typs 1960 wieder eingestellt wurde.

Die R 60, hier in der Nordamerika-Version mit höherem Lenker zu sehen, vereinte Rahmen und Fahrwerk der R 50 mit dem für die R 69 entwickelten 600-cm³-Boxermotor, der hier allerdings auf 28 PS gedrosselt war.

R 60

Motor
Typ: Zweizylinder-Boxermotor
Bohrung x Hub: 72 x 73 mm
Hubraum: 594 cm³
Leistung: 28 PS/20,6 kW bei 5600/min
Ventile: 2 hängende Ventile pro Zylinder
Gemischaufbereitung: zwei 24-mm-Vergaser

Kraftübertragung und Getriebe
Getriebe: Vierganggetriebe
Kraftübertragung: Kardanwelle

Fahrwerk
Rahmen: Verschweißter Stahlrohrrahmen
Vorne: Langarmschwinge mit Federbeinen (ab 1967 für USA: Teleskopgabel)
Hinten: Langarmschwinge mit Federbeinen
Vorderradbremse: Duplexbremse, Ø 200 mm
Hinterradbremse: Trommel, Ø 200 mm
Vorderreifen: 3,50 x 18
Hinterreifen: 3,50 x 18

Abmessungen und Gewichte
Trockengewicht: 195 kg
Länge: 2125 mm
Sitzhöhe: 725 mm
Tankinhalt: 17 Liter

Fahrleistungen
Höchstgeschwindigkeit: 145 km/h

Einige wenige Änderungen, die zu einer Mehrleistung von 2 PS führten, aber die Grundgestalt der Maschine unangetastet ließen, machten aus der eher unverstandenen R 60 ein Modell von einigem Erfolg, wie die über 17.000 von 1960 bis 1967 gebauten Exemplare der R 60/2 belegen. Das Rezept war einfach: Es genügte, Kurbelwelle und Ventiltrieb zu modifizieren, um die Technik robuster zu machen, und schon trug die zweite Serie der R 60 zur Umsatzsteigerung der Bayern bei. Die auf den Betrieb mit Seitenwagen ausgelegte R 60/2 blieb, was die Optik anging, über die gesamte Bauzeit unverändert. Einzig Blinker an den Lenkerenden wurden ab 1962 verbaut.

Mit dem Erscheinen der zweiten Serie gewann die R 60 zwei PS hinzu.

R 60/2

Motor
Typ: Zweizylinder-Boxermotor
Bohrung x Hub: 72 x 73 mm
Hubraum: 594 cm³
Leistung: 30 PS/22 kW bei 5800/min
Ventile: 2 hängende Ventile pro Zylinder
Gemischaufbereitung: zwei 24-mm-Vergaser

Kraftübertragung und Getriebe
Getriebe: Vierganggetriebe
Kraftübertragung: Kardanwelle

Fahrwerk
Rahmen: Verschweißter Stahlrohrrahmen
Vorne: Langarmschwinge mit Federbeinen (ab 1967 für USA: Teleskopgabel)
Hinten: Langarmschwinge mit Federbeinen
Vorderradbremse: Duplexbremse, Ø 200 mm
Hinterradbremse: Trommel, Ø 200 mm
Vorderreifen: 3,50 x 18
Hinterreifen: 3,50 x 18

Abmessungen und Gewichte
Trockengewicht: 198 kg
Länge: 2125 mm
Sitzhöhe: 725 mm
Tankinhalt: 17 Liter

Fahrleistungen
Höchstgeschwindigkeit: 150 km/h

In chronologischer Reihung folgte die /5 den langlebigen Nachfolgerinnen der R 50, stellte aber in der BMW Geschichte einen bemerkenswerten Generationensprung dar. Dafür sprachen bei ihrer Einführung im Jahr 1969 nicht nur die Verlegung der Produktion von München nach Berlin-Spandau, sondern auch tiefgreifende, sofort ins Auge fallende technische Neuerungen. Die R 50/5 zeigte, wie auch die Schwestermodelle R 60/5 und R 75/5, deutliche Unterschiede in Optik und Abmessungen, die auch den Motor betrafen. Das hubraumkleinste Modell der Serie, das zugleich im Programm das BMW Einstiegsmodell darstellte, fand mit knapp 8000 Exemplaren in vier Jahren die geringste Verbreitung, während die Ausführungen mit höherem Hubraum 22.000 bzw. 38.000 Stück erreichten. Optisch ähnelten sich alle drei /5-Maschinen stark und wurden auch in anderen Lackierungen als Schwarz angeboten; anstelle der alten Langarmschwinge besaßen sie eine moderne Teleskopgabel mit Faltenbälgen. Anders als R 60/5 und R 75/5 besaß die 50/5 lediglich einen Kickstarter, den bei den größeren Maschinen serienmäßigen elektrischen Anlasser gab es hier nur gegen Aufpreis.

Die Optik der BMW-Maschinen änderte sich mit der Baureihe /5, die es mit 500, 600 und 750 cm³ gab, nachhaltig. Neu waren der Tank mit Gummischützern für die Knie und die Lieferbarkeit verschiedener Lackierungen.

R 50/5

Motor
Typ: Zweizylinder-Boxermotor
Bohrung x Hub: 67 x 70,6 mm
Hubraum: 496 cm^3
Leistung: 32 PS/23,5 kW bei 6400/min
Ventile: 2 hängende Ventile pro Zylinder
Gemischaufbereitung: zwei 26-mm-Vergaser

Kraftübertragung und Getriebe
Getriebe: Vierganggetriebe
Kraftübertragung: Kardanwelle

Fahrwerk
Rahmen: Doppelschleifen-Stahlrohrrahmen
Vorne: Teleskopgabel
Hinten: Schwinge, zwei Federbeine
Vorderradbremse: Duplexbremse, Ø 200 mm
Hinterradbremse: Trommel, Ø 200 mm
Vorderreifen: 3,25 x 19
Hinterreifen: 4,00 x 18

Abmessungen und Gewichte
Trockengewicht: 185 kg
Länge: 2100 mm
Sitzhöhe: 850 mm
Tankinhalt: 24 Liter

Fahrleistungen
Höchstgeschwindigkeit: 157 km/h

1973 ersetzte die Baureihe /6 die /5-Modelle, was Änderungen an den Hubraumgrößen mit sich brachte. Das 500-cm^3-Modell wurde gestrichen und zu den Ausführungen mit 600 und 750 cm^3 kam ein neue 900er hinzu.

Bereits zu Lebzeiten der /5-Serie machten Gerüchte zu einer Programmerweiterung nach oben die Runde und man rechnete damit, dass BMW die bisherige Hubraumgrenze von 750 cm^3 durchstoßen werde. Darauf musste man aber noch bis 1973 warten, als die Baureihe /6 debütierte, die in neuen Hubraumstufen lieferbar war. Das Halblitermodell gab es nicht mehr, den Einstieg bildete die R 60/6, darüber rangierten die R 75/6 und das neue Spitzenmodell R 90/6. Die /6-Modelle waren in sieben verschiedenen Farben lieferbar, besaßen erstmals ein Fünfganggetriebe und zeigten Unterschiede bei der Vorderradbremse: Die R 60 musste sich mit einer Trommelbremse bescheiden, die stärkeren Versionen wiesen eine Doppelscheibe auf.

R 90/6

Motor
Typ: Zweizylinder-Boxermotor
Bohrung x Hub: 90 x 70,6 mm
Hubraum: 898 cm^3
Leistung: 60 PS/44,1 kW bei 6500/min
Ventile: 2 hängende Ventile pro Zylinder
Gemischaufbereitung: zwei 32-mm-Vergaser

Kraftübertragung und Getriebe
Getriebe: Fünfganggetriebe
Kraftübertragung: Kardanwelle

Fahrwerk
Rahmen: Doppelschleifen-Stahlrohrrahmen
Vorne: Teleskopgabel
Hinten: Schwinge, zwei Federbeine
Vorderradbremse: Scheiben, Ø 260 mm
Hinterradbremse: Trommel, Ø 200 mm
Vorderreifen: 3,25 x 19
Hinterreifen: 4,00 x 18

Abmessungen und Gewichte
Trockengewicht: 200 kg
Länge: 2180 mm
Sitzhöhe: 810 mm
Tankinhalt: 18 Liter

Fahrleistungen
Höchstgeschwindigkeit: 188 km/h

Mit der Baureihe /7, die in drei Hubraumgrößen angeboten wurde, erschien die erste Einlitermaschine des Hauses BMW, die R 100/7. Schon bald machte die R 75/7 einem neuen 800-cm^3-Modell Platz.

In den 1970er-Jahren zeigten die BMW Modellbezeichnungen die größte Logik: Dem abgekürzten Hubraum folgte nach dem Querstrich die Benennung der Baureihe. /5 und /6 folgte logischerweise die Baureihe /7, die Ende 1976 in zwei bekannten Größen, 600 und 750 cm^3, sowie einer neuen erschien, da der 900-cm^3-Motor auf einen Liter vergrößert worden war. Die R 75/7 sollte es nur kurz geben, denn schon nach einem Jahr machte sie der R 80/7 Platz, mit der sich die Hubraumstufen gleichmäßiger gestalteten. Die Baureihe /7 besaß einen verwindungssteiferen Rahmen, neu gestaltete, weniger runde Zylinderkopfdeckel und einen vom Tank der sportlichen S abgeleiteten Benzinbehälter, allerdings ohne die Gummi-Knieschützer. Die vordere Doppelscheibe war nun bei allen Versionen Serie.

R 75/7

Motor
Typ: Zweizylinder-Boxermotor
Bohrung x Hub: 82 x 70,6 mm
Hubraum: 745 cm^3
Leistung: 50 PS/36,8 kW bei 6200/min
Ventile: 2 hängende Ventile pro Zylinder
Gemischaufbereitung: zwei 32-mm-Vergaser

Kraftübertragung und Getriebe
Getriebe: Fünfganggetriebe
Kraftübertragung: Kardanwelle

Fahrwerk
Rahmen: Doppelschleifen-Stahlrohrrahmen
Vorne: Teleskopgabel
Hinten: Schwinge, zwei Federbeine
Vorderradbremse: Scheibe, Ø 260 mm
Hinterradbremse: Trommel, Ø 200 mm
Vorderreifen: 3,25 x 19
Hinterreifen: 4,00 x 18

Abmessungen und Gewichte
Trockengewicht: 200 kg
Länge: 2180 mm
Sitzhöhe: 810 mm
Tankinhalt: 24 Liter

Fahrleistungen
Höchstgeschwindigkeit: 177 km/h

R 69 S

Motor
Typ: Zweizylinder-Boxermotor
Bohrung x Hub: 72 x 73 mm
Hubraum: 594 cm^3
Leistung: 42 PS/30,8 kW bei 7000/min
Ventile: 2 hängende Ventile pro Zylinder
Gemischaufbereitung: zwei 26-mm-Vergaser

Kraftübertragung und Getriebe
Getriebe: Vierganggetriebe
Kraftübertragung: Kardanwelle

Fahrwerk
Rahmen: Verschweißter Stahlrohrrahmen
Vorne: Langarmschwinge mit Federbeinen (ab 1967 für USA: Teleskopgabel)
Hinten: Langarmschwinge mit Federbeinen
Vorderradbremse: Duplexbremse, Ø 200 mm
Hinterradbremse: Trommel, Ø 200 mm
Vorderreifen: 3,50 x 18
Hinterreifen: 3,50 x 18

Abmessungen und Gewichte
Trockengewicht: 202 kg
Länge: 2125 mm
Sitzhöhe: 725 mm
Tankinhalt: 17 Liter

Fahrleistungen
Höchstgeschwindigkeit: 175 km/h

Unter den verschiedenen Krisen, die BMW im Laufe seiner Geschichte zu überstehen hatte, war diejenige der späten 1950er-Jahre zweifellos die ernsthafteste. Wie auch in den anderen Fällen gelang es aber einem Erfolgsmodell, das Werk auf sicheren Boden zu führen und die Fortführung der Produktion zu gewährleisten. Eine von den Banken zur Verfügung gestellte erweiterte Kreditlinie erlaubte es, kurz vor der Verlegung der Produktion in das Werk Nürnberg, die neue R 69 S zu lancieren, eine in vieler Hinsicht exklusive Maschine, angefangen beim sehr hohen Preis. Dafür machte die R 69 S mit ihrer Höchstgeschwindigkeit von 175 km/h auf sich aufmerksam, für eine Serienmaschine zu Beginn der 1960er-Jahre ein enormer Wert. Der Ruf dieses Modells drang bis Nordamerika; in den Vereinigten Staaten galt die R 69 S als erstes Motorrad, das die 100 Meilen pro Stunde (160,9 km/h) übertraf und konnte dort ab 1967 gewisse Erfolge für sich verbuchen; über 1000 Stück wurden im Heimatland von Harley-Davidson abgesetzt.

In jenen Jahren hatte sich die Technik der Serienmotorräder derjenigen der Rennmaschinen zunehmend angenähert, und auf Basis der R 69 S entstanden leistungsstarke und effiziente Wettbewerbsmotorräder; die Ergebnisse ließen nicht lange auf sich warten: 1960 gewann die R 69 S die Bol d`Or, das berühmte 24-Stunden-Rennen, das damals auf dem sehr schnellen Kurs im französischen Montlhéry gefahren wurde. Dies war mehr als ein Sieg, es war

Die traditionelle Farbgebung in Schwarz mit weißen Zierlinien gesellte sich 1960 Alpenweiß, was der sportlichen R 69 S den Beinamen „Weißer Wal“ einbrachte.

Der Biss dieses Zweizylindermotorrades zeigte sich schon an dem bis 200 km/h reichenden Tachometer (links).

ein Triumph, denn die 600-cm³-BMW stellte in ihrer Kategorie zudem einen Geschwindigkeitsweltrekord auf.

Überflüssig zu sagen, dass das Herzstück dieser Sportmaschine der altbewährte Boxermotor war (der bereits 37 Jahre auf dem Buckel hatte; dennoch konnte niemand ahnen, dass er erst die Hälfte seiner Lebenszeit durchlaufen hatte); er leistete 42 PS bei 7000/min, eine erstaunliche Nenndrehzahl für einen Stoßstangenmotor, der sich dennoch seine grundlegenden positiven Eigenschaften bewahrte. Obwohl er auf hohe Leistung ausgelegt war, zog der Boxer auch hier aus tiefen Drehzahlen sauber durch und ließ sich auch im vierten Gang ruckfrei und ohne sich zu verschlucken beschleunigen. Und das alles praktisch vibrationsfrei.

Spitze und Beschleunigungsvermögen waren überaus sportlich, doch musste die R 69 S nicht nur den Freunden des schieren Tempos zusagen; vielmehr hatte sie die Aufgabe, auch die klassischen Käufer nicht zu verprellen, die einen langstreckentauglichen Tourer haben wollten. Die Ingenieure mussten daher einen Weg finden, die angestrebten hohen Fahrleistungen mit der Zuverlässigkeit, für die sämtliche BMW Maschinen mittlerweile bekannt waren, unter einen Hut zu bringen. Zu diesem Ende gestalteten sie alle Komponenten, angefangen vom einteiligen Motorgehäuse, so, dass sie Belastungen jeglicher Art aushalten konnten. Die besondere Anordnung der Zylinder, das BMW Markenzeichen, zählte ohnedies zu den besten Möglichkeiten, eine ausgezeichnete Kühlung des Motors sicherzustellen.

Es war nicht leicht, 1960 Rahmen und Fahrwerk zu konstruieren, die für höchste Geschwindigkeiten geeignet waren. An Materialien aus dem Flugzeugbau und progressiv wirkende Feder-/Dämpferelemente dachte noch niemand. Auf den Doppelschleifen-Stahlrohrrahmen konnte man also nicht verzichten, zu diesem auch an anderen Maschinen zu sehenden Detail kam im Falle der R 69 S weitere exklusive Technik hinzu. Vor allem war sie die erste Serienmaschine mit hydraulischem Lenkungsdämpfer, der unter dem Tank montiert war und den Geradeauslauf erheblich verbesserte. Für das Vorderrad griff man zu einer Langarmschwinge, die nicht nur sehr effizient zu Werke ging, sondern auch den Vorteil bot, sich sehr gut für den Gespannbetrieb zu eignen. Diese Gabel wurde, als der Export in die USA begann, durch eine modernere Teleskopgabel mit weiter nach vorne gerückter Nabe ersetzt. Am Hinterrad befanden sich zwei Federbeine, die in Hinblick auf den bevorstehenden Einsatzzweck verstellbar ausgeführt waren; bewerkstelligt wurde die Tarierung durch Drehen an einem Hebel, mit dem sich eine der beiden Einstellungen auswählen ließ.

In den Lenkerenden sieht man hier die lange Zeit für BMW typischen Blinker (gegenüberliegende Seite).

Alternativ zum Einzelsitz der R 68 konnte man die R 69 S auch mit einer flachen Sitzbank haben (gegenüberliegende Seite unten), die von dem Motorrad-Ass Schorsch Meier stammte.

Am Vorderrad tat eine Langarmschwinge Dienst (unten), die später in die USA gelieferten Exemplare erhielten aber eine Teleskopgabel.

Auf dem Tank ließ sich ein Gepäckträger montieren (rechts unten).

Großes Augenmerk legte das Werk auch auf die Wartungsarbeiten, die einfach und in den meisten Fällen ohne Hinzuziehung eines Mechanikers von der Hand gingen; es genügte, den detaillierten Anweisungen in der Betriebsanleitung zu folgen. Es blieb der Tradition zuliebe beim Kardanantrieb; der Luftfilter ließ sich mühelos herausnehmen und säubern. Hinsichtlich der damals noch recht häufigen Reifenschäden stattete BMW die R 69 S mit Vorder- und Hinterrad von identischer Größe aus, versah das hintere Schutzblech mit einem Klappscharnier am hinteren Ende, um den Radtausch zu erleichtern, und lieferte serienmäßig eine Luftpumpe von bester Qualität mit.

Die im Kaufpreis enthaltene Ausstattung war umfassend und von bester Qualität, doch plante BMW bereits bei Serienanlauf, etliches Zubehör anzubieten, mit dem sich die S spezifisch für den Sport- und den Toureneinsatz zuschneiden ließ. Wer vor allem an Sportlichkeit interessiert war, konnte seine R 69 S mit einem Drehzahlmesser ordern, der dann neben dem Tacho saß, aber auch mit einer größeren Ölwanne oder Sportauspuff. Der Käufer konnte aus drei unterschiedlich geformten Lenkern ebenso wählen wie zwischen diversen Sitzen und Sitzbänken, von der durchgehenden Bank bis zu zwei Einzelsitzen. Wer hingegen die Langstreckentauglichkeit der Maschine steigern wollte, konnte einen Tank bestellen, der die serienmäßige 17-Liter-Ausführung an Volumen übertraf; den Sondertank gab es in den Größen 24 und 36 Liter – ein Volumen wie später bei den Paris-Dakar-Modellen.

Die R 69 S war teuer, aber sehr sorgfältig konstruiert. Jedes kleinste Detail war darauf ausgelegt, haltbar zu sein und den Komfort zu erhöhen, angefangen beim Scheinwerfer mit integriertem Tacho, Warnleuchten und Zündschloss bis zum Tank mit seinem Ablagefach. Etwas Neues für BMW war hingegen – sieht man von einer R 2-Serie mit blauem Tank ab –, dass man die R 69 S in verschiedenen Farben anbot; zum klassischen Schwarz mit weißen Zierstreifen auf Tank und Schutzblechen gesellte sich eine Variante in umgekehrter Farbgebung: Weiß mit schwarzen Zierlinien. In den neun Jahren Produktionszeit experimentierte man mit weiteren Lackierungen, die aber nur in ganz kleinen Stückzahlen aufgelegt wurden: Beige und Rot. Fahrleistungen, Zuverlässigkeit und exzellente Straßenlage machten die R 69 S erfolgreich. Von ihr entstanden genau 11.317 Exemplare.

Der Hebel am Fuß der unteren hinteren Stoßdämpfer (gegenüberliegende Seite links) ermöglichte zwei unterschiedliche Einstellungen, je nach Belastung und Terrain.

Das hintere Schutzblech (gegenüberliegende Seite rechts) war zweigeteilt und mit einem Klappscharnier versehen, was im Falle eines Reifenschadens die Montage eines Ersatzreifens erleichterte.

Für die R 69 S standen zahlreiche Zubehöre zur Verfügung, mit denen sich Optik und Ausstattung nach persönlichem Gusto variieren ließen. Herzstück der Maschine war freilich ihr Motor (links), der mit seinen 42 PS Geschwindigkeiten von bis zu 175 km/h möglich machte.

Nach bewährter Praxis stellte BMW der R 69 S eine zweite Version mit geringerem Hubraum zur Seite, die aber gleichwohl ihrerseits respektable Fahrleistungen erzielte. Die beiden Modelle trennten nur 100 cm³, so dass die Halbliterausführung überzeugend schnell war und sogar hubraumgrößere Maschinen, die auf das prestigeträchtige S verzichten mussten, übertraf. Ansonsten handelte es sich bei der R 50 S um ein unverändertes Schwestermodell der R 69 S, mit der sie sich Fahrwerk und Rahmen und den Lenkungsdämpfer teilte, der auch bei den hohen Tempi, die sie erreichte, für hohe Fahrstabilität sorgte.

Das Streben nach hohen Fahrleistungen zwang die BMW Ingenieure zu einiger Arbeit, um dem Boxermotor 35 PS zu entlocken, der im Übrigen deutlich höher drehte als die 594-cm³-Version. Die damals zur Verfügung stehende Technik machte die Maschine zwar 160 km/h schnell, kompromittierte aber die Haltbarkeit der sportlich gefahrenen Exemplare, wenn man den Zweizylinder häufig im obersten Drehzahlbereich hielt. Das stand in schroffem Gegensatz zum guten Ruf der BMW Motorräder und machte die R 50 zur am wenigsten gelungenen Maschine der S-Reihe. Die kleine Schwester der epochalen R 69 S blieb nur bis 1962 in Produktion und kam auf 1634 Stück.

Von der R 69 S wurde eine hubraumkleinere Version abgeleitet, die R 50 S. Das Halblitermodell leistete 35 PS, was für eine Spitze von 160 km/h genügte.

R 50 S

Motor
Typ: Zweizylinder-Boxermotor
Bohrung x Hub: 68 x 68 mm
Hubraum: 494 cm³
Leistung: 35 PS/25,7 kW bei 7650/min
Ventile: 2 hängende Ventile pro Zylinder
Gemischaufbereitung: zwei 26-mm-Vergaser

Kraftübertragung und Getriebe
Getriebe: Vierganggetriebe
Kraftübertragung: Kardanwelle

Fahrwerk
Rahmen: Verschweißter Stahlrohrrahmen
Vorne: Langarmschwinge mit Federbeinen
Hinten: Langarmschwinge mit Federbeinen
Vorderradbremse: Duplexbremse, Ø 200 mm
Hinterradbremse: Trommel, Ø 200 mm
Vorderreifen: 3,50 x 18
Hinterreifen: 3,50 x 18

Abmessungen und Gewichte
Trockengewicht: 198 kg
Länge: 2125 mm
Sitzhöhe: 725 mm
Tankinhalt: 17 Liter

Fahrleistungen
Höchstgeschwindigkeit: 160 km/h

Nachdem die R 69 S 1969 aus der Fertigung gegangen war, blieb das Kürzel S von BMW bis 1973 unbenutzt; dann aber stellte sich das Werk der japanischen Konkurrenz. Während sich die R 69 S noch mit britischen Maschinen hatte messen müssen, hatte es das neue Modell noch einmal deutlich schwerer, denn die Zweizylinder-Boxermotoren, an denen man festhalten wollte, konnten nicht die Fahrleistungen einer Vierzylindermaschine bieten. Die R 90 S musste laut Lastenheft 67 PS leisten und 200 km/h schnell sein und bewies ihre hohe Zuverlässigkeit bei ihrer Teilnahme an der Bol d`Or, dem mörderischen 24-Stunden-Rennen, das zu jener Zeit in Le Mans ausgetragen wurde; dort kam sie auf den dritten Platz. Bei aller Sportlichkeit bewahrte die R 90 S

Mit der R 90 S erfand BMW das Konzept des Sporttourers, d.h. des langstreckentauglichen Sportmotorrades; es war 1973 die erste Maschine mit serienmäßiger Lenkerverkleidung.

die elegante Linienführung eines Tourenmotorrades. Ihr Design stammte von Hans A. Muth (der drei Jahre später auch die noch exklusivere R 90 RS zeichnete) und war ein Musterbild an klarer, noch heute gefälliger Linienführung. Mit diesem Modell führte BMW die Zweifarbenlackierung ein: Tank, Verkleidung und vorderes Schutzblech waren in Imola-Silber oder Daytona-Orange gehalten, jeweils mit helleren und dunkleren Partien. Die Optik beherrschte die serienmäßige Verkleidung, die eher klein ausfiel, um die Maschine nicht zu wuchtig erscheinen zu lassen, aber dennoch den Piloten recht gut vor den Kräften des Fahrtwindes schützte; trotz ihrer Schlichtheit war sie viele Jahre lang ein Vorbild für andere.

R 90 S

Motor
Typ: Zweizylinder-Boxermotor
Bohrung x Hub: 90 x 70,6 mm
Hubraum: 900 cm³
Leistung: 67 PS/49,3 kW bei 7000/min
Ventile: 2 hängende Ventile pro Zylinder
Gemischaufbereitung: zwei 38-mm-Vergaser

Kraftübertragung und Getriebe
Getriebe: Fünfganggetriebe
Kraftübertragung: Kardanwelle

Fahrwerk
Rahmen: Doppelschleifen-Stahlrohrrahmen
Vorne: Teleskopgabel
Hinten: Schwinge, zwei Federbeine
Vorderradbremse: Scheiben, Ø 260 mm
Hinterradbremse: Trommel, Ø 200 mm
Vorderreifen: 3,25 x 19
Hinterreifen: 4,00 x 18

Abmessungen und Gewichte
Trockengewicht: 205 kg
Länge: 2180 mm
Sitzhöhe: 810 mm
Tankinhalt: 24 Liter

Fahrleistungen
Höchstgeschwindigkeit: 200 km/h

Eine R 61, eines der ersten Sportmotorräder von BMW, in der Garage eines Sammlers.

Ende 1976 wählte BMW für die jüngste Kreation des Hauses die Bezeichnung Rennsport und verdichtete sie auf das Kürzel RS. Die Bayern hatten in ihrer Geschichte schon des Öfteren innovative und mutige Entwürfe auf den Markt gebracht, und in diese Kategorie fiel auch die R 100 RS. Heute ist eine Maschine mit Vollverkleidung ein gewohnter Anblick, vor über 30 Jahren aber erweckte diese Tatsache sehr viel Aufsehen, denn kein Serienmotorrad hatte bis dahin mit einer solchen Verkleidung aufgewartet. BMW vertraute das Design Hans A. Muth an, der eine unverwechselbare Form entwarf, die wie wenige andere der Zeit standgehalten hat. Die R 100 RS war aber nicht nur ansehnlich, sondern auch aerodynamisch günstig geformt. Vor dem Serienanlauf wurde die Form der Verkleidung umfangreichen Versuchen im Windkanal unterworfen.

Das Ergebnis war eine Verkleidung, die den Fahrer umschloss und ihn bei hohen Geschwindigkeiten vor jeglichen Auswirkungen des Fahrtwindes schützte; die RS kam auf gut und gerne 200 km/h. Die Verkleidung umhüllte den gesamten Bug der Maschine mit Ausnahme der Zylinder, die auf den kühlenden Fahrtwind natürlich angewiesen waren. Alles an dieser Maschine war auf höchste Fahrleistungen abgestimmt. Die transparente Scheinwerferverkleidung diente der strömungsgünstigeren Gestaltung der Frontpartie, die Spoilerlippe hinter dem vorderen Schutzblech erhöhte bei hohem Tempo die Fahrstabilität und die Gummibälge an der Gabel verhinderten die Entstehung von Turbulenzen im Inneren der Verkleidung.

Die R 100 RS war die sportlichste Maschine, die BMW im Programm führte, und wurde als einziges Modell mit einsitziger Bank und hinterem Bürzel angeboten, der ihr kraftvolles Erscheinungsbild weiter unterstrich. Um sie auch als Tourenmotorrad nutzbar

Die von Hans A. Muth entworfene Vollverkleidung der R 100 RS hat zu Recht Motorradgeschichte geschrieben. Kein Hersteller hatte bis dahin an einer Serienmaschine eine derartige Verkleidung realisiert, die die Optik der RS prägte und die aerodynamische Effizienz erhöhte.

R 100 RS

Motor
Typ: Zweizylinder-Boxermotor
Bohrung x Hub: 94 x 70,6 mm
Hubraum: 980 cm^3
Leistung: 70 PS/51,5 kW bei 7250/min
Ventile: 2 hängende Ventile pro Zylinder
Gemischaufbereitung: zwei 40-mm-Vergaser

Kraftübertragung und Getriebe
Getriebe: Fünfganggetriebe
Kraftübertragung: Kardanwelle

Fahrwerk
Rahmen: Doppelschleifen-Stahlrohrrahmen
Vorne: Teleskopgabel
Hinten: Schwinge, zwei Federbeine
Vorderradbremse: Scheiben, Ø 260 mm
Hinterradbremse: Trommel, Ø 200 mm
(ab 1978: Scheibe, 260 mm)
Vorderreifen: 3,50 x 19
Hinterreifen: 4,00 x 18

Abmessungen und Gewichte
Trockengewicht: 210 kg
Länge: 2210 mm
Sitzhöhe: 820 mm
Tankinhalt: 24 Liter

Fahrleistungen
Höchstgeschwindigkeit: 200 km/h

1000cc

zu machen und die traditionelle Kundschaft nicht zu verprellen, konnte die R 100 RS ohne Aufpreis aber mit einer klassischen Doppelsitzbank geordert werden. Ferner waren gegen Mehrpreis diverse Taschen, Gepäckträger und Seitenkoffer sowie ein Tankrucksack zu ordern.

Wie es sich einem teuren Spitzenmodell ziemt, das damals stattliche 11.210,- D-Mark kostete, besaß die R 100 RS eine äußerst umfangreiche Ausstattung, angefangen bei der Instrumentierung. Außer den üblichen, am Lenker montierten Anzeigen waren innen an der Verkleidung der Anlasserknopf, eine Analoguhr und ein Voltmeter untergebracht. Mehr konnte man sich 1976 nicht wünschen.

Der Boxermotor hatte bereits mit der Baureihe /7 eine Größe von 980 cm^3 erreicht, hier aber wurde seine Leistung, um die besondere Sportlichkeit der Maschine unter Beweis zu stellen, auf 70 PS erhöht, ohne dass der Zweizylinder-Boxer dadurch an Elastizität eingebüßt hätte; vielmehr blieb sie eine seiner hervorstechenden Stärken. Geändert wurde hingegen das Fünfganggetriebe, das sich leichter schalten ließ und leiser lief, eine Voraussetzung für sportives Fahren. Ferner wurden unter anderem die Vergaser in dem Versuch geändert, den Verbrauch zu senken, der bei der Fahrweise, nach dem die RS geradezu verlangte, natürlich gerne anstieg. Obwohl ziemlich viel Benzin durch die Vergaser floss, sorgte der 24 Liter große Tank für eine ordentliche Reichweite beim Tourenfahren. Gerade für die Langstreckenfahrer war auch wichtig, dass das Werk die Wartungsintervalle so lange wie möglich gestreckt hatte. Die damalige Technik war nicht auf dem Stand der heutigen, doch verlangte, wie immer bei BMW, eine Komponente außer dem Ölwechsel nach keinerlei Wartung: der Kardanantrieb.

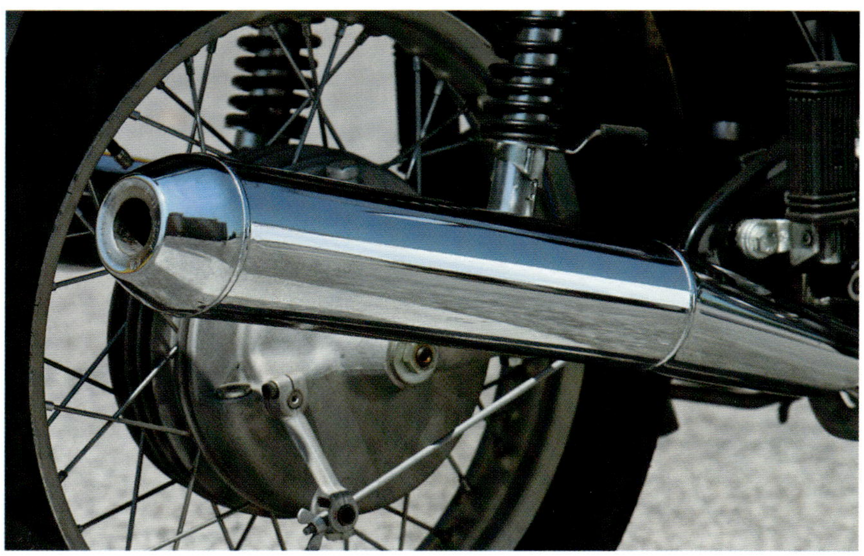

Das Fahren mit dieser Maschine war zwar durch eine besondere Sitzposition geprägt, die auf den kurzen, flachen Lenker zurückging, aber überaus angenehm war, ob auf der Autobahn oder auf kurvenreichen Landstraßen. In allen Lagen konnte man auf den Windschutz vertrauen, den die Verkleidung bot, was für das entspannte Cruisen ebenso galt wie für den sportlichen Fahrstil. Die außergewöhnliche

Mischung aus Kraft, Qualität und Agilität machte die RS auch bei Polizeikräften zum bevorzugten Kraftrad; sie kam bei den deutschen, etwas später auch bei den französischen Ordnungskräften zum Einsatz.

Die erste Serie der R 100 RS besaß Speichenräder und wurde in zwei Metallic-Lackfarben angeboten, Silber (das häufiger bestellt wurde) und Rot. Mit dem neuen Modell wandte sich BMW nicht zuletzt an die Liebhaber sportlichen Fahrens, denen das Werk hinsichtlich der Hinterradführung mehrere Wahlmöglichkeiten bot. Neben den serienmäßigen, dreifach verstellbaren Federbeinen gab es auf Wunsch härtere Federn und Spezialstoßdämpfer, mit denen die RS bei schneller Fahrt noch besser lag.

Die serienmäßigen Federn am Hinterrad (gegenüberliegende Seite unten) ließen sich auf Wunsch durch straffere Ausführungen ersetzen.

Im Mittelteil der im Windkanal entwickelten Verkleidung befanden sich zwei Spoiler, die den Zweck hatten, die Fahrstabilität der RS bei höheren Geschwindigkeiten zu optimieren (oben).

Die R 100 RS der ersten Serie besaß Speichenräder (rechts), die später durch Alufelgen ersetzt wurden.

Der Boxermotor der RS entstammte der R 100/7, in der er auf einen Liter Hubraum gewachsen war, leistete hier aber, um den sportlichen Charakter der Maschine zu betonen, 70 PS; Besonderheit dieser Motorvariante waren die schwarz lackierten Ventildeckel (links).

Wie andere BMW Sportmaschinen besaß auch diese eine einsitzige Sitzbank, es gab aber auf Wunsch auch eine Version, die offiziell für zwei Personen zugelassen war (unten links). Für Freunde des Tourens wurden ein Heckgepäckträger und Befestigungen für Seitenkoffer als Extras angeboten (unten rechts).

Das Armaturenbrett (gegenüberliegende Seite) war direkt von dem der R 90 S abgeleitet. Über den beiden Hauptinstrumenten am Lenker befanden sich Voltmeter und Uhr.

Es handelt sich zweifellos um ein besonders gelungenes Motorrad; trotz wiederholter Versuche, die RS durch modernere Modelle zu ersetzen, blieb sie zeit ihres Lebens, mehrfach aufgefrischt, gefragt. Bereits 1977 wichen die Speichenräder neuen Alugussfelgen, im Jahr darauf nahm sich das Werk des einzigen wirklichen Schwachpunktes an, der hinteren Trommelbremse, die einer Scheibe von 260 mm Durchmesser Platz machen musste.

1983 erschien die Classic Serie 500 Limited Edition, ein erster Versuch, der RS mit einem Sondermodell einen würdigen Abgang zu verschaffen, mit Sonderlackierungen, die nicht nur die Karosserie, sondern auch die Seitenkoffer bedeckten. Der Zeitpunkt für das Ende der R 100 RS, die insgesamt über 33.600 Mal gebaut wurde, war aber noch nicht gekommen. 1986 tauchte ihre unverwechselbare Form an einer von der damaligen R 80 abgeleiteten Maschine auf, die aber nicht eigentlich als Nachfolgerin gelten kann, da diese RS der späten 1980er-Jahre – trotz aller in der Zwischenzeit vorgenommenen technischen Verbesserungen – weniger leistungsstark war. Sie war schwerer und musste mit 60 anstelle der 70 PS der ursprünglichen RS auskom-

men und erreichte eine Spitze von 185 statt 200 km/h. Außerdem wies sie wieder eine hintere Trommelbremse auf. Einzige echte Neuerung war die hintere Einarmschwinge, die seit Einführung der GS-Modelle an allen BMW Motorrädern Serie war. Diese letzte Serie ließ den erwünschten Erfolg vermissen, stieß bei den Fans auf wenig Gegenliebe; auch in Sachen Werterhalt schnitt sie wesentlich schlechter ab als die Original-RS. Besonders teuer sind Maschinen der ersten Serie mit Speichenrädern.

1976 hatte der BMW-Boxer einen Hubraum von 980 cm³ erreicht und wurde in dieser Form in mehreren Maschinen verwendet. Unter den diversen R 100-Modellen stellte die R 100/7 das Einstiegsmodell in die Königsklasse dar und beschränkte sich im Interesse eines niedrigen Preises auf eine Ausstattung, die nur das Nötigste umfasste. Die 100 gesellte sich zur 60 und zur 75 (die ein Jahr später durch die R 80/7 ersetzt wurde) und präsentierte sich ohne Verkleidung und weiteres Zubehör ebenso schlicht wie jene. Günstig war ihr Preis freilich nur nach BMW-Maßstäben. Die R 100/7 besaß den „Basis"-Einlitermotor jener Zeit, der 60 PS bei 6500/min leistete. Wie die anderen Modelle der /7-Reihe erhielt sie kantigere Ventildeckel und nur eine Scheibenbremse am Vorderrad.

Mit 10 PS weniger gegenüber dem Spitzenmodell RS und einer kargen Ausstattung war die R 100/7 das preiswerteste Modell der Einliterreihe.

R 100/7

Motor
Typ: Zweizylinder-Boxermotor
Bohrung x Hub: 94 x 70,6 mm
Hubraum: 980 cm³
Leistung: 60 PS/44,1 kW bei 6500/min
Ventile: 2 hängende Ventile pro Zylinder
Gemischaufbereitung: zwei 32-mm-Vergaser

Kraftübertragung und Getriebe
Getriebe: Fünfganggetriebe
Kraftübertragung: Kardanwelle

Fahrwerk
Rahmen: Doppelschleifen-Stahlrohrrahmen
Vorne: Teleskopgabel
Hinten: Schwinge, zwei Federbeine
Vorderradbremse: Scheiben, Ø 260 mm
Hinterradbremse: Trommel, Ø 200 mm
Vorderreifen: 3,25 x 19
Hinterreifen: 4,00 x 18

Abmessungen und Gewichte
Trockengewicht: 200 kg
Länge: 2210 mm
Sitzhöhe: 820 mm
Tankinhalt: 24 Liter

Fahrleistungen
Höchstgeschwindigkeit: 188 km/h

Als Nachfolgerin der R 90 S, der sie in der Optik weitgehend entsprach, bestach die R 100 S durch ihr geringes Gewicht und ihre Agilität. Durch den Verzicht auf die Vollverkleidung war sie noch schneller und spritziger als die R 100 RS.

Nach dem Erscheinen des Einlitermotors wurde aus der R 90 S pflichtgemäß die R 100 S. Da die S nicht direkt mit der technisch ähnlichen, stilistisch und aerodynamisch aber moderneren R 100 RS konkurrierte, fand sie ihre Nische auf dem Markt, wie die fast 12.000 Stück, auf die sie in nur drei Jahren Bauzeit kam, beweisen. Ihre Qualitäten wurden freilich nicht auf Anhieb erkannt, und erst nach lauem Beginn legte der Absatz deutlich zu. Die runde Lenkerverkleidung, die neben anderen Details zum typischen BMW-Merkmal avancierte, ließ die R 100 S leichter und agiler als das Flaggschiff auftreten, bot aber auch nicht zu unterschätzende Vorteile bei schneller Fahrt. Die Fahrleistungen lagen auf hohem Niveau, obwohl die S fünf PS schwächer war als die RS (aber auch fünf PS stärker als die reguläre /7). Wie schon im Fall der R 90 S erlaubte die Anwesenheit der Verkleidung, ein für die Zeit besonders reichhaltig bestücktes und elegantes Armaturenbrett unterzubringen; die Instrumente saßen auf zwei Trägern, einem beweglichen, am Lenker befestigten mit Tachometer, Drehzahlmesser und Warnleuchten, und einem starren in der Verkleidung, auf dem sich Analoguhr und Voltmeter befanden, mit dem sich der Ladezustand der Batterie überprüfen ließ.

R 100 S

Motor
Typ: Zweizylinder-Boxermotor
Bohrung x Hub: 94 x 70,6 mm
Hubraum: 980 cm³
Leistung: 65 PS/47,8 kW bei 6600/min
Ventile: 2 hängende Ventile pro Zylinder
Gemischaufbereitung: zwei 40-mm-Vergaser

Kraftübertragung und Getriebe
Getriebe: Fünfganggetriebe
Kraftübertragung: Kardanwelle

Fahrwerk
Rahmen: Doppelschleifen-Stahlrohrrahmen
Vorne: Teleskopgabel
Hinten: Schwinge, zwei Federbeine
Vorderradbremse: Scheiben, Ø 260 mm
Hinterradbremse: Trommel, Ø 200 mm
Vorderreifen: 3,50 x 19
Hinterreifen: 4,00 x 18

Abmessungen und Gewichte
Trockengewicht: 205 kg
Länge: 2210 mm
Sitzhöhe: 820 mm
Tankinhalt: 24 Liter

Fahrleistungen
Höchstgeschwindigkeit: 200 km/h

Die R 100 T basierte auf der S, war aber mehr Touren- als Sportmotorrad.

Die R 100 T kann als natürliche Weiterentwicklung der S gelten, von der sie den Motor erbte; allerdings zeigte sie sich in weniger sportlicher Optik. Wichtigste Neuerungen an der 1978 eingeführten T waren die hintere Scheiben- anstelle der gewohnten Trommelbremse und Leichtmetallfelgen statt der bisher gewohnten Speichenräder. Bremse und Felgen waren freilich keine absoluten Novitäten, vielmehr hatte es sie schon an der letzten, limitierten Serie der S vor ihrem Produktionsende gegeben. Die R 100 T als Allroundmaschine für Reise und Stadt besaß einen in der Leistung zwischen den Extremen angesiedelten 980-cm³-Motor, der 65 PS bei einer für damals hohen Nenndrehzahl von 7250/min abgab.

Die Serienausstattung umfasste Gepäckträger, einen hohen, breiten Lenker für das Tourenfahren und einen zweifarbig lackierten Tank. Mit ihrem klassischen, wenig innovativen Aussehen war die T durchaus erfolgreich; in sechs Jahren wurden von ihr 21.928 Exemplare verkauft.

R 100 T

Motor
Typ: Zweizylinder-Boxermotor
Bohrung x Hub: 94 x 70,6 mm
Hubraum: 980 cm³
Leistung: 65 PS/47,8 kW bei 6600/min
Ventile: 2 hängende Ventile pro Zylinder
Gemischaufbereitung: zwei 40-mm-Vergaser

Kraftübertragung und Getriebe
Getriebe: Fünfganggetriebe
Kraftübertragung: Kardanwelle

Fahrwerk
Rahmen: Doppelschleifen-Stahlrohrrahmen
Vorne: Teleskopgabel
Hinten: Schwinge, zwei Federbeine
Vorderradbremse: Scheiben, Ø 260 mm
Hinterradbremse: Scheibe, Ø 200 mm
Vorderreifen: 3,25 x 19
Hinterreifen: 4,00 x 18

Abmessungen und Gewichte
Trockengewicht: 198 kg
Länge: 2210 mm
Sitzhöhe: 820 mm
Tankinhalt: 24 Liter

Fahrleistungen
Höchstgeschwindigkeit: 191 km/h

Die schwarzen Ventildeckel verraten, dass die CS den stärksten Einliter-Boxermotor mit 70 PS besaß.

1980 kamen stilistisch der R 100 S nahe stehende 100er-Modelle ins Programm, die unterhalb des Spitzenmodells RS angesiedelt waren. Äußeres Merkmal waren die schwarz lackierten Ventildeckel, die der stärksten Variante des Boxermotors mit 70 PS vorbehalten waren. Der klassische Zweizylinder erhielt einige Änderungen, von der Verwendung einer elektronischen Zündung bis zu einer neuen Kupplung, die den Zweck verfolgte, die Gänge des Getriebes exakter einrasten zu lassen. Damit wurde die CS zur schnellsten Maschine im BMW-Angebot, deren Spitze um 6 km/h höher lag als im Falle des Flaggschiffs RS. Wie schon zuvor bei der S war die größere Spritzigkeit Folge eines geringeren Gewichts, das wiederum auf das Vorhandensein einer kleineren, aber

kaum weniger wirksamen Verkleidung als die Vollverkleidung der RS zurückzuführen war. Die zu Beginn der 1980er-Jahre – mithin zu einer Zeit, als die Maschinen der Konkurrenz aggressivere Verkleidungen aufzuweisen begannen – erschienene CS hatte den Zweck, traditioneller gesinnte Kunden anzusprechen. Vom Design her ähnelte sie stark der R 90 S, wenngleich sie statt der früheren Speichenräder aktuelle Mehrspeichen-Alufelgen besaß. Von 1980 bis 1984 verließen exakt 6141 R 100 CS die Werkshallen.

R 100 CS

Motor
Typ: Zweizylinder-Boxermotor
Bohrung x Hub: 94 x 70,6 mm
Hubraum: 980 cm^3
Leistung: 70 PS/51,5 kW bei 7250/min
Ventile: 2 hängende Ventile pro Zylinder
Gemischaufbereitung: zwei 40-mm-Vergaser

Kraftübertragung und Getriebe
Getriebe: Fünfganggetriebe
Kraftübertragung: Kardanwelle

Fahrwerk
Rahmen: Doppelschleifen-Stahlrohrrahmen
Vorne: Teleskopgabel
Hinten: Schwinge, zwei Federbeine
Vorderradbremse: Scheiben, Ø 260 mm
Hinterradbremse: Scheibe, Ø 260 mm
Vorderreifen: 3,25 x 19
Hinterreifen: 4,00 x 18

Abmessungen und Gewichte
Trockengewicht: 200 kg
Länge: 2210 mm
Sitzhöhe: 820 mm
Tankinhalt: 24 Liter

Fahrleistungen
Höchstgeschwindigkeit: 205 km/h

Während die Flaggschiffe nun Motoren mit annähernd einem Liter Inhalt aufwiesen, entfernte sich BMW vorübergehend von den mittleren Hubraumklassen. Die Zweizylinder-Einstiegsmodelle wurden immer hubraumstärker, schneller und vor allem teurer. Aus diesem Grund lancierte das Werk Ende der 1970er-Jahre eine, zumindest nach BMW-Begriffen, „kleine" Maschine; sie wurde auf dem Kölner Salon im Herbst 1978 unter den Bezeichnungen R 45 und R 65 offiziell präsentiert.

Der tatsächliche Hubraum der R 45 lag mit 473 cm³ höher als man aus der Modellbezeichnung hätte schließen können. Der neue Typ war hauptsächlich für den deutschen Markt gedacht, auf dem die Versicherungsprämien für Maschinen bis 27 PS wesentlich preiswerter waren. Die R 45 als Einstiegsmodell für Führerscheinneulinge gab es daneben für die Auslandsmärkte, wo die schwächere Variante keinen Sinn machte, auch in einer nicht gedrosselten Version mit 35 PS. Das war auch geboten, denn schon wenige Jahre später erreichten selbst 125-cm³-Motorräder die Schwelle von 27 PS.

Die Programmerweiterung nach unten bewies den Willen von BMW, etwas Neues zu bringen, das zugleich der Tradition des Hauses verhaftet blieb. Dieser Weg schien damals erfolgversprechend, denn auch Moto Guzzi konstruierte um den klassischen V-Motor eine neue „kleine" Baureihe herum.

Bei der Konzeption der kleinen Modelle bemühte man sich um das Ausnutzen vorhandener Ressourcen und modifizierte, wo möglich, Teile vorhandener Maschinen. Der Rahmen etwa war nicht völlig neu, sondern glich jenem der R 75/7, allerdings mit 5 cm kürze-

Obwohl sie sich in den Abmessungen kaum von den hubraumstärkeren BMW Maschinen unterschied, wirkte die „kleine" R 45 kompakter, was auf die kürzere Gabel, aber auch auf Tank und Sitzbank in geänderter Form zurückzuführen war.

Das Armaturenbrett (unten links) war mit zwei Instrumenten und etlichen Warnleuchten bestückt, die in einem weichen Plastikgehäuse saßen.

R 45

Motor
Typ: Zweizylinder-Boxermotor
Bohrung x Hub: 70 x 61,5 mm
Hubraum: 473 cm³
Leistung: 27 PS/19,8 kW bei 6500/min
Ventile: 2 hängende Ventile pro Zylinder
Gemischaufbereitung: zwei 26-mm-Vergaser

Kraftübertragung und Getriebe
Getriebe: Fünfganggetriebe
Kraftübertragung: Kardanwelle

Fahrwerk
Rahmen: Doppelschleifen-Stahlrohrrahmen
Vorne: Teleskopgabel
Hinten: Schwinge, zwei Federbeine
Vorderradbremse: Scheiben, Ø 260 mm
Hinterradbremse: Trommel, Ø 200 mm
Vorderreifen: 3,25 x 18
Hinterreifen: 4,00 x 18

Abmessungen und Gewichte
Trockengewicht: 185 kg
Länge: 2110 mm
Sitzhöhe: 810 mm
Tankinhalt: 22 Liter

Fahrleistungen
Höchstgeschwindigkeit: 145 km/h

rer Gabel und Rädern von geringerem Durchmesser. Von 19 Zoll großen Speichenrädern, die noch wenige Jahre zuvor an den 750er-Modellen verwendet worden waren, ging das Werk zu 18-Zoll-Alufelgen über. Die kürzere Gabel bedingte Änderungen an den Stoßdämpfern und die Standrohre der vorderen Gabel saßen exakt an der Radnabe an und nahmen die vordere Radachse auf, wodurch die nicht allzu schnelle Maschine wenigstens handlicher wurde. Die Bremsanlage entsprach mit vorderer Einzelscheibe und hinterer Trommel den Gepflogenheiten der Zeit, an der vorderen Gabel waren aber bereits die Befestigungen für eine zweite Scheibe vorhanden.

Auch beim Motor fing das Werk nicht bei Null an, sondern mit dem Kurbelgehäuse und dem Fünfganggetriebe wiederum der R 75/7. Die Unterschiede beschränkten sich auf das Innenleben, wo andere Pleuel, Zylinder und Köpfe verwendet wurden, um die gewünschte Hubraumverringerung zu erzielen. Durch die kürzeren Pleuel und die im Vergleich zur 750er kleinere Kurbelwelle konnte die Breite der Maschine geringer ausfallen. Während die übrige Motortechnik von den „großen" BMW Motorrädern stammte, ragten die beiden Zylinder statt 740 bei den damaligen Boxern nur 684 mm hervor.

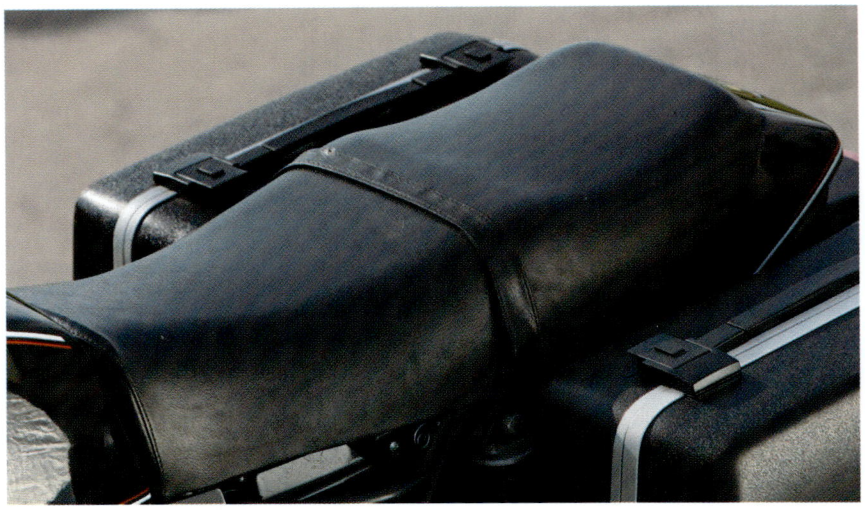

Der Hubraum mochte kleiner sein, ansonsten aber handelte es sich um eine typische BMW, bis hin zur Möglichkeit, Seitenkoffer zu installieren (ganz links).

Die R 45 besaß eine recht einfache Ausstattung ohne jede Art von Verkleidung (links).

In seiner kleinsten Ausführung war der Boxer nicht sehr leistungsstark; es standen gedrosselt 27 und ansonsten 35 PS zur Verfügung.

Die Konstruktion eines neuen, wenngleich um die traditionelle Technik herum aufgebauten Modells bot natürlich Gelegenheit, auch ein neues Design zu präsentieren. Die BMW Designer entschieden sich gegen die mehr ins Rundliche gehende Mode der Zeit für eher kantige Linien. Da sonstige Anbauteile auf ein Minimum reduziert wurden, konzentrierte sich das Design auf den 22 Liter fassenden, eckig gehaltenen Tank, der weiterhin die klassischen Zierlinien aufwies; sie wurden im Werk Berlin-Spandau von Spezialisten per Hand aufgemalt. Auch der Heckspoiler, der die breite und üppig gepolsterte Sitzbank abschloss, trug diese Zierlinien. Weitere, die Optik der R 45 prägende Elemente stellten die kleinen, mit einem Lufteinlass versehenen Seitenverkleidungen und das weit nach unten gezogene vordere Schutzblech dar. Die kleinste BMW, die hauptsächlich für den täglichen Stadtverkehr gedacht war, musste serienmäßig ohne Gepäckträger auskommen, es ließen sich für sie aber, wie für alle deutschen Maschinen der Zeit, gegen Mehrpreis ein spezieller Kofferträger und Seitenkoffer bestellen.

In jenen Jahren war von ABS und derlei Systemen noch nicht die Rede, doch legten die Konstrukteure großes Augenmerk auf die Sicherheit und setzten die beiden Instrumente in ein Armaturenbrett aus weichem Kunststoff ein. Damit sollte die Gefahr von Verletzungen im Falle eines Unfalls verringert werden.

Die R 45 war nach BMW-Maßstäben gewiss von kleinem Hubraum, doch führte die Verwendung zahlreicher Komponenten von den größeren Maschinen dazu, dass ihr Gewicht im Vergleich zu jenen nicht spürbar niedriger zu liegen kam. Das Trockengewicht der R 45 belief sich auf 185 Kilogramm, gerade einmal rund 15 Kilo weniger als bei den Modellen mit beinahe doppelt so großem Hubraum. Auf das Fahrverhalten hatte das kaum Auswirkungen, da der Schwerpunkt sehr niedrig lag, die Sitzbank nur 81 cm hoch war und man auch als Neuling rasch Zutrauen zu dieser Maschine fasste. Allerdings wirkte sich das Gewicht auf die Höchstgeschwindigkeit aus, die sich auf 145 km/h belief; die ungedrosselte Version erreichte 160 km/h. Die Fahrsicherheit der R 45 und ihre sanfte Kraftentfaltung machten sie ideal für alle geeignet, die einfach nur das Zweiradfahren mit einem Klassemotorrad genießen wollten. Leider aber besaß die kleine BMW nicht nur Vorzüge, sondern auch einige Nachteile. Abgesehen von ihrem hohen Gewicht war sie im Unterhalt, da sie so viel mit den größeren Modellen gemein hatte, nicht billig. Und da sie in der Herstellung entsprechend teuer war, musste sie zu einem Preis angeboten werden, der sie auf Anhieb zur kostspieligsten Maschine ihrer Klasse werden ließ. Dieser traurige Rekord und die etwas schwachbrüstigen Fahrleistungen für diese Hubraumklasse sorgten

dafür, dass ihr Absatz weit hinter der Erwartungen zurückblieb. Größere Stückzahlen hätten möglicherweise die Herstellungskosten gesenkt, es sollte aber nicht sein; in der Folge musste man fast 15 Jahre warten, bis mit der F 650 wieder ein BMW Einstiegsmodell erschien. Das Abenteuer der kleinsten Nachkriegs-BMW mit Boxer-Triebwerk blieb kurz; bereits 1985 war für sie Schluss. In sieben Jahren baute das Werk Berlin 28.158 Exemplare.

Nicht viel besser erging es der stärkeren R 65, die nur tausend Kunden mehr für sich gewinnen konnte. Es war eben so, dass man für vergleichsweise wenig mehr Geld eine „echte“ BMW bekam, weshalb viele die kleineren Modelle links liegen ließen.

Der Motorblock stammte von dem großen BMW, der kurze Hub erlaubte aber kompaktere Zylinder, die seitlich nur 684 statt 740 mm hervorragten.

Zur Grundausstattung zählte eine einfache vordere Scheibenbremse (unten), es ließ sich aber auch eine Doppelscheibe montieren.

Während die R 45 auf Führerscheinneulinge und frischgebackene Motorradfreunde zugeschnitten war, rangierte die R 65 eine Stufe darüber. Sie zielte auf die wachsende Zahl derer, die nach einem Zweirad für das Wochenende und die Freizeit suchten; die großen Roller mit Automatikgetriebe gab es damals ja noch nicht.

Optisch wie technisch glich die R 65 der kleineren Schwester wie ein Ei dem anderen, sie war aber mit ihrer höheren Leistung besser für die Langstrecke geeignet, vor allem, wenn man mit Sozius unterwegs war. Als sie erschien, wurde ihr Boxermotor mit 45 PS angegeben, zwei Jahre darauf mit 50 PS. Mit der Leistung wuchs auch die Höchstgeschwindigkeit, die von anfangs 165 auf später 175 km/h kletterte.

Die R 65 war in Komfort und Qualität eine waschechte BMW, wie die R 45 war sie aber in der Herstellung kaum billiger als die hubraumstärkeren, prestigeträchtigeren Modelle und wurde zeit ihres Lebens sehr teuer angeboten.

Trotz ihrer mehr als ausreichenden Fahrleistungen erreichte auch die R 65 keineswegs die vorgesehenen Stückzahlen; mit über 29.000 zwischen 1978 und 1985 verkauften Exemplaren war sie aber die erfolgreichere der beiden kleinen BMW Maschinen.

Neben der R 45 bestand die „kleine" Boxerfamilie auch aus der mit jener strukturell und optisch identischen R 65. Der größere Hubraum von 649 cm^3 ergab mehr Leistung: 45, ab Modelljahr 1980 dann 50 PS.

R 65

Motor
Typ: Zweizylinder-Boxermotor
Bohrung x Hub: 82 x 61,5 mm
Hubraum: 649 cm^3
Leistung: 45 PS/33 kW bei 7250/min
(ab 1980: 50 PS/36,8 kW bei 7250/min)
Ventile: 2 hängende Ventile pro Zylinder
Gemischaufbereitung: zwei 32-mm-Vergaser

Kraftübertragung und Getriebe
Getriebe: Fünfganggetriebe
Kraftübertragung: Kardanwelle

Fahrwerk
Rahmen: Doppelschleifen-Stahlrohrrahmen
Vorne: Teleskopgabel
Hinten: Schwinge, zwei Federbeine
Vorderradbremse: Scheiben, Ø 260 mm
Hinterradbremse: Trommel, Ø 200 mm
Vorderreifen: 3,25 x 18
Hinterreifen: 4,00 x 18

Abmessungen und Gewichte
Trockengewicht: 185 kg
Länge: 2110 mm
Sitzhöhe: 810 mm
Tankinhalt: 22 Liter

Fahrleistungen
Höchstgeschwindigkeit: 165 km/h
(ab 1980: 175 km/h)

Gleichzeitig mit der Leistungserhöhung des 649-cm³-Motors erschien die R 65 in der LS-Ausführung mit Verkleidung und spezieller Farbgebung.

Anlässlich des Leistungszuwachses um fünf PS präsentierte BMW auch eine Sportversion der R 65. Die LS kam 1981 auf den Markt und wirkte weniger karg ausgestattet als das Basismodell, von dem sie abgeleitet war. Obwohl ihr Tank mit dem der normalen Version identisch war, trat sie optisch mit lebhaften Farben und dem Verzicht auf die traditionellen Zierstreifen in Kontrastfarbe, die die Umrisse betonten, sehr viel frischer auf. Die optischen Änderungen beschränkten sich aber nicht auf die Lackfarben; die R 65 LS war auf Anhieb an ihrer kleinen Verkleidung und an einer kürzeren Sitzbank mit stärker betontem Heck erkennbar, in das zwei solide Haltegriffe für den Sozius integriert waren. Vom Aussehen her hob sich diese zumindest optisch sportliche Maschine zudem durch den schwarz lackierten Auspuff und die weiß lackierten Alufelgen im neuen Design ab. Dazu kamen zwei exklusive technische Details, die die Bremsanlage betrafen: Das Hinterrad erhielt eine größere Trommelbremse und am Vorderrad waren zwei Bremsscheiben Serie – bei der normalen R 65 waren sie nur gegen Aufpreis zu haben. Trotz unveränderten Motors und etwas höheren Gewichts war die LS dank ihrer besseren Aerodynamik in der Spitze um 3 km/h schneller.

R 65 LS

Motor
Typ: Zweizylinder-Boxermotor
Bohrung x Hub: 82 x 61,5 mm
Hubraum: 649 cm³
Leistung: 50 PS/36,8 kW bei 7250/min
Ventile: 2 hängende Ventile pro Zylinder
Gemischaufbereitung: zwei 32-mm-Vergaser

Kraftübertragung und Getriebe
Getriebe: Fünfganggetriebe
Kraftübertragung: Kardanwelle

Fahrwerk
Rahmen: Doppelschleifen-Stahlrohrrahmen
Vorne: Teleskopgabel
Hinten: Schwinge, zwei Federbeine
Vorderradbremse: Scheiben, Ø 260 mm
Hinterradbremse: Trommel, Ø 200 mm
Vorderreifen: 3,25 x 18
Hinterreifen: 4,00 x 18

Abmessungen und Gewichte
Trockengewicht: 185 kg
Länge: 2110 mm
Sitzhöhe: 810 mm
Tankinhalt: 22 Liter

Fahrleistungen
Höchstgeschwindigkeit: 178 km/h

R 100 RT

Motor
Typ: Zweizylinder-Boxermotor
Bohrung x Hub: 94 x 70,6 mm
Hubraum: 980 cm³
Leistung: 70 PS/51,5 kW bei 7250/min
Ventile: 2 hängende Ventile pro Zylinder
Gemischaufbereitung: zwei 40-mm-Vergaser

Kraftübertragung und Getriebe
Getriebe: Fünfganggetriebe
Kraftübertragung: Kardanwelle

Fahrwerk
Rahmen: Doppelschleifen-Stahlrohrrahmen
Vorne: Teleskopgabel
Hinten: Schwinge, zwei Federbeine
Vorderradbremse: Doppelscheibe, Ø 260 mm
Hinterradbremse: Scheibe, Ø 260 mm
Vorderreifen: 3,25 x 19
Hinterreifen: 4,00 x 18

Abmessungen und Gewichte
Trockengewicht: 234 kg
Länge: 2210 mm
Sitzhöhe: 820 mm
Tankinhalt: 24 Liter

Fahrleistungen
Höchstgeschwindigkeit: 185 km/h

In den 1970er-Jahren fand eine rasche Weiterentwicklung des Boxermotors statt, der in diversen Modellen zum Einsatz kam und im Hubraum vergrößert wurde. Nachdem die BMW Spitzenmodelle erst 800, dann 900 cm³ aufgewiesen hatten, kam man 1976 beim Einlitermotor an, und auf der Kölner IFMA feierte im Herbst 1978 eine neue Modellgeneration Premiere, die sich ausdrücklich an die Tourenfahrer wandte und die Bezeichnung RT trug. Die Europäer gaben sich damals noch mit eher schlichten Tourenmaschinen zufrieden, die höchstens eine Teilverkleidung besaßen, um die Fahrt auf der Autobahn weniger ermüdend zu machen, die R 100 RT beschritt hier aber neue Wege. Es konnte auch gar nicht anders sein, denn von Anfang an war sie in erster Linie für den US-Markt bestimmt, wo Vollverkleidungen nichts Neues waren. Heute erschreckt eine derart große Verkleidung natürlich niemanden mehr, seinerzeit war man hier aber so innovative und schwellende Formen nicht gewohnt. Die RT basierte auf der RS, der sportlichsten BMW jener Zeit, von der sie auch den 70-PS-Motor übernahm. Dass es sich hier um das neue Spitzenmodell handelte, zeigte sich auch an der verbesserten Bremsanlage mit insgesamt drei statt der gewohnten vorderen Einzelscheibe und der hinteren Trommelbremse.

Die Vollverkleidung der RS war von innovativem Design gewesen, diejenige der RT war aber nicht minder neuartig, auch wenn sie hauptsächlich auf aerodynamische Effizienz, nicht auf Optik ausgelegt war. Sie zeigte sich um den Boxermotor herum konstruiert und sparte die beiden Zylinder aus, damit sie vom Fahrtwind gekühlt werden konnten, reichte aber dennoch tief hinab, damit die Füße des Fahrers auch bei Regen trocken blieben und seine Knie geschützt waren. Sie diente aber nicht nur dem Schutz vor der Witterung, vielmehr war es den Ingenieuren auch gelungen, ihrer Zeit vorauseilend aerodynamische und ergonomische Gesichtspunkte zu berücksichtigen. Das gilt etwa für die Spoiler in der Mitte der Verkleidung, die den Abtrieb am Vorderrad bei hohen Geschwindigkeiten erhöhten. Seitlich neben dem Scheinwerfer befanden sich zwei Lufteinlässe, die sich während der Fahrt über einen Hebel öffnen ließen und dem Fahrer bei Hitze Frischluft zufächelten. Das innovativste an der Verkleidung war aber die in der Neigung verstellbare Windschutzscheibe; ein kleiner Hebel erlaubte die Wahl zwischen zwei Stellungen, hoch und mehr Schutz bietend oder flach und sportlich, entweder auf Geschwindigkeit oder auf die Statur des Fahrers abgestimmt. Dies war der erste Schritt hin

Der verchromte Auspuff garantierte das markante, sonore Timbre des BMW Boxermotors (oben).

Während die Vollverkleidung der R 100 RS auf die engeren Straßen Europas zugeschnitten war, sollte die breite Verkleidung der RT die US-amerikanische Kundschaft ansprechen (gegenüberliegende Seite).

R 100 RT

zu den elektrisch verstellbaren Scheiben der jüngeren BMW Maschinen.

Der R 100 RT sah man die Verwandtschaft mit der RS, von der sie abgeleitet war, durchaus an. Optik und Sitzposition waren aber völlig anders geartet. Wieder einmal war den Entwicklungsingenieuren eine sehr agile Maschine gelungen, was an dem niedrigen, dem Boxermotor geschuldeten Schwerpunkt lag, aber auch am elastischen Motor und dem wesentlich breiteren Lenker als im Falle der RS. Diese Agilität zeigte sich nicht nur bei lässiger Fahrweise, sondern auch bei voller Beladung, wenn zu den 217 kg Trockengewicht Gepäck, Tankfüllung und das Gewicht der beiden Passagiere hinzukamen.

Die R 100 RT ergänzte das schon damals sehr breit angelegte BMW Modellprogramm, das im Ruf äußerst guter Langstreckentauglichkeit stand. Schon geraume Zeit bot das Werk stabile und eher schmal gehaltene Seitenkoffer an, die, anders als die üblichen Zubehörkoffer der Zeit, die Breite der Maschine nicht wesentlich erhöhten. Bei den Tourenmaschinen waren diese ansonsten aufpreispflichtigen Behältnisse nun in der Regel Teil der Serienausstattung. Weiteres Gepäck ließ sich auf dem robusten, gleichfalls serienmäßigen Heckträger und in einem Tankrucksack unterbringen. Letzterer, der zu den ersten überhaupt angebotenen Zubehörteilen für die BMW Maschinen gehörte, war auf die Besonderheiten des Motorrads abgestimmt; er besaß einen Schnellverschluss, um das Betanken zu erleichtern, und ließ sich im Volumen und damit in der Höhe verstellen.

Verkleidung und Ausstattung der RT machten sie für Langstreckenfahrten tauglich; weitere Details waren auch an anderen Vertretern der R 100-Familie zu finden. Der 24-Liter-Tank war nicht den Tourenmaschinen vorbehalten, sondern die Norm für alle damaligen großen BMW Modelle. Im Fall der RT mit ihren 234 Kilogramm Leergewicht und der Spitze von 185 km/h reichten die 24 Liter für über 300 Kilometer.

In der Ansicht von schräg hinten (links) erkennt man, wie weit die Verkleidung den Fahrer umgibt. Deren Hälften scheinen zwar symmetrisch angeordnet zu sein, in Wahrheit sind sie aber leicht gegeneinander versetzt, was, wie bei allen BMW Maschinen, auf die versetzte Anordnung der Fußrasten zurückgeht; diese wiederum war eine Folge der Platzierung der Zylinder. Die Windschutzscheibe lenkte den Fahrtwind über den Helm des Fahrers hinweg.

Wie bei der RS saß auch bei der RT der Scheinwerfer hinter einer Abdeckung (gegenüberliegende Seite oben). Von der ersten Serie an verfügte diese Langstreckenmaschine über eine in der Höhe verstellbare Scheibe.

Serie war die vordere Doppelscheibenbremse (gegenüberliegende Seite unten). Die von einem italienischen Hersteller stammenden Scheiben zählten zu den wenigen Komponenten aus nichtdeutscher Produktion.

Die auf den US-Markt zugeschnittene R 100 RT bewies rasch, dass sie auch auf hiesigen Straßen nicht deplatziert war; hier bewährte sich ihre gegenüber den Harley-Davidson-Maschinen größere Handlichkeit, die allein von den Ausmaßen und vom Komfort her mit ihr vergleichbar waren. Angesichts dieses Sachverhaltes war die RT auf Anhieb auf dem Markt erfolgreich und wurde zum Ahnherrn einer ganzen Dynastie, die bis heute fortdauert und auch gelungene Modelle mit kleine-

Die Verkleidung der R 100 RT ist ein Musterbeispiel für aerodynamische Ausgefeiltheit und für das Ende der 1970er-Jahre überaus fortschrittlich. Die Blinker waren in sie eingelassen, die Rückspiegel so konzipiert, dass sie keine störenden Luftwirbel ausbildeten und die Öffnungen für die Gabel mit Gummibälgen abgedichtet (rechts).

Auch für die Unterbringung des Reisegepäcks war gesorgt; zur Serienausstattung gehörten Gepäckträger und Befestigungen für die Seitenkoffer (unten).

Wie bei der RS hatte der Spoiler an der Verkleidung die Aufgabe, die Fahrstabilität zu erhöhen (gegenüberliegende Seite links oben).

Außer der umfangreichen Instrumentierungen, die man schon von anderen BMW Modellen her kannte, wies die RT ein PKW-typisches Merkmal auf, nämlich die verstellbaren Lüftungsdüsen (gegenüberliegende Seite rechts).

Der Motor der RT (gegenüberliegende Seite unten) war das stärkste BMW Triebwerk seiner Zeit: der 980-cm³-Boxer mit 70 PS.

rem Hubraum umfasste, die preiswerter und damit einem größeren Kundenkreis zugänglich waren.

Dass die R 100 RT ideal für die große Fahrt mit zwei Personen an Bord war, steht außer Frage, weniger auffällig dürfte sein, dass sie auch auf Gewichtsersparnis ausgelegt war. Obwohl sie einer Zeit entsprang, in der spezielle Leichtbaumaterialien noch nicht so verbreitet waren wie heute, ließ sich die RT auch in enger Umgebung gut manövrieren und besaß darüber hinaus einen Ständer, der das Abstellen des Krads durch einfache Gewichtsverlagerung nach vorne oder hinten erlaubte, was nicht allzu viel Krafteinsatz verlangte. Nach Einstellung der Neigung der Windschutzscheibe strömte der Fahrtwind über den Piloten hinweg. Einziger Nachteil einer so großen Verkleidung ist die erhöhte Anfälligkeit der Maschine speziell gegen Seitenwind. Das ließ sich bei geringeren Geschwindigkeiten natürlich leicht vermeiden; aus diesem Grund riet BMW, obwohl die RT annähernd 200 km/h schnell sein konnte, davon ab, mit montierten Koffern und Windschutzscheibe in der steileren Stellung mit mehr als 130 km/h unterwegs zu sein. Nicht zuletzt deshalb und um höhere Reiseschnitte zu ermöglichen wandten sich die BMW Ingenieure der Entwicklung der neuen Motoren der Baureihe K zu.

R 80 RT

Motor
Typ: Zweizylinder-Boxermotor
Bohrung x Hub: 84,8 x 70,6 mm
Hubraum: 797 cm³
Leistung: 50 PS/36,8 kW bei 6500/min
Ventile: 2 hängende Ventile pro Zylinder
Gemischaufbereitung: zwei 32-mm-Vergaser

Kraftübertragung und Getriebe
Getriebe: Fünfganggetriebe
Kraftübertragung: Kardanwelle

Fahrwerk
Rahmen: Doppelschleifen-Stahlrohrrahmen
Vorne: Teleskopgabel
Hinten: Schwinge, zwei Federbeine
Vorderradbremse: Doppelscheibe, Ø 264 mm
Hinterradbremse: Scheibe, Ø 260 mm
Vorderreifen: 3,25 x 19
Hinterreifen: 4,00 x 18

Abmessungen und Gewichte
Trockengewicht: 214 kg
Länge: 2220 mm
Sitzhöhe: 820 mm
Tankinhalt: 24 Liter

Fahrleistungen
Höchstgeschwindigkeit: 161 km/h

Die 1982 auf den Markt gekommene R 80 gehört in die von der R 100 begründete RT-Familie, offiziell war sie aber von der revolutionären R 80 GS abgeleitet. Das Erscheinen der großen Zweizylinder-Enduro zu Beginn der 1980er-Jahre erlaubte BMW eine weitere Ausweitung des Modellprogramms, wobei man Motor und Fahrwerk weiterentwickelte. Die R 80 RT ähnelte der 100, konnte aber preiswerter angeboten werden; bis 1984 entstanden von ihr 7315 Exemplare. Der Rahmen stammte von der R 80 GS, Fahrwerk und Bremsen zeigten aber teils deutliche Unterschiede. Durchmesser und Breite der Felgen waren unterschiedlich, und am Vorderrad verzögerte eine Doppelscheibe; die hintere Einarmschwinge wich einer konventionellen Radführung mit zwei Stoßdämpfern.

Die R 80 RT ist ein Abkömmling der GS, von der Rahmen und Fahrwerk, mit Ausnahme der hinteren Radführung, stammen.

R 850 RT

Motor
Typ: Zweizylinder-Boxermotor
Bohrung x Hub: 87,8 x 70,5 mm
Hubraum: 848 cm³
Leistung: 70 PS/51,5 kW bei 7250/min
Ventile: 4 hängende Ventile pro Zylinder
Gemischaufbereitung: Elektronische Einspritzung

Kraftübertragung und Getriebe
Getriebe: Fünfganggetriebe
Kraftübertragung: Kardanwelle

Fahrwerk
Rahmen: Stahlrohrrahmen mit tragendem Motor
Vorne: Telelever-Gabel
Hinten: Paralever-Einarmschwinge
Vorderradbremse: Doppelscheibe, Ø 305 mm
Hinterradbremse: Scheibe, Ø 276 mm
Vorderreifen: 120/70 x 17
Hinterreifen: 160/60 x 18

Abmessungen und Gewichte
Trockengewicht: 260 kg
Länge: 2205 mm
Sitzhöhe: 780/800/820 mm
Tankinhalt: 26 Liter

Fahrleistungen
Höchstgeschwindigkeit: 185 km/h

Mit dem Erscheinen der Vierventil-Boxermotoren beschränkte sich die Auswahl bei der RT auf eine einzige Motorgröße; eine preiswertere Sparausführung gab es nun nicht mehr. Diese Lücke wurde 1998 mit der R 850 RT gefüllt, die optisch und strukturell mit der größeren Schwester identisch war, aber einen kleineren Motor aufwies. Durch eine Verkleinerung der Bohrung der beiden Zylinder kam man auf einen Hubraum von 848 cm³; die Leistung blieb aber ausreichend, um zügiges, entspanntes Fahren zu erlauben, auch mit zwei Personen und bei voller Beladung. Die mit Koffern und über einen Schalter am Lenker elektrisch verstellbarer Scheibe ausgestattete R 850 RT wurde in Sonderversionen auch an diverse europäische Polizeiverwaltungen verkauft.

Der 850-cm³-Motor wurde eigens für ein preiswerteres Modell mit dem Boxermotor der neuen Generation entwickelt.

Die RT mit dem neuen Motor erhielt eine stark geänderte, in den Tank übergehende Verkleidung. Die Frontscheibe ließ sich mittlerweile elektrisch verstellen.

Dank ihres überragenden Komforts gelang es der R 1100 RT rasch, sich auf vielen Märkten als bevorzugte Reisemaschine zu etablieren (unten).

Das Jahresende 1995 brachte als wichtige Neuheit die R 1100 RT, die die Nachfolge der bis dato mit dem Zweiventil-Boxermotor ausgestatteten RT-Modelle antrat. Schon optisch war sie als herausragende Tourenmaschine zu erkennen: hohe, breite Verkleidung, serienmäßige Koffer und eine langstreckentaugliche Sitzbank zeichneten sie aus, und das alles in deutlich modernisierter, strafferer Form. War die Verkleidung bislang ein eigenständiges Element gewesen, zeigte sie sich an der neuen RT um den Boxermotor herum völlig in die Linienführung integriert, wobei sie aerodynamische und ergonomische Belange mustergültig erfüllte. Große Teile der Struktur der R 1100 RT waren mit der RS identisch, angefangen vom Rahmen, an dem lediglich der Lenker etwas stärker nach vorne geneigt war, um die Fahrstabilität bei hohen Geschwindigkeiten zu erhöhen. Der Motor blieb praktisch unverändert, wie man den offiziellen Werksangaben entnehmen kann; fahrdynamisch waren aber Unterschiede zu verzeichnen, die vor allem dem höheren Gewicht geschuldet waren, das sich hier fahrbereit auf gut 300 Kilogramm belief. Das auf den ersten Blick wuchtige Motorrad mit seiner gewaltigen Verkleidung war aber nicht schwerfällig oder schwer zu fahren, da der Boxermotor den Schwerpunkt absenkte, was der Handlichkeit zugute kam. Die RT besaß serienmäßig eine elektrisch verstellbare Windschutzscheibe, einen dreifach höhenverstellbaren Fahrersitz und eine ABS-Bremsanlage.

R 1100 RT

Motor
Typ: Zweizylinder-Boxermotor
Bohrung x Hub: 99 x 70,5 mm
Hubraum: 1085 cm³
Leistung: 90 PS/66,2 kW bei 7250/min
Ventile: 4 hängende Ventile pro Zylinder
Gemischaufbereitung: Elektronische Einspritzung

Kraftübertragung und Getriebe
Getriebe: Fünfganggetriebe
Kraftübertragung: Kardanwelle

Fahrwerk
Rahmen: Stahlrohrrahmen mit tragendem Motor
Vorne: Telelever-Gabel
Hinten: Paralever-Einarmschwinge
Vorderradbremse: Doppelscheibe, Ø 305 mm
Hinterradbremse: Scheibe, Ø 276 mm
Vorderreifen: 120/70 x 17
Hinterreifen: 160/60 x 18

Abmessungen und Gewichte
Trockengewicht: 265 kg
Länge: 2205 mm
Sitzhöhe: 780/800/820 mm
Tankinhalt: 26 Liter

Fahrleistungen
Höchstgeschwindigkeit: 196 km/h

Hohes Fahrvergnügen und guter Schutz vor der Witterung erlaubten es der R 1100 RT, der GS die Rolle als ideales Tourenmotorrad, nicht nur innerhalb des BMW Programms, streitig zu machen. 2001 wurde ihr Hubraum auf 1150 cm³ aufgestockt und das ganze Motorrad überarbeitet. Die Gelegenheit wurde vom Werk genutzt, um zugleich einige Änderungen vorzunehmen, ohne dabei am bewährten Rezept zu rütteln. Neue Formen zeigten sich vor allem an der vorderen Partie der Verkleidung, wo ein größerer und stärkerer Scheinwerfer Platz fand, der sich je nach Beladung über einen Hebel in der Höhe verstellen ließ. Die beiden Bremsscheiben am Vorderrad wuchsen im Durchmesser auf 320 mm. Nichts geändert wurde hingegen an Komfort und Bequemlichkeit der Passagiere, die sich an einer elektrisch auch während der Fahrt verstellbaren Windschutzscheibe und einer höhenverstellbaren Sitzbank erfreuen durften. Den Antrieb übernahm die 95-PS-Version des neuen Motors, das Getriebe besaß einen Gang mehr als bislang. Ein Jahr nach dem Verkaufsstart erhielt auch die RT den Motor mit Doppelzündung.

Bei der R 1150 RT geriet der Scheinwerfer größer. Eine imposante, zugleich aber auch handliche Maschine, auch dank der Höhenverstellung des Sitzes.

R 1150 RT

Motor
Typ: Zweizylinder-Boxermotor
Bohrung x Hub: 101 x 75 mm
Hubraum: 1130 cm³
Leistung: 95 PS/69,8 kW bei 7250/min
Ventile: 4 hängende Ventile pro Zylinder
Gemischaufbereitung: Elektronische Einspritzung

Kraftübertragung und Getriebe
Getriebe: Sechsganggetriebe
Kraftübertragung: Kardanwelle

Fahrwerk
Rahmen: Stahlrohrrahmen mit tragendem Motor
Vorne: Telelever-Gabel
Hinten: Paralever-Einarmschwinge
Vorderradbremse: Doppelscheibe, Ø 320 mm
Hinterradbremse: Scheibe, Ø 276 mm
Vorderreifen: 120/70 x 17
Hinterreifen: 170/60 x 18

Abmessungen und Gewichte
Trockengewicht: 265 kg
Länge: 2230 mm
Sitzhöhe: 805/825/845 mm
Tankinhalt: 25,2 Liter

Fahrleistungen
Höchstgeschwindigkeit: 202 km/h

Mit der Einführung des stärksten und hubraumgrößten BMW Boxermotors ging eine umfassende Renovierung des Designs einher; Verkleidung und Tank sind besser integriert, die gesamte Linienführung ist kantiger.

Die Ausstattung umfasste weiterhin eine elektrisch auch während der Fahrt verstellbare Windschutzscheibe (unten).

Im Dezember 2004 enthüllte BMW auf der Motor Show in Bologna die vierte Generation der RT, gleichzeitig die dritte RT mit dem Vierventil-Boxermotor. Nicht ohne Grund war nach der GS die RT die zweite Maschine, die sich bei allen Unterschieden in der Gestaltung als die größte Konkurrentin der BMW Enduro unter den Tourenmaschinen erwies. Die Leitlinien der RT-Entwickler waren dieselben wie bei der Konzeption der überarbeiteten GS: Die Linienführung wurde gestrafft, die Leistung erhöht und das Gewicht gesenkt. Die 110 PS, die der Boxermotor zur Verfügung stellte, stellten einen Leistungszuwachs von rund 16 Prozent dar, zugleich konnte das Gewicht gegenüber der 1150 RT um 30 Kilogramm reduziert werden; allerdings wurden die beiden Werte nach unterschiedlichen Normen gemessen. Die R 1200 RT stemmte, trocken und ohne Koffer, 229 Kilogramm auf die Waage, fahrbereit und mit Gepäckbehältnissen waren es 259 Kilo. Einen Fortschritt bedeutete die CAN-Bus-Technik, die anstelle des alten, hochkomplexen Kabelbaums mit einem einzigen Kabel auskam. Die Serienausstattung umfasste EVO-Bremsen mit BMW Motorrad Integral ABS in Sportversion, eine zweiteilige, höhenverstellbare Sitzbank und einen 27 Liter fassenden Tank.

R 1200 RT

Motor
Typ: Zweizylinder-Boxermotor
Bohrung x Hub: 101 x 73 mm
Hubraum: 1170 cm³
Leistung: 110 PS/81 kW bei 7500/min
Ventile: 4 hängende Ventile pro Zylinder
Gemischaufbereitung: Elektronische Einspritzung

Kraftübertragung und Getriebe
Getriebe: Sechsganggetriebe
Kraftübertragung: Kardanwelle

Fahrwerk
Rahmen: Stahlrohrrahmen mit tragendem Motor
Vorne: Telelever-Gabel
Hinten: Paralever-Einarmschwinge
Vorderradbremse: Doppelscheibe, Ø 320 mm
Hinterradbremse: Scheibe, Ø 265 mm, ABS
Vorderreifen: 120/70 x 17
Hinterreifen: 180/55 x 17

Abmessungen und Gewichte
Trockengewicht: 229 kg
Länge: 2230 mm
Sitzhöhe: 820/840 mm
Tankinhalt: 27 Liter

Fahrleistungen
Höchstgeschwindigkeit: über 200 km/h

R 80 G/S

Motor
Typ: Zweizylinder-Boxermotor
Bohrung x Hub: 84,8 x 70,6 mm
Hubraum: 797 cm³
Leistung: 50 PS/36,8 kW bei 6500/min
Ventile: 2 hängende Ventile pro Zylinder
Gemischaufbereitung: Zwei 32-mm-Vergaser

Kraftübertragung und Getriebe
Getriebe: Fünfganggetriebe
Kraftübertragung: Kardanwelle

Fahrwerk
Rahmen: Doppelschleifen-Stahlrohrrahmen
Vorne: Teleskopgabel
Hinten: Einarmschwinge
Vorderradbremse: Scheibe, Ø 264 mm
Hinterradbremse: Trommel, Ø 200 mm
Vorderreifen: 3,00 x 21
Hinterreifen: 4,00 x 18

Abmessungen und Gewichte
Trockengewicht: 168 kg
Länge: 2230 mm
Sitzhöhe: 860 mm
Tankinhalt: 19,5 Liter

Fahrleistungen
Höchstgeschwindigkeit: 168 km/h

Als kurz vor Weihnachten 1978 der Prolog der ersten Rallye Paris-Dakar in Montlhéry begann, arbeitete Ingenieur Rüdiger Gutsche an einem Projekt und konnte nicht ahnen, dass sich die Wege des Motorrades, das er entwickelte, und der noch jungen Rallye bald kreuzen sollten. Dass sich auf dem Gebiet der Enduros etwas tat, war indessen kein Geheimnis; die Japaner hatten neuerdings Einzylinder-Viertakt-Enduros im Programm, die nicht nur für das Gelände taugten. Das waren aber nur erste Schritte. BMW hatte mehrfach sein Interesse an Wettbewerbs-Geländemaschinen demonstriert und Prototypen mit dem damals einzig vorhandenen Motor gebaut, dem Zweiventil-Boxer. Aus diesen Prototypen, die unter dem Kürzel GS liefen, entstand 1980 die erste Serien-R 80 G/S. Die erstmals im September 1978 auf der IFMA in Köln gezeigte Maschine sollte eines der wichtigsten und erfolgreichsten Modelle der BMW Geschichte werden.

Nach einer jüngst begonnenen Tradition standen die Buchstaben, die der Kennzeichnung des Motortyps und des Hubraums folgten, für den Einsatzzweck der Maschine. Das G stand für „Gelände“, das S für „Straße“, und da zwischen diesen Terrains doch ein ansehnlicher Unterschied besteht, setzte das Werk zwischen die beiden Buchstaben einen Trennstrich, der später entfiel, als man die beiden Konzepte für weniger unvereinbar hielt. Mit der R 80 G/S, dem Meisterstück unter den zweizylindrigen Enduros, begann für BMW eine neue Erfolgsgeschichte, obwohl sie anfangs eher mit Verwunderung betrachtet wurde. Ohne den unverzichtbaren Fahrkomfort aus den Augen zu verlieren, verkörperte diese BMW doch vollumfänglich den Geist des Geländefahrens. Zu einer Zeit, in der die Idee, mit einem Zweirad im Geländelook auf asphaltierten Straßen unterwegs zu sein, noch unbekannt war, verzichtete die G/S auf jedwede Verkleidung und kam auf eine Spitze von lediglich 168 km/h, war aber zugleich solide, schlicht, für jede Art von Untergrund geeignet, sehr agil und vor allem überaus originell.

Um alle diese Eigenschaften verwirklichen zu können, konnte das Werk bei der Konstruktion nicht von den damaligen Spitzenmodellen ausgehen, sondern griff auf die „kleine“ Modellfamilie zurück. R 45/65 stellten ihren kompakteren Rahmen zur Verfügung, der in seiner Gestaltung an die kräftigere und mit besonders langen Federwegen versehene G/S angepasst wurde. Was das Fahr-

Die Einpflanzung des 797-cm³-Motors in einen für das Fahren im Gelände tauglichen Rahmen erlaubte BMW die Schaffung der ersten großvolumigen Enduro der Geschichte.

Die R 80 G/S präsentierte sich schlicht, wie es einer Maschine für jedes Terrain, auch schwieriger Art, zukommt, aber in einem für BMW innovativen Farbschema (gegenüberliegende Seite).

BMW

werk anging, so wartete die R 80 G/S mit einer Neuheit auf, die später in weiterentwickelter Form an fast allen BMW-Modellen zu sehen war, nämlich der auf den Namen Monolever getauften hinteren Einarmschwinge, die im Vergleich zu dem Ende der 1970er-Jahre sonst Üblichen wesentlich effektiver zu Werke ging. Darüber hinaus bot die Monolever-Schwinge weitere Vorteile, von der höheren Verwindungssteifigkeit über das um 7 Kilo geringere Gewicht im Vergleich zu konventionellen Schwingen bis zur leichteren Zugänglichkeit des Federbeins, was bei einem Wechsel des Hinterrades zu Wartungsarbeiten oder bei einer Reifenpanne Zeit und Mühe einsparte. Die Farbgebung der ersten G/S-Serie war unübersehbar. Die bis 1980 für die übrigen Modelle im Angebot stehenden Pastell- und Metalliclackierungen wichen hier einem weißen Tank mit zweifarbig blauen Zierstreifen

auf Höhe der Fahrerknie und einer auffälligen orangefarbenen Sitzbank. In gleicher Gestaltung zeigte sich auch das Sondermodell anlässlich der ersten Siege bei der Rallye Paris-Dakar mit Einzelsitzbank und 32-Liter-Tank. Ab 1982 gab es die Zweizylinder-Enduro ferner in einer zurückhaltenderen Variante mit dunkelblauem Tank und schwarzer Sitzbank mit Einsätzen in Orangerot und Hellblau, den Farben des Emblems der M GmbH, die die sportlichsten Automodelle der Münchener Marke baute.

Heute im Nachhinein festzustellen, ob es die Paris-Dakar war, die die R 80 G/S berühmt machte, oder ob es sich umgekehrt verhielt, ist kaum mehr möglich, so sehr ist die Geschichte von Zweirad und Rennen miteinander verwoben. Die erste Dakar-Teilnahme durch einen Privatfahrer besaß reinen Versuchscharakter, am Neujahrstag 1981 aber startete eine modifizierte Maschine mit 45 Liter fassendem Tank und um 10 Prozent erhöhter Leistung im Schatten des Eiffelturms und triumphierte 20 Tage später in Dakar. Gefahren wurde sie von dem Franzosen Hubert Auriol, dem zwei Jahre darauf ein weiterer Dakar-Sieg gelang. Damit war das nordafrikanische Abenteuer aber noch nicht zu Ende; 1984 und 1985 fuhr die G/S unter dem belgischen Ex-Motocrossfahrer Gaston Rahier zwei weitere Siege bei der Paris-Dakar heraus.

Nach den Siegen bei der Rallye Paris-Dakar legte BMW ein Sondermodell der R 80 G/S gleichen Namens auf, das unter anderem und unübersehbar einen auf 32 Liter vergrößerten Tank besaß (gegenüberliegende Seite und oben).

Eine weitere exklusive Besonderheit der Paris-Dakar war die kleine Verkleidung (gegenüberliegende Seite unten).

Was die Technik und das Fahrwerk angeht, waren die Basis-G/S und das Sondermodell identisch.

Dass sie für die Reise in unwegsamem Gelände gedacht war, unterstrich die Paris-Dakar mit ihrer einsitzigen Sitzbank, die die Montage eines robusten Gepäckträgers ermöglichte (links).

Durch diese wiederholten Erfolge erwarb sich die R 80 G/S den Ruf, ein vielseitiges, für extreme Bedingungen ideales Motorrad zu sein, obwohl sich Rahmen und Fahrwerk der Serien- und der Rennversion recht deutlich voneinander unterschieden. Die BMW Enduro wurde zum Phänomen, was sich auch in den Verkaufszahlen niederschlug. Vom Serienstart bis 1987, als der Motor auf 1000 cm^3 vergrößert wurde (wie bei den Rennmaschinen), wurde die G/S 21.864 Mal gebaut, durchaus eine hohe Stückzahl, wenn man ihren hohen Preis in Betracht zieht.

Das war aber nur der Anfang; in nur 17 Jahren kam die Baureihe GS insgesamt auf über 100.000 Stück. Sie galt als unschlagbare Geländemaschine, die Kunden bewegten sie aber in erster Linie auf Asphalt, auch deshalb, weil sie – trotz der hohen Bodenfreiheit von 45 cm – durch ihr Gewicht und das Nichtvorhandensein grobstolliger Reifen für wirklich schwieriges Geläuf weniger gut geeignet war.

Auf der Straße und insbesondere in den Bergen zeigte die R 80 G/S indes, was sie konnte. Das ausgezeichnete Durchzugsvermögen des Motors im Drehzahlkeller, der Verzicht auf alles Überflüssige und der breite Lenker machten sie perfekt für Anstiege und Kehren, wo sie gegenüber gängigen Tourenmaschinen klar im Vorteil war. Man sollte auch nicht vergessen, dass das Werk auch bei dieser exklusiven Maschine nicht darauf verzichtete, etliche Komfortextras anzubieten, angefangen bei den unverzichtbaren Koffern. Trotz des hochgezogenen Auspuffs war es möglich, spezielle Seitenkoffer von normaler Größe zu montieren, lediglich auf der linken Seite erzwang der hoch geführte Schalldämpfer eine Einbuße an Volumen.

Die G/S sollte schlicht und zuverlässig sein, getreu dem alten und allzeit gültigen Motto: Was nicht da ist, kann auch nicht kaputtgehen. Aus diesem Grund war alles an ihr traditionell ausgeführt – mit Ausnahme der Einarmschwinge, die aber den Zweck hatte, das Gewicht zu senken und die Konstruktion zu vereinfachen – und nichts der Mode unterworfen. Die Größe der Räder entsprach mit 18 Zoll Durchmesser hinten und 21 Zoll vorne dem Normalen.

Gebremst wurde über eine vordere Einzelscheibe (die Gabel war für alle, die nach mehr Bremskraft auf der Straße verlangten, auf die Montage einer zweiten Scheibe vorgerüstet) und eine traditionelle hintere Trommel. Der Motor sollte vor allem sehr elastisch sein, und da die Höchstgeschwindigkeit in diesem Fall weniger stark ins Gewicht fiel, wählte man einen eher ruhigen Boxermotor mit einer Leistung von 50 PS bei 6500/min.

Das Streben nach geringem Gewicht und langem, für die Fahrt im Gelände tauglichem hinterem Federweg veranlasste die Ingenieure, die Monolever-Einarmschwinge zu entwickeln (gegenüberliegende Seite). Dieses System, das Radführung und Kardanwelle in sich vereinigte, war die Urversion aller späteren Einarmschwingen.

Zusätzlich zum elektrischen Anlasser besaß die G/S links am Motor einen Kickstarter; ansonsten gab es ihn seit dem Übergang von der /5 zur /6 Anfang der 1970er-Jahre bei BMW nicht mehr.

R 80 ST

Motor
Typ: Zweizylinder-Boxermotor
Bohrung x Hub: 84,8 x 70,6 mm
Hubraum: 797 cm³
Leistung: 50 PS/36,8 kW bei 6500/min
Ventile: 2 hängende Ventile pro Zylinder
Gemischaufbereitung: Zwei 32-mm-Vergaser

Kraftübertragung und Getriebe
Getriebe: Fünfganggetriebe
Kraftübertragung: Kardanwelle

Fahrwerk
Rahmen: Doppelschleifen-Stahlrohrrahmen
Vorne: Teleskopgabel
Hinten: Einarmschwinge
Vorderradbremse: Scheibe, Ø 264 mm
Hinterradbremse: Trommel, Ø 200 mm
Vorderreifen: 100/90 x 19
Hinterreifen: 120/90 x 18

Abmessungen und Gewichte
Trockengewicht: 178 kg
Länge: 2180 mm
Sitzhöhe: 845 mm
Tankinhalt: 19,5 Liter

Fahrleistungen
Höchstgeschwindigkeit: 174 km/h

Die R 80 G/S reüssierte zwar bei der Rallye Paris-Dakar, wurde aber von den Kunden überwiegend auf Asphalt bewegt. Auf ihrer Basis schuf BMW eine speziell auf die Straße zugeschnittene Version, die R 80 ST. Sie übernahm von der Enduro-Schwester Motor, Rahmen und Fahrwerk, unterschied sich von ihr aber in der Größe der Räder und in der Form des Lenkers. Das bei der G/S 21 Zoll große Vorderrad schrumpfte auf 19 Zoll, und anstelle der für leichtes Gelände geeigneten Reifen wurden hier reine Straßenpneus verwendet. Die ST war elegant gezeichnet. Bei der ersten Serie waren die Sitzbank schwarz und Schutzbleche sowie Tank graumetallic lackiert, bei der zweiten Ausführung näherte sich die Optik mit feinen Zierstreifen dem traditionellen BMW-Kanon an.

Die G/S für die Straße nannte sich ST. Sie besaß ein im Durchmesser verkleinertes Vorderrad und eine sehr elegante Farbgebung, kam aber bei den Kunden schlecht an.

R 80 GS

Motor
Typ: Zweizylinder-Boxermotor
Bohrung x Hub: 84,8 x 70,6 mm
Hubraum: 797 cm³
Leistung: 50 PS/36,8 kW bei 6500/min
Ventile: 2 hängende Ventile pro Zylinder
Gemischaufbereitung: Zwei 32-mm-Vergaser

Kraftübertragung und Getriebe
Getriebe: Fünfganggetriebe
Kraftübertragung: Kardanwelle

Fahrwerk
Rahmen: Doppelschleifen-Stahlrohrrahmen
Vorne: Teleskopgabel
Hinten: Einarmschwinge
Vorderradbremse: Scheibe, Ø 285 mm
Hinterradbremse: Trommel, Ø 200 mm
Vorderreifen: 90/90 x 21
Hinterreifen: 4,00 x 18

Abmessungen und Gewichte
Trockengewicht: 210 kg
Länge: 2290 mm
Sitzhöhe: 850 mm
Tankinhalt: 26 Liter

Fahrleistungen
Höchstgeschwindigkeit: 168 km/h

Die erste G/S schuf eine neue Marktnische und konnte dank ihrer Originalität ohne größere Änderungen sieben Jahre lang in Produktion bleiben. 1987 aber musste sie dem sich wandelnden Markt angepasst werden. Der R 80 G/S folgte also die R 80 GS nach, die sich nicht nur durch den nicht länger fehlenden Trennstrich in der Modellbezeichnung von ihr unterschied. Vom Urmodell blieb der Motor mit unverändert 50 PS bei 6500/min, die Optik der Maschine änderte sich aber radikal. Die neue BMW Enduro sah durch ihren größeren Tank sehr viel wuchtiger aus. Dennoch war die GS dank einer niedrigeren Sitzbank besser manövrierbar. Neu waren auch die Kreuzspeichenfelgen, die die Verwendung schlauchloser Reifen ermöglichten, und die Paralever-Schwinge mit Doppelgelenk.

Die zweite Serie der großen Enduro hieß nicht mehr G/S sondern GS.

1987 erhielt die Enduro-Baureihe Zuwachs in Gestalt der R 100 GS mit größerem Motor und geänderter Hinterradführung. Statt der Monolever- besaß sie eine Paralever-Schwinge (oben), die verhindern sollte, dass die Maschine beim Beschleunigen hinten eintauchte.

Die 100 unterschied sich von der 80 auch durch die Lenkerverkleidung und einen Ölkühler.

Zeitgleich mit der R 80 GS wurde eine weitere Variante mit mehr Hubraum eingeführt. Der klassische 980-cm³-Boxer, der die großen Straßenmodelle antrieb, gelangte nun mit 60 PS und ohne inwendige Änderungen auch in die Enduro. Die Optik der R 100 GS entsprach jener der kleineren GS, von der Anwesenheit des Einlitermotors kündeten große Zahlen an den Tankseiten. An zwei weiteren Details ließ sich die 100 sofort erkennen, vor allem in der Frontansicht. Die Lenkerverkleidung war höher gezogen und bot daher mehr Schutz, und zwei Bügel schützten die Zylinder, sollte die Maschine einmal umfallen. Am linken Bügel war außerdem ein Ölkühler montiert. Wie die R 80 besaß auch die R 100 die neue Doppelgelenk-Paraleverschwinge, die das Verhärten des Fahrwerks und das Abtauchen des Hecks beim Beschleunigen verhindern sollte, eine Folge der Kombination aus Kardanwellenantrieb und den langen Federwegen.

R 100 GS

Motor
Typ: Zweizylinder-Boxermotor
Bohrung x Hub: 94 x 70,6 mm
Hubraum: 980 cm³
Leistung: 60 PS/44,1 kW bei 6500/min
Ventile: 2 hängende Ventile pro Zylinder
Gemischaufbereitung: Zwei 40-mm-Vergaser

Kraftübertragung und Getriebe
Getriebe: Fünfganggetriebe
Kraftübertragung: Kardanwelle

Fahrwerk
Rahmen: Doppelschleifen-Stahlrohrrahmen
Vorne: Teleskopgabel
Hinten: Einarmschwinge
Vorderradbremse: Scheibe, Ø 285 mm
Hinterradbremse: Trommel, Ø 200 mm
Vorderreifen: 90/90 x 21
Hinterreifen: 4,00 x 18

Abmessungen und Gewichte
Trockengewicht: 210 kg
Länge: 2290 mm
Sitzhöhe: 850 mm
Tankinhalt: 26 Liter

Fahrleistungen
Höchstgeschwindigkeit: 181 km/h

R 100 GS Paris-Dakar

Motor
Typ: Zweizylinder-Boxermotor
Bohrung x Hub: 94 x 70,6 mm
Hubraum: 980 cm³
Leistung: 60 PS/44,1 kW bei 6500/min
Ventile: 2 hängende Ventile pro Zylinder
Gemischaufbereitung: Zwei 40-mm-Vergaser

Kraftübertragung und Getriebe
Getriebe: Fünfganggetriebe
Kraftübertragung: Kardanwelle

Fahrwerk
Rahmen: Doppelschleifen-Stahlrohrrahmen
Vorne: Teleskopgabel
Hinten: Einarmschwinge
Vorderradbremse: Scheibe, Ø 285 mm
Hinterradbremse: Trommel, Ø 200 mm
Vorderreifen: 90/90 x 21
Hinterreifen: 130/80 x 17

Abmessungen und Gewichte
Trockengewicht: 236 kg
Länge: 2290 mm
Sitzhöhe: 850 mm
Tankinhalt: 35 Liter

Fahrleistungen
Höchstgeschwindigkeit: 181 km/h

Auch Jahre nach den Erfolgen bei der Dakar galt die BMW GS noch immer als Königin von Nordafrika, obwohl das Werk mittlerweile nicht mehr offiziell an der Rallye teilnahm und nunmehr in der Regel die Japaner dort gewannen. Auf zahlreichen Wunsch hin wurde daher auch die neue GS in einer Paris-Dakar-Sonderversion angeboten. Die R 100 GS Paris-Dakar debütierte auf der Kölner IFMA im Herbst 1988 und kam im folgenden Frühjahr zu den Händlern.

Es handelte sich dabei um ein Modell von hohem Auffälligkeitsgrad mit 35-Liter-Tank, den die Tourenfahrer zu schätzen wussten; diese GS-Version blieb sieben Jahre lang Teil des BMW Programms. Diese Vorläuferin der späteren Adventure-Modelle war für die Langstreckenfahrt nicht nur auf befestigten Straßen bestens gerüstet. Außer mit dem großen Tank verwöhnte sie mit Schutzbügeln für die Zylinder, Verkleidung, Schutzblech vor dem Motor und Handschützern am Lenker.

35-Liter-Tank, zusätzliche Schutzbleche und Koffer machten die R 100 GS Paris-Dakar zum Motorrad für die Abenteuerreise.

Nicht vernachlässigt wurde zudem die Transportfähigkeit, mit einem sehr soliden und großen Gepäckträger, an dem sich auch die üblichen Seitenkoffer befestigen ließen. Der Motor der Paris-Dakar besaß auf der linken Seite einen Kickstarter, den es ansonsten an den Boxermodellen der späten 1980er-Jahre nicht mehr gab.

Zwar hatte die auf Basis der ersten G/S konstruierte ST nicht den gewünschten Erfolg, im zweiten Anlauf, eine Straßenversion der Zweizylinder-Enduro auf die Räder zu stellen, klappte es aber besser. Die erste R 100 R wurde offiziell 1991 auf der EICMA in Mailand präsentiert; es zeigte sich gleich, dass man diesmal auf dem richtigen Weg war, weshalb im Jahr darauf eine 800-cm³-Variante nachgeschoben wurde. Die R 100 R war die Ahnherrin einer neuen Modellfamilie und überzeugte mit ihrer Schlichtheit und ihrem, wenigstens nach BMW-Begriffen, günstigen Preis.

Das Rezept war einfach: Der Rahmen der GS wurde um Fahrwerk und Räder ergänzt, die speziell für den Betrieb

Nach der glücklosen ST lancierte BMW 1991 eine weitere Straßenversion der GS. Sie war die erste Vertreterin der erfolgreichen BMW Roadster-Familie.

auf der Straße taugten, dazu war das Äußere betont simpel gestaltet. Optische Akzente bei den Anbauteilen setzten lediglich der Tank und die beiden Schutzbleche im Naked Bike- oder Roadster-Stil, um den im Kürzel R in der Modellbezeichnung dokumentierten Begriff zu verwenden. Zwar konnte die R 100 R von der reinen Leistung her nicht mit Konkurrenzmodellen mithalten, machte sich aber bei den Liebhabern klassischer Motorräder viele Freunde, die ihre Handlichkeit und ihr bulliges Temperament schätzten, was sie ideal für die Landstraße machte.

1993 kam zur regulären R die R 100 R Mystic hinzu, die die Rolle des preiswerteren, etwas weniger gut ausgestatteten Modells spielte.

R 100 R

Motor
Typ: Zweizylinder-Boxermotor
Bohrung x Hub: 94 x 70,6 mm
Hubraum: 980 cm³
Leistung: 60 PS/44,1 kW bei 6500/min
Ventile: 2 hängende Ventile pro Zylinder
Gemischaufbereitung: Zwei 40-mm-Vergaser

Kraftübertragung und Getriebe
Getriebe: Fünfganggetriebe
Kraftübertragung: Kardanwelle

Fahrwerk
Rahmen: Doppelschleifen-Stahlrohrrahmen
Vorne: Teleskopgabel
Hinten: Einarmschwinge
Vorderradbremse: Scheibe, Ø 285 mm
Hinterradbremse: Trommel, Ø 200 mm
Vorderreifen: 100/80 x 18
Hinterreifen: 140/80 x 17

Abmessungen und Gewichte
Trockengewicht: 218 kg
Länge: 2210 mm
Sitzhöhe: 800 mm
Tankinhalt: 24 Liter

Fahrleistungen
Höchstgeschwindigkeit: 180 km/h

Die K 100 RS 16V am Berg

ABS

K 100

Motor
Typ: Vierzylinder-Reihenmotor, um 90° geneigt
Bohrung x Hub: 67 x 70 mm
Hubraum: 987 cm^3
Leistung: 90 PS/66,1 kW bei 8000/min
Ventile: 2 hängende Ventile pro Zylinder
Gemischaufbereitung: Elektronische Einspritzung

Kraftübertragung und Getriebe
Getriebe: Fünfganggetriebe
Kraftübertragung: Kardanwelle

Fahrwerk
Rahmen: Stahlrohrrahmen
Vorne: Teleskopgabel
Hinten: Einarmschwinge
Vorderradbremse: Doppelscheibe, Ø 285 mm
Hinterradbremse: Scheibe, Ø 285 mm
Vorderreifen: 100/90 x 18
Hinterreifen: 130/90 x 17

Abmessungen und Gewichte
Trockengewicht: 239 kg
Länge: 2220 mm
Sitzhöhe: 800 mm
Tankinhalt: 22 Liter

Fahrleistungen
Höchstgeschwindigkeit: 215 km/h

Wenn ein Unternehmen sein Image 60 Jahre lang an traditionellen Werten ausrichtet, ist es nur normal, dass das Erscheinen von grundlegenden Neuheiten bei den Treuesten der Markentreuen nicht unbedingt mit Wohlwollen aufgenommen wird. Das musste auch BMW erfahren; nachdem man den Boxermotor, von gelegentlichen Ausflügen in die Welt der Einzylindermaschinen, mit allen Mitteln verteidigt hatte, überraschte das Werk mit dem Serienanlauf der Baureihe K. Die gusseisernen Fans hielten das für Verrat; die extremsten unter ihnen ließen sich sogar zu der Aussage hinreißen, dass die Bayerischen Motorenwerke im Herbst 1983 den Motorradbau aufgegeben hätten. Derlei Worte waren zweifellos allein im Gefühlsleben der Sprecher verankert, denn tatsächlich wurden die klassischen Boxermaschinen der Baureihe R, deren Produktion nicht einmal unterbrochen wurde, durch die neue K keineswegs in Pension geschickt.

Sieht man vom harten Kern der Boxerfans ab, wurde das Erscheinen der K allgemein begrüßt, zumal man schon geraume Zeit mit ihr gerechnet hatte. Erste Gerüchte waren in der zweiten Hälfte der 1970er-Jahre zirkuliert, obwohl das Projekt unter größter Geheimhaltung vorangetrieben wurde. Das musste auch so sein, denn die Ingenieure wollten ein überaus modernes Motorrad realisieren, sich dabei aber nicht mit banaler Technik zufrieden geben, die man als Kopie hätte begreifen können. Zugleich war man bestrebt, damit nicht zur Unzeit in die Schlagzeilen zu geraten, um der Konkurrenz nicht die Möglichkeit zu geben, bereits vorab auf die K zu reagieren.

Die Grundlage für die Serien-K 100 wurde im Februar 1979 gelegt; auf den Ersten des Monats war das Lastenheft für den Motor vom Typ Compact Drive System datiert, zugleich wurde das Projekt K offiziell auf den Weg gebracht. In den vier Jahren, die die ersten Prototypen vom Serienanlauf trennten, hielt das Werk die Spannung hoch, ließ zuweilen durchblicken, dass das Vierzylindermotorrad doch nicht kommen werde und ergänzte die Boxerbaureihe um weitere Varianten, etwa die sehr erfolgreiche Enduro R 80 G/S. Gleichsam als Bestätigung jener, die daran festhielten, dass ein BMW Motorrad niemals mehr als zwei Zylinder haben sollte, präsentierte man Ende 1980 den Prototyp Futuro, ein Konzept-Bike von betont sportlichem Zuschnitt, aber in das Heck integrierten Seitenkoffern, das einen Zweizylinder-Turbomotor aufwies. Das entsprach der dama-

Eine hubraumstarke BMW ohne seitlich herausragende Zylinder. Die K 100 stellte eine wahre Revolution im Modellprogramm der Münchner dar.

Die Verkleidung an dieser Maschine (gegenüberliegende Seite) ist ein Original-Zubehörteil und ersetzt den bei der Basis-K 100 serienmäßigen kleinen, transparenten Windabweiser.

ligen Automode, wo zu jener Zeit aufgeladene Motoren im Schwange waren; damit hätte die R leistungsmäßig mit den japanischen Motoren mit mehr Zylindern Schritt halten können.

Dieser Prototyp ging aber nicht in Serie, während bereits Mitte 1982 erste Bilder von getarnten K-Prototypen in Umlauf gerieten, aus denen sich Schlüsse zur Technik des neuen Modells ziehen ließen. Noch

Auf dem großen Bild ist der um 90 Grad nach links geneigt untergebrachte Reihenvierzylinder sehr schön zu sehen, der für den Motorradbereich eine absolute Neuerung darstellte.

Die Bremse mit vorderer Doppelscheibe (links) ließ die bis dahin stärkste und schnellste BMW aller Zeiten sicher zum Stehen kommen.

Das reichhaltig bestückte Armaturenbrett der K (unten) umfasste unter anderem eine Benzinstand-Warnleuchte und eine Ganganzeige.

besser gelang das, als die K in Serienform in die USA kam, wo die Aufnahmen für die Prospekte, die Werbekampagne und die Pressevorstellung geschossen wurden. Das war im Frühjahr 1983, die offizielle Premiere fand dann im Herbst des Jahres auf dem internationalen Motorradsalon in Paris statt – durchaus ungewöhnlich für ein deutsches Werk, das seine Neuheiten, zumal die wichtigen, sonst immer auf einheimischem Boden präsentierte. Für die Wahl gab es zwei Hauptgründe, die beide mit der R 32 zu tun hatten, dem allerersten BMW Motorrad. Einmal fand die K-Premiere zum 60. Jubiläum der BMW Motorradproduktion statt, zum anderen fanden in ungeraden Jahren keine Salons in Deutschland statt, weswegen man zwischen Paris und Mailand wählen musste. Aus Aberglauben fiel die Wahl auf Paris, denn auch die R 32 hatte ihre Premiere in der französischen Hauptstadt gefeiert.

Die K 100 repräsentierte eine komplett neue Modellgeneration, die vom gewohnten BMW-Kanon abwich, trotz des neuen Vierzylindermotors aber manch liebgewonnene BMW-Eigenheit bewahrte. Noch niemand hatte bislang einen Vierzylinder in einem Motorrad längs und liegend eingebaut, um dadurch den Fahrzeugschwerpunkt möglichst niedrig zu halten. Eine Weltneuheit war auch die elektronische Motorsteuerung mit Steuereinheit für Zündung und Einspritzung. Der Motor war aber nicht das einzig Ungewöhnliche an diesem Motorrad. Die von Stefan Pachernegg angeführten Ingenieure hatten ein Zweirad von ungewöhnlicher Konstruktion zuwege gebracht. Das Werk in Berlin-Spandau wurde für den gleichzeitigen Bau der Reihen K und R umgerüstet, ohne dass die Produktion unterbrochen werden musste. Völlig neue Technik vereinte sich an der K mit bekannten und bewährten Komponenten aus anderen BMW Modellen. Die hintere Einarmschwinge war von derjenigen der R 80 G/S abgeleitet, die Schalter und Hebel am Lenker wurden eigens für die K 100 konstruiert, wobei es bei der BMW-Besonderheit blieb, dass einzelne Blinkerschalter für die jeweilige Seite links und rechts am Lenker saßen.

Über ein Jahr lang beherrschte die K 100 die Fachpresse und überstrahlte alle Neuheiten anderer Hersteller. Die Rivalen mochten vielleicht schneller sein als die K 100, die aus ihren 987 cm^3 90 PS holte, an Originalität kamen sie ihr bei weitem nicht gleich.

Die K 100 kam nackt zur Welt, kantig und ohne jede Verkleidung, wie alle BMW Maschinen aber für den Toureneinsatz vorbereitet: Es ließen sich spezielle Hartschalenkoffer montieren, und zahlreiche weitere Extras standen in der Preisliste.

In der Vorderansicht (links) erkennt man die asymmetrische Unterbringung des Motors, die aber das Fahrverhalten des Vierzylindermotorrades in keinster Weise beeinträchtigte.

Die Sozius-Haltegriffe waren hinten in die Sitzbank eingelassen. Auf dem Heckspoiler saß ein Gepäckträger.

Die Schalter am Lenker (links) unterschieden sich bereits 1983 von den bei anderen Herstellern üblichen Standards.

Die an den Boxermodellen eingeführte Einarmschwinge wurde hier weiter verfeinert und mit einer hinteren Scheibenbremse kombiniert (oben).

Die Fahrer- und Beifahrerfußrasten saßen an einem gemeinsamen Leichtmetallausleger (unten).

Das Interesse an diesem neuen Modell war auf Anhieb groß, schwand aber nach der Einführung weiterer Sport- und Tourenvarianten mit Vollverkleidung. In sieben Jahren, von Ende 1983 bis 1990, entstanden von der K 100 insgesamt 12.871 Exemplare, während die erste Serie der K 100 RS auf über 35.000 Stück kam.

K 100 RS

Motor
Typ: Vierzylinder-Reihenmotor, um 90° geneigt
Bohrung x Hub: 67 x 70 mm
Hubraum: 987 cm^3
Leistung: 90 PS/66,1 kW bei 8000/min
Ventile: 2 hängende Ventile pro Zylinder
Gemischaufbereitung: Elektronische Einspritzung

Kraftübertragung und Getriebe
Getriebe: Fünfganggetriebe
Kraftübertragung: Kardanwelle

Fahrwerk
Rahmen: Stahlrohrrahmen
Vorne: Teleskopgabel
Hinten: Einarmschwinge
Vorderradbremse: Doppelscheibe, Ø 285 mm
Hinterradbremse: Scheibe, Ø 285 mm
Vorderreifen: 100/90 x 18
Hinterreifen: 130/90 x 17

Abmessungen und Gewichte
Trockengewicht: 253 kg
Länge: 2220 mm
Sitzhöhe: 800 mm
Tankinhalt: 22 Liter

Fahrleistungen
Höchstgeschwindigkeit: 220 km/h

Die Basis-K 100 war die Urversion der neuen BMW-Vierzylinderfamilie, bekannter dürfte aber die sportlicher auftretende K 100 RS sein, die fast dreimal häufiger gebaut wurde als das Grundmodell. Das sportlichste Element stellte, wie schon 1976 bei der ersten RS (der R 100), die Vollverkleidung dar, die optisch gefällig und aerodynamisch effizient war. Obwohl sie wie die normale K 100 über 90 PS gebot und 14 Kilogramm schwerer war, war die sportlichste K 100 in der Spitze um 5 km/h schneller, vor allem dank des günstigeren Cw-Wertes von 0,39. Wieder einmal war es BMW gelungen, ein exklusives Modell zu realisieren, das raffinierte Details wie in die Verkleidung integrierte Außenrückspiegel und Blinker aufwies.

Das Design der Ur-RS wurde für die sehr erfolgreiche K modernisiert.

K 75

Motor
Typ: Dreizylinder-Reihenmotor, um 90° geneigt
Bohrung x Hub: 67 x 70 mm
Hubraum: 740 cm^3
Leistung: 75 PS/55,1 kW bei 8500/min
Ventile: 2 hängende Ventile pro Zylinder
Gemischaufbereitung: Elektronische Einspritzung

Kraftübertragung und Getriebe
Getriebe: Fünfganggetriebe
Kraftübertragung: Kardanwelle

Fahrwerk
Rahmen: Stahlrohrrahmen
Vorne: Teleskopgabel
Hinten: Einarmschwinge
Vorderradbremse: Doppelscheibe, Ø 285 mm
Hinterradbremse: Trommel, Ø 200 mm
Vorderreifen: 100/90 x 18
Hinterreifen: 120/90 x 18

Abmessungen und Gewichte
Trockengewicht: 228 kg
Länge: 2220 mm
Sitzhöhe: 810 mm
Tankinhalt: 21 Liter

Fahrleistungen
Höchstgeschwindigkeit: 200 km/h

Zu den grundlegenden Eigenschaften der Baureihe K zählte ihre Modularität, das heißt die Möglichkeit, den Einliter-Vierzylinder durch Weglassen eines Zylinders zum 750-cm^3-Dreizylinder zu machen. Zwei Jahre nach dem Debüt der K 100 erschien die erste Variante mit einem Dreiviertelliter Hubraum; die K 75 präsentierte sich als Einstiegsmodell mit abgemagerter Ausstattung und wurde kurz nach dem Zwischenmodell C auf den Markt gebracht. Sie besaß einen kompakter bauenden und dank Ausgleichswelle geschmeidiger laufenden Motor, wies aber dieselben Abmessungen auf wie das Einlitermodell. In der Folge fiel auch ihr Gewicht kaum geringer aus, es konnte um lediglich 9 Kilogramm verringert werden. Dennoch fuhr sie sich agiler, hauptsächlich dank des weniger massigen Motors.

Ein Jahr nach Einführung der vierzylindrigen K kam die K 75 mit Dreizylinder-Triebwerk auf den Markt.

Eine kleine, aber effiziente Lenkerverkleidung unterschied die C von der Basis-K 75.

Mit 9566 von 1985 bis 1990 gebauten Exemplaren war die C weniger erfolgreich als die anderen K 75-Modelle, war aber ein idealer Kompromiss und ein äußerst vielseitiges Motorrad. Der Dreiviertelliter-K 75 in Basisausführung fügte das Werk eine kleine, aber effektive Verkleidung hinzu, die den Fahrer bei höheren Geschwindigkeiten den Auswirkungen des Fahrtwindes weitgehend entzog. Die Unterschiede zwischen der C und dem Grundmodell beschränkten sich auf die vordere Partie und wirkten sich weder auf das Gewicht noch auf die Fahrleistungen aus. Wie alle später erschienen 75-Varianten besaß die C einen 75 PS starken Dreizylindermotor, der vom Triebwerk der K 100 abgeleitet war, dieses aber mit einer spezifischen Leistung von 100 PS/Liter gegenüber 90 PS/Liter im Falle der hubraumgrößeren Ausführung übertraf.

K 75 C

Motor
Typ: Dreizylinder-Reihenmotor, um 90° geneigt
Bohrung x Hub: 67 x 70 mm
Hubraum: 740 cm³
Leistung: 75 PS/55,1 kW bei 8500/min
Ventile: 2 hängende Ventile pro Zylinder
Gemischaufbereitung: Elektronische Einspritzung

Kraftübertragung und Getriebe
Getriebe: Fünfganggetriebe
Kraftübertragung: Kardanwelle

Fahrwerk
Rahmen: Stahlrohrrahmen
Vorne: Teleskopgabel
Hinten: Einarmschwinge
Vorderradbremse: Doppelscheibe, Ø 285 mm
Hinterradbremse: Trommel, Ø 200 mm
Vorderreifen: 100/90 x 18
Hinterreifen: 120/90 x 18

Abmessungen und Gewichte
Trockengewicht: 228 kg
Länge: 2220 mm
Sitzhöhe: 810 mm
Tankinhalt: 21 Liter

Fahrleistungen
Höchstgeschwindigkeit: 200 km/h

Das Design der K 75 S zeigte sich deutlich von der K 100 RS beeinflusst, allerdings weniger kantig.

Die 1986 erschienene S befriedigte Kundenwünsche nach einer sportlicheren K 75 und war im Grunde eine K 100 mit einem Zylinder weniger. Wie es damals bei BMW häufiger der Fall war, kam die höhere Sportlichkeit durch Änderungen an der Optik oder am Fahrwerk zustande, während der Motor den übrigen Varianten entsprach. Die K 75 S besaß wie die K 100 RS eine Halbschalenverkleidung, die aber rundlicher geformt war und keine integrierten Rückspiegel aufwies. Weitere Merkmale waren der kürzere Lenker, ein Hinterrad von größerer Breite und geringerem Durchmesser und eine hintere Scheiben- anstelle einer Trommelbremse. Die S war zwar schwerer als die C, erreichte aber eine um 10 km/h höhere Spitze.

K 75 S

Motor
Typ: Dreizylinder-Reihenmotor, um 90° geneigt
Bohrung x Hub: 67 x 70 mm
Hubraum: 740 cm³
Leistung: 75 PS/55,1 kW bei 8500/min
Ventile: 2 hängende Ventile pro Zylinder
Gemischaufbereitung: Elektronische Einspritzung

Kraftübertragung und Getriebe
Getriebe: Fünfganggetriebe
Kraftübertragung: Kardanwelle

Fahrwerk
Rahmen: Stahlrohrrahmen
Vorne: Teleskopgabel
Hinten: Einarmschwinge
Vorderradbremse: Doppelscheibe, Ø 285 mm
Hinterradbremse: Scheibe, Ø 285 mm
Vorderreifen: 100/90 x 18
Hinterreifen: 130/90 x 17

Abmessungen und Gewichte
Trockengewicht: 235 kg
Länge: 2220 mm
Sitzhöhe: 810 mm
Tankinhalt: 22 Liter

Fahrleistungen
Höchstgeschwindigkeit: 210 km/h

Die Stimmen, die davon sprachen, dass BMW ernsthaft daran dachte, ein vollgültiges Sportmotorrad auf Basis der K zu konstruieren, wurden ab 1984 immer lauter und fanden schließlich auf der Kölner IFMA des Jahres 1988 ihre Bestätigung, als die K1 offiziell vorgestellt wurde.

Wie man von BMW erwarten durfte, handelte es sich dabei um kein gewöhnliches Motorrad, angefangen bei ihrem überaus auffälligen Erscheinungsbild, das von viel aerodynamischer Feinarbeit zeugte; das vordere Schutzblech war seitlich sehr weit herumgezogen, die Verkleidung in den Aufbau integriert und die Form des Hecks im Windkanal entstanden, wo man einen Cw-Wert von 0,34 für die K1 maß. Die K1 war die bis dahin sportlichste BMW Maschine überhaupt, ließ sich, der Tradition des Hauses folgend, aber auch als Tourenmaschine fahren, für welchen Zweck spezielle Weichkoffer lieferbar waren; damit ließ sich für die Reise einiges Gepäck mitnehmen, wenn auch nicht so viel wie bei echten Tourenmaschinen. Die Technik der K1 war aber ganz auf hohe Fahrleistungen ausgelegt, die denen der japanischen Superbikes entsprechen sollten.

Trotz ihrer hohen Leistung und der Höchstgeschwindigkeit von 237 km/h war diese BMW nicht übermäßig beliebt und wurde bis 1993 nur 6921 Mal gebaut. Dennoch war ihre Konstruktion nicht vergebens gewesen, denn die Paralever-Einarmschwinge und der 100 PS starke Sechzehnventilmotor kamen auch in Modellen zum Einsatz, denen ein größerer Erfolg beschieden war.

BMW drang mit einer stilistisch originellen Maschine auf den Markt der Sportmotorräder vor, der aber der große Erfolg versagt blieb.

K1

Motor
Typ: Vierzylinder-Reihenmotor, um 90° geneigt
Bohrung x Hub: 67 x 70 mm
Hubraum: 987 cm^3
Leistung: 100 PS/73,5 kW bei 8000/min
Ventile: 4 hängende Ventile pro Zylinder
Gemischaufbereitung: Elektronische Einspritzung

Kraftübertragung und Getriebe
Getriebe: Fünfganggetriebe
Kraftübertragung: Kardanwelle

Fahrwerk
Rahmen: Stahlrohrrahmen
Vorne: Teleskopgabel
Hinten: Paralever-Einarmschwinge
Vorderradbremse: Doppelscheibe, Ø 305 mm
Hinterradbremse: Scheibe, Ø 285 mm
Vorderreifen: 120/70 x 17
Hinterreifen: 160/60 x 18

Abmessungen und Gewichte
Trockengewicht: 259 kg
Länge: 2250 mm
Sitzhöhe: 760 mm
Tankinhalt: 22 Liter

Fahrleistungen
Höchstgeschwindigkeit: 237 km/h

In einer Zeit, in der Vierventilmotoren noch eine Besonderheit darstellten, rüstete BMW seine erfolgreicheren Modelle bald mit 16V-Triebwerken aus; diese Technik optimierte die Verbrennungsvorgänge in den Zylindern und sorgte für mehr Leistung und bessere Fahrleistungen. 1990 wurde aus der erfolgreichen K 100 RS die K 100 RS 16V mit Motor und bewährter Technik aus der Sportmaschine K1. Das Ergebnis war eine überaus gelungene Maschine mit immer noch moderner Optik, die zur Auffrischung lediglich dieser Leistungsspritze bedurft hatte. Außer den 10 Mehr-PS schenkte die K1 der RS auch einen Lenkungsdämpfer zur Erhöhung der Fahrstabilität, der die Maschine zugleich agiler machte.

Der für die K 1 entwickelte 16V-Motor trieb ab 1990 auch die RS an, deren Leistung dadurch auf 100 PS stieg.

K 100 RS 16V

Motor
Typ: Vierzylinder-Reihenmotor, um 90° geneigt
Bohrung x Hub: 67 x 70 mm
Hubraum: 987 cm³
Leistung: 100 PS/73,5 kW bei 8000/min
Ventile: 4 hängende Ventile pro Zylinder
Gemischaufbereitung: Elektronische Einspritzung

Kraftübertragung und Getriebe
Getriebe: Fünfganggetriebe
Kraftübertragung: Kardanwelle

Fahrwerk
Rahmen: Stahlrohrrahmen
Vorne: Teleskopgabel
Hinten: Einarmschwinge
Vorderradbremse: Doppelscheibe, Ø 305 mm
Hinterradbremse: Scheibe, Ø 285 mm
Vorderreifen: 120/70 x 17
Hinterreifen: 160/60 x 18

Abmessungen und Gewichte
Trockengewicht: 259 kg
Länge: 2232 mm
Sitzhöhe: 800 mm
Tankinhalt: 22 Liter

Fahrleistungen
Höchstgeschwindigkeit: 220 km/h

1993, zehn Jahre nach Erscheinen des liegenden Vierzylinders, kam eine neue RS heraus. Die Absicht, das hohe Fahrleistungsniveau zu halten und gleichzeitig die Abgasemissionen zu reduzieren, führt zu einer ersten Erhöhung des Hubraums, und so wurde aus der K 100 RS die K 1100 RS. Die Datentabelle wird diesem Modell nicht eigentlich gerecht, denn es blieb zwar bei 100 PS, sie fielen aber bei einer niedrigeren Drehzahl an, was sie besser nutzbar machte. Die charakteristische Verkleidung mit kantiger Scheibe bildete das optische Band zur Vergangenheit, doch erhielt die RS von diesem Moment an eine seitlich tief herunter gezogene Verkleidung, die bis zur Unterkante des Motors reichte. Hand in Hand mit der optischen Auffrischung ging ein steiferer Rahmen, wie er einem 220 km/h schnellen Motorrad wohl anstand.

Hinter der sehr weit herumgezogenen Vollverkleidung verbarg sich der weiterentwickelte K-Motor. Trotz der Hubraumerhöhung blieb es bei 100 PS.

K 1100 RS

Motor
Typ: Vierzylinder-Reihenmotor, um 90° geneigt
Bohrung x Hub: 70,5 x 70 mm
Hubraum: 1092 cm³
Leistung: 100 PS/73,5 kW bei 7500/min
Ventile: 4 hängende Ventile pro Zylinder
Gemischaufbereitung: Elektronische Einspritzung

Kraftübertragung und Getriebe
Getriebe: Fünfganggetriebe
Kraftübertragung: Kardanwelle

Fahrwerk
Rahmen: Stahlrohrrahmen
Vorne: Teleskopgabel
Hinten: Einarmschwinge
Vorderradbremse: Doppelscheibe, Ø 305 mm
Hinterradbremse: Scheibe, Ø 285 mm
Vorderreifen: 120/70 x 17
Hinterreifen: 160/60 x 18

Abmessungen und Gewichte
Trockengewicht: 252 kg
Länge: 2230 mm
Sitzhöhe: 800 mm
Tankinhalt: 22 Liter

Fahrleistungen
Höchstgeschwindigkeit: 220 km/h

K 100 RT

Motor
Typ: Vierzylinder-Reihenmotor, um 90° geneigt
Bohrung x Hub: 67 x 70 mm
Hubraum: 987 cm^3
Leistung: 90 PS/66,1 kW bei 8000/min
Ventile: 2 hängende Ventile pro Zylinder
Gemischaufbereitung: Elektronische Einspritzung

Kraftübertragung und Getriebe
Getriebe: Fünfganggetriebe
Kraftübertragung: Kardanwelle

Fahrwerk
Rahmen: Stahlrohrrahmen
Vorne: Teleskopgabel
Hinten: Einarmschwinge
Vorderradbremse: Doppelscheibe, Ø 285 mm
Hinterradbremse: Scheibe, Ø 285 mm
Vorderreifen: 100/90 x 18
Hinterreifen: 130/90 x 17

Abmessungen und Gewichte
Trockengewicht: 263 kg
Länge: 2220 mm
Sitzhöhe: 800 mm
Tankinhalt: 22 Liter

Fahrleistungen
Höchstgeschwindigkeit: 215 km/h

Das bereits an den Zweizylindermaschinen für die Reisemodelle benutzte Kürzel RT (Reise-Tourer) erschien im Rahmen der Baureihe K erstmals im Jahr 1984, wenige Monate nach Vorstellung der Vierzylinder-Familie. Der neue Motor passte hervorragend zum Granturismo-Charakter des Zweirades; er ermöglichte Fahrleistungen, die schnelle Schnitte bei absolutem Komfort erlaubten. Zwar machten andere damalige Motorräder der K 100 RT den Titel „Sofa auf Rädern" streitig, keines aber konnte an Geschwindigkeit mit ihr mithalten.

Grundsätzlich entsprach die RT weitgehend den anderen K-100-Modellen, eigen war ihr aber die Vollverkleidung. Wie schon bei der R 100 RS wurde sie wieder in langen Versuchsreihen im Windkanal entwickelt, wobei man diesmal berücksichtigen musste, dass die erzielbaren Geschwindigkeiten wesentlich höher waren. Das profilierte Oberteil der Verkleidung mit der hohen, über eine Spoilerlippe verfügenden Windschutzscheibe, die den Fahrtwind über die Helme von Fahrer und Sozius hinweglenkte, die Seitenpartien mit den großen Lufteinlässen, alles war darauf ausgelegt, den Lenker des Gefährts vor den Auswirkungen des Fahrtwindes in Schutz zu nehmen. Dieser Rundumschutz ließ den Fahrer selbst in einem Wolkenbruch weniger nass werden als es bei Motorrädern sonst der Fall war. Die Arbeit im Windkanal beschränkte sich aber nicht auf die Verkleidung allein; auch die Seitenkoffer, die bei der RT Serie waren, wurden hier gestaltet – dank ihrer besonderen Form erzeugten sie bei hohem Tempo keine Turbulenzen, die das Heck der Maschine gefährlich ins Schlingern hätten bringen können.

Außer auf ihre aerodynamischen Eigenschaften legte das Werk auch Augenmerk auf die Struktur der aus Glasfasermaterial gefertigten Verkleidung, die zugleich robust und besonders leicht ausfiel. Zudem bestanden deren obere Partien nicht aus großen Pressteilen, sondern aus mehreren einzelnen, was den Zugang zu

Die Doppelscheibe am Vorderrad (oben) kam von der sportlichen RS.

Wie andere Modelle, die im Rahmen der Boxerreihe erfolgreich debütiert hatten, gab es von der K auch eine RT-Version. Ihr Design war moderner, dabei blieb aber das Ziel, eine bequeme und guten Schutz bietende Langstreckenmaschine zu realisieren, deren Motor die besten Fahrleistungen im BMW Programm bereit stellte.

den technischen Komponenten erleichterte und im Falle eines Unfalles die Reparaturkosten senken half. Die K 100 RT sollte keinen vorhandenen Markt bedienen, sondern war der erste Schritt hin in Richtung eines ganz neuen Segments, das später größer wurde und neben Tempo und Komfort auch den Luxus in den Mittelpunkt stellte, was für die damaligen Tourenfreunde etwas Neues darstellte; häufig kamen sie am Ende des Tages in nicht unbedingt vorzeigbarem äußerlichem Zustand im Hotel an. Mit der K 100 RT hingegen reiste man nicht nur bequem, man war auch Schmutz und Staub in nur geringem Umfang ausgesetzt, und das Gepäck war vor Witterungseinflüssen durch weiche, undurchlässige Einsätze in den Hartschalenkoffern bestens geschützt; da die Koffer selbst nicht abgenommen werden mussten, schleppte man auch keinen Schmutz mit ins Hotelzimmer, den das nur wenige Zentimeter von den Koffern entfernte Hinterrad emporschleuderte.

Alle Hauptkomponenten, vom Motor bis zum Rahmen, wurden ohne Änderungen von der Basis-K 100 und der K 100 RS (der erfolgreichsten Vierzylindermaschine) übernommen. Anders war, aufgrund des höheren und breiteren Lenkers und der Vollverkleidung, die Sitzposition. Leistungsmäßig entsprach die K 100 RT exakt den Schwestermodellen, mit 263 Kilogramm fiel sie aber deutlich schwerer aus als das Grundmodell, das 239 Kilo auf die Waage brachte. Das höhere Gewicht und die größere Stirnfläche (die RT war 91,6 statt 73 cm hoch) zeitigten kaum Auswirkungen auf die Fahrleistungen. Mit 215 km/h war die RT lediglich 5 km/h langsamer als die RS, aber ebenso schnell wie die Basis-K 100. Im Vergleich zu dieser ließen sich aber mit der RT viel höhere Schnitte realisieren, da der Pilot nicht dem Fahrtwind ausgesetzt war.

Anders als andere BMW Maschinen mit neuer Technik musste die RT nicht den Markt beherrschen, zumal ihr Preis in gehobenen Sphären angesiedelt war; dennoch überstieg die Nachfrage die Erwartungen und wurde im Rahmen der Baureihe K nur von der RS übertroffen. Ihre Aufgabe bestand vielmehr darin, ein neues Marktsegment zu erschließen, das auf dem Gebiet der Tourenmaschinen alles bis Mitte der 1980er-Jahre Dagewesene übertraf. Auf diesem Sektor hatte es bis dahin Maschinen europäischen Zuschnitts gegeben, wobei dies die Domäne der agilen, aber etwas behäbigen BMW

Die K 100 RT präsentierte sich mit einer Tourerausstattung und besaß serienmäßig Hartschalen-Seitenkoffer und einen Heckgepäckträger, auf dem sich ein Koffer mit zur Bequemlichkeit des Beifahrers gepolsterter Vorderseite installieren ließ (gegenüberliegende Seite oben).

Die RT konnte Reisegeschwindigkeiten von über 200 km/h erreichen und wies am oberen Rand der Windschutzscheibe eine Spoilerlippe auf, die Turbulenzen vom Fahrer fern hielt (gegenüberliegende Seite unten und rechts).

Modelle mit Boxermotor war, ferner die US-amerikanische Schule, die mit extrem komfortablen, aber auch schweren und langsamen Maschinen aufwartete, die ausdrücklich für das Geradeausfahren bestimmt waren.

Die RT war die Synthese aus diesen beiden Schulen und kam, wie gesagt, auf über 200 km/h. Sie bewies, dass Tourenfahren nicht nur im Touristentempo möglich war. Dieses Konzept sollte in den folgenden Jahren auch von anderen Herstellern aufgegriffen werden, deren Maschinen später sogar noch schneller waren als die ersten Vierzylinder-BMW. Abgesehen vom Tank, dessen Inhalt mit 22 Litern nicht größer war als bei den Nicht-Tourern der Modellfamilie, besaß die K 100 RT zahlreiche Details, die sie für die große Fahrt tauglich machten, angefangen beim Hauptständer, der ein müheloses Aufbocken ermöglichte, auch bei vollem Tank und voller Beladung. Auch an Ablagefächern im Inneren der Verkleidung fehlte es nicht, in denen sich Dokumente und nützlicher Krimskrams unterbringen ließen. Auch an eine von der Batterie versorgte Steckdose hatte man gedacht, die nicht dem Aufladen von Handys diente, die es damals noch gar nicht gab, sondern für eine Lampe bestimmt war, mit der sich bei schlechter Beleuchtung die Maschine inspizieren ließ oder kleine Reparaturen durchgeführt werden konnten.

Obwohl die RT mit ihrer riesigen Verkleidung sehr wuchtig daherkam, war sie nicht übermäßig schwer zu fahren. Man musste sich lediglich an ihr Fahrverhalten gewöhnen, das sich bei hohen Geschwindigkeiten etwas ungewohnt gestaltete. Bei langsamer Fahrt sorgten der dank der Einbaulage des Motors niedrige Schwerpunkt und der breite, hohe Lenker für eine gewisse Handlichkeit, auch mit Sozius an Bord. Auf der Autobahn hingegen erhöhte die Verkleidung den Anpressdruck des Vorderrades, was die Stabilität und die Fahrpräzision erhöhte.

Die K 100 RT stellte zu ihrer Zeit den besten Kompromiss aus Komfort und Fahrleistungen dar, ab Herbst 1986 ergänzte aber eine noch bequemere und luxuriösere Maschine das BMW Modellprogramm. Sie war auf Anhieb an der Lackierung in Goldbronze erkennbar, die sich auch auf die Seitenkoffer und das Topcase erstreckte, und besaß serienmäßig eine breitere, stärker gepolsterte Sitzbank und ein stärker auf die schnelle Fahrt bei voller Beladung abgestimmtes Fahrwerk. Auf der wie üblich langen Liste von lieferbaren Extras befand sich im Falle der LT auch eine Stereoanlage mit Cassettenteil; sie war zum Schutz vor der Witterung hermetisch abgedichtet und ließ sich auch bei Autobahntempo noch vernehmen. Nach dem Einschalten konnte man Lautstärke und Tonhöhe über Tasten am Lenker einstellen.

1986 debütierte ein weiteres neues Modell. LT stand für Luxus-Tourer, und es handelte sich um eine noch reichhaltiger ausgestattete Maschine als die RT. Ihre besonderen Merkmale waren die in Karosseriefarbe lackierten Koffer, das serienmäßige Topcase und die Stereoanlage.

K 100 LT

Motor
Typ: Vierzylinder-Reihenmotor, um 90° geneigt
Bohrung x Hub: 67 x 70 mm
Hubraum: 987 cm³
Leistung: 90 PS/66,1 kW bei 8000/min
Ventile: 2 hängende Ventile pro Zylinder
Gemischaufbereitung: Elektronische Einspritzung

Kraftübertragung und Getriebe
Getriebe: Fünfganggetriebe
Kraftübertragung: Kardanwelle

Fahrwerk
Rahmen: Stahlrohrrahmen
Vorne: Teleskopgabel
Hinten: Einarmschwinge
Vorderradbremse: Doppelscheibe, Ø 285 mm
Hinterradbremse: Scheibe, Ø 285 mm
Vorderreifen: 100/90 x 18
Hinterreifen: 130/90 x 17

Abmessungen und Gewichte
Trockengewicht: 272 kg
Länge: 2220 mm
Sitzhöhe: 800 mm
Tankinhalt: 22 Liter

Fahrleistungen
Höchstgeschwindigkeit: 205 km/h

Auch die K 75 gab es in RT-Version mit Vollverkleidung für die große Fahrt. Das Modell blieb bis 1997 in Produktion.

Wie die K 100 wurde auch die Dreizylinderversion um eine Variante mit Vollverkleidung ergänzt, die auf langen Strecken Schutz und Bequemlichkeit bot. Die K 75 RT ging Ende 1989 in Serie und rundete das BMW-Programm in der 750er-Klasse ab, die nach dem Willen des Werkes eine Alternative zu den Einlitermaschinen darstellen sollte, ohne diese mit ihrer anderen Fahrcharakteristik zu übertreffen. Optisch ähnelte die K 75 RT mit ihrer Integralverkleidung deutlich dem hubraumgrößeren Schwestermodell; der um einen Zylinder verkürzte Motor machte sie nur bedingt handlicher, da sie laut offiziellem Datenblatt um lediglich fünf Kilogramm leichter war als jene.

Nicht nur Erscheinungsbild und Design orientierten sich direkt am Spitzenmodell der Baureihe, auch was die Ausstattung anbetraf, waren große Übereinstimmungen und nur geringe Unterschiede zu konstatieren. Serienmäßig geliefert wurden die unverzichtbaren Seitenkoffer, die Höhen- und Neigungsverstellung der Windschutzscheibe war dagegen nur gegen Aufpreis zu haben. Ebenfalls auf Wunsch erhältlich war bei der K 75 RT eine Bremsanlage mit ABS. Das 750er-Modell in der luxuriösen Tourerversion blieb bis 1997 im Angebot und war das mit Abstand teuerste unter den Dreiviertelliter-Maschinen; dennoch war sie mit 21.311 Stück das meistverkaufte Dreizylindermodell.

K 75 RT

Motor
Typ: Dreizylinder-Reihenmotor, um 90° geneigt
Bohrung x Hub: 67 x 70 mm
Hubraum: 740 cm³
Leistung: 75 PS/55,1 kW bei 8500/min
Ventile: 2 hängende Ventile pro Zylinder
Gemischaufbereitung: Elektronische Einspritzung

Kraftübertragung und Getriebe
Getriebe: Fünfganggetriebe
Kraftübertragung: Kardanwelle

Fahrwerk
Rahmen: Stahlrohrrahmen
Vorne: Teleskopgabel
Hinten: Einarmschwinge
Vorderradbremse: Doppelscheibe, Ø 285 mm
Hinterradbremse: Scheibe, Ø 285 mm
Vorderreifen: 100/90 x 18
Hinterreifen: 130/90 x 18

Abmessungen und Gewichte
Trockengewicht: 258 kg
Länge: 2220 mm
Sitzhöhe: 810 mm
Tankinhalt: 22 Liter

Fahrleistungen
Höchstgeschwindigkeit: 190 km/h

Das Mittel der Hubraumerhöhung, das bislang stets den sportlichsten Maschinen des Hauses vorbehalten gewesen war, kam Ende 1991 entgegen dem Trend einem Modell von deutlichem Tourencharakter zugute. Der Übergang von der K 100 zur K 1100 wurde vor den anderen Modellen an der LT durchgeführt, die sich den Ruf der unermüdlichen Kilometerfresserin erworben hatte und sich von da an in Farbgebung und Ausstattung noch attraktiver präsentierte. Äußerlich war die 1100 mit ihrer Vorgängerin annähernd identisch, war aber angesichts ihres Status als exklusives Spitzenmodell in neuen Farben erhältlich. Die Aerodynamik verbesserte ein anders gestaltetes vorderes Schutzblech, dazu war ab dieser Variante eine elektrische Windschutzscheibenverstellung bei der LT Serie. Als Reisemaschine erhielt sie serienmäßig ein Paar Seitenkoffer und ein vergrößertes Topcase und eine stärker gepolsterte Sitzbank, die es Sozia oder Sozius, sofern an Bord, bequemer machte. Wie die K 100 war auch die K 1100 auf den Einbau einer Stereoanlage vorbereitet.

Auch der Hubraum der LT wuchs im Jahr 1991; zugleich erhielt die Windschutzscheibe eine elektrische Neigungsverstellung.

K 1100 LT

Motor
Typ: Vierzylinder-Reihenmotor, um 90° geneigt
Bohrung x Hub: 70,5 x 70 mm
Hubraum: 1092 cm^3
Leistung: 100 PS/73,5 kW bei 7500/min
Ventile: 4 hängende Ventile pro Zylinder
Gemischaufbereitung: Elektronische Einspritzung

Kraftübertragung und Getriebe
Getriebe: Fünfganggetriebe
Kraftübertragung: Kardanwelle

Fahrwerk
Rahmen: Stahlrohrrahmen
Vorne: Teleskopgabel
Hinten: Einarmschwinge
Vorderradbremse: Doppelscheibe, Ø 305 mm
Hinterradbremse: Scheibe, Ø 285 mm
Vorderreifen: 110/80 x 18
Hinterreifen: 140/80 x 17

Abmessungen und Gewichte
Trockengewicht: 273 kg
Länge: 2250 mm
Sitzhöhe: 810 mm
Tankinhalt: 22 Liter

Fahrleistungen
Höchstgeschwindigkeit: über 200 km/h

Die K 1200 LT geriet noch wuchtiger und bequemer als ihre Vorgängerinnen, und exklusiver. Zum Rangieren besaß das Getriebe auch einen Rückwärtsgang.

War die vorherige LT schon eine mächtige Maschine, so stellte die im Herbst 1998 auf der Intermot in München vorgestellte K 1200 LT alles Bisherige in den Schatten. Bei ihr handelte es sich nicht um eine Weiterentwicklung aus den Vorgängermodellen, sondern um eine absolute Neukonstruktion, die von der damals leistungsstärksten Maschine im BMW Programm, der K 1200 RS, abgeleitet war.

Es handelte sich auch nicht einfach um eine Reisemaschine, vielmehr um ein Vehikel mit dem erklärten Zweck, Kilometer um Kilometer abzuspulen, worauf schon die integrierten Seitenkoffer und Topcase hinwiesen (Letzteres in Längsrichtung verschiebbar, um die Gewichtsverteilung zu regulieren und gegebenenfalls dem Sozius mehr Raum zu gewähren); insgesamt stand für das Gepäck ein Volumen von 120 Litern zur Verfügung. Insgesamt war dies eine überaus eindrucksvolle Maschine mit umfangreicher Serienausstattung, die etwa ABS und Stereoanlage umfasste, und einem auf 98 PS gedrosselten Motor, der gleichwohl eine Spitze von knapp 200 km/h ermöglichte. Das hohe Leergewicht von fast 400 Kilogramm erforderte einen Rückwärtsgang, um die Maschine manövrierfähiger zu machen.

K 1200 LT

Motor
Typ: Vierzylinder-Reihenmotor, um 90° geneigt
Bohrung x Hub: 70,5 x 75 mm
Hubraum: 1171 cm³
Leistung: 98 PS/72 kW bei 6750/min
Ventile: 4 hängende Ventile pro Zylinder
Gemischaufbereitung: Elektronische Einspritzung

Kraftübertragung und Getriebe
Getriebe: Fünfganggetriebe, Rückwärtsgang
Kraftübertragung: Kardanwelle

Fahrwerk
Rahmen: Stahlrohrrahmen
Vorne: Telelever-Gabel
Hinten: Paralever-Einarmschwinge
Vorderradbremse: Doppelscheibe, Ø 305 mm
Hinterradbremse: Scheibe, Ø 275 mm
Vorderreifen: 120/70 x 17
Hinterreifen: 160/70 x 17

Abmessungen und Gewichte
Trockengewicht: 360 kg
Länge: 2508 mm
Sitzhöhe: 770/800 mm
Tankinhalt: 24 Liter

Fahrleistungen
Höchstgeschwindigkeit: 197 km/h

R 1100 RS

Motor
Typ: Zweizylinder-Boxermotor
Bohrung x Hub: 99 x 70,5 mm
Hubraum: 1085 cm³
Leistung: 90 PS/66,1 kW bei 7250/min
Ventile: 4 hängende Ventile pro Zylinder
Gemischaufbereitung: Elektronische Einspritzung

Kraftübertragung und Getriebe
Getriebe: Fünfganggetriebe
Kraftübertragung: Kardanwelle

Fahrwerk
Rahmen: Stahlrohrrahmen, tragender Motor
Vorne: Telelever-Gabel
Hinten: Paralever-Einarmschwinge
Vorderradbremse: Doppelscheibe, Ø 305 mm
Hinterradbremse: Scheibe, Ø 285 mm
Vorderreifen: 120/70 x 17
Hinterreifen: 160/60 x 18

Abmessungen und Gewichte
Trockengewicht: 239 kg
Länge: 2175 mm
Sitzhöhe: 800 mm (a.W. 780/800/820 mm)
Tankinhalt: 23 Liter

Fahrleistungen
Höchstgeschwindigkeit: 215 km/h

Der Zweiventil-Zweizylindermotor, die letzte Entwicklungsstufe des 1923 konstruierten Boxers, hatte BMW den Ruf eines an den eigenen Traditionen festhaltenden Unternehmens eingebracht. Die gemessen am jeweiligen Hubraum zurückhaltende Leistungsausbeute sorgte zudem für den Ruf hoher Langlebigkeit; mehr Kraft war aber aus den Motoren nicht zu holen, dafür bedurfte es einer neuen Technik, die aber die Brücken zur Vergangenheit nicht einreißen sollte. Nach mehreren nicht von Erfolg gekrönten Projekten beschlossen die BMW-Verantwortlichen, dass der Generationensprung anlässlich eines runden Jubiläums stattfinden sollte, nämlich zur 70. Wiederkehr der Entstehung der R 32. Die R 1100 RS wurde offiziell auf der IFMA, der internationalen Zweiradmesse in Köln, im September 1992 vorgestellt; zuvor waren bereits in mehreren europäischen Fachblättern Erlkönigfotos erschienen. In den Handel gelangte die erste Boxermaschine der neuen Generation im April des folgenden Jahres, unmittelbar nach der Pressepräsentation auf den Straßen der Insel Lanzarote.

BMW sah sich einem Fankreis gegenüber, der von einem Verzicht auf den lieb gewonnenen, guten, alten Boxermotor nichts wissen wollte – ein Experiment, das das Werk bereits 1983 mit der Baureihe K mit Drei- und Vierzylinder-Reihenmotoren versucht hatte. Nun sah man sich gezwungen, ein Produkt zu entwickeln, das größere Übereinstimmung mit den Traditionen aufwies. Als Ausgangspunkt hätte man die sehr erfolgreiche GS wählen können, stattdessen orientierte man sich aber an einer anderen Modellbezeichnung von großer Wichtigkeit: an der R 100 RS (Rennsport), die mit ihrer Vollverkleidung 1976 den Sektor der Sportmaschinen revolutioniert, und an der R 1100 RS, die das Konzept in wesentlich modernerer Gestalt neu interpretiert hatte.

Der neue Motor, der die Projektnummer R 259 trug, war das Herzstück der neuen Baureihe; um nicht zu riskieren, die innovative Technik zu banal geraten zu lassen, statte-

Die Windschutzscheibe (unten) ließ sich manuell in der Neigung und damit in ihrer Schutzwirkung regulieren.

Aus Anlass der Einführung der ersten wirklich neuen Boxermotor-Generation nach 70 Jahren holte BMW die Bezeichnung RS aus dem Archiv.

ten die Ingenieure die RS der 1990er-Jahre mit einigen exklusiven Besonderheiten aus. Abgesehen von der Anordnung der Zylinder hatte der neue Boxermotor mit dem Vorläufer nur die Tatsache gemein, dass er aus relativ wenigen Teilen bestand, getreu dem stets befolgten Motto: Was nicht da ist, kann auch nicht kaputtgehen. Ansonsten zeigte sich das Triebwerk überaus modern, mit einer obenliegenden Nockenwelle und vier Ventilen pro Zylinder. Zudem besaß der mittragend ausgelegte Motor elektronische Zündung und Einspritzung, Zylinderköpfe mit Wasser-/Ölkühlung, ein Getriebe, das die typischen lauten Schaltgeräusche kaum hören ließ, und schließlich auf Wunsch einen Dreiwege-Katalysator, den man vor allen anderen Herstellern anbot und der die verschiedenen europäischen Abgasnormen einzuhalten ermöglichte.

Schon vor 1993 waren die BMW Maschinen die ergonomisch am besten durchdachten Motorräder gewesen; bei der R 1100 RS war ein weiterer Forschritt zu verzeichnen: Mit der verstellbaren Sitzbank wurden beinahe schon PKW-Maßstäbe eingehalten. Wer wollte, konnte nun Sitz, Lenker und Verkleidung individuell einstellen. Die Sitzbank ließ sich auf drei Höhen fixieren (780, 800 oder 820 mm; Standardeinstellung waren 800 mm), die Lenkerhälften in Längsrichtung verstellen und die Windschutzscheibe über einen Hebel in der Höhe regulieren. Die größten Fortschritte waren freilich an der Struktur der Maschine festzustellen; hier gingen die Ingenieure völlig neue Wege. Ein klassischer Rahmen war nicht vorhanden, stattdessen waren Motor und Getriebe mittragend ausgelegt. Stahlrohre dienten lediglich als Verankerung der Gabel und als Fundament der Sitzbank. Die Hinterradführung wurde dagegen erstmals am Motor befestigt und bestand aus einer Paralever-Schwinge, der Doppelgelenk-Einarmschwinge, die seit 1987 verwendet wurde. Dabei handelte es sich um ein Aluminiumrohr, in dessen Innerem die Doppelgelenk-Kardanwelle lief. Obwohl die Getriebe-Ausgangswelle nicht exakt axial zur Eingangswelle des Ritzels stand, hielt man die beiden Kardanwellengelenke für die ideale Lösung, um das Hauptproblem zu beseitigen, das eine im Inneren der Schwinge laufende Kardanwelle aufwies. Die gewählte Lösung war praktisch und simpel und beseitigte Unterschiede in den Rotationsgeschwindigkeiten der Wellen, die die Bodenhaftung des Hinterrades beeinträchtigen können.

Zu den mit der R 1100 RS eingeführten Neuerungen zählte unter anderem die Telelever-Gabel (oben). Dieses neue System verband die Vorteile der Schwinge mit jenen der klassischen Teleskopgabel, führte das Vorderrad präziser und verringerte das Abtauchen beim Bremsen. Der Ausleger der Telelever-Gabel war am Motorblock befestigt.

Vom historischen Boxermotor übernahm der neue lediglich die Anordnung der Zylinder (unten links). Dank vier Ventilen pro Zylinder und elektronischer Einspritzung war die RS die bislang stärkste Boxermaschine von BMW.

Das Hinterrad der R 1100 RS wurde an einer Paralever-Einarmschwinge geführt (unten).

Die Paralever-Schwinge, die ab 1993 an praktisch allen BMW Maschinen vorzufinden war, kann als Endpunkt einer schrittweisen Entwicklung gelten, von der Telelever-Gabel lässt sich das hingegen nicht behaupten. Hier war das Ziel, die Vorzüge der klassischen Teleskopgabel mit denen der für die Hinterradführung üblichen Schwinge zu vereinen. Die Telelever-Gabel verzichtete auf den klassischen Lenkkopfdämpfer mit Kugel- oder Rollenlagern und griff auf ein sphärisches Gelenk zurück, über das Gabel und Rahmen miteinander verbunden waren. Wenn man die R 1100 RS von vorne betrachtet, fällt dessen Anwesenheit gar nicht auf, anders als in der Seitenansicht. Die Verbindung zwischen Gabel und vorderem Rahmen stellte ein Dämpfer her, der ab 1997 über eine Schraube verstellbar ausgeführt war. Die Gabelrohre, in denen sich traditionellerweise sowohl Hydraulik wie Schraubenfedern befanden, enthielten hier keine Federelemente, sondern lediglich

NOLAN

das zur Schmierung nötige Öl. Auf diese Weise teilte BMW die traditionellen Aufgaben einer Gabel auf; die Rohre mussten nur noch das Rad führen und lenken, die Federung oblag, davon unabhängig, einem speziellen Stoßdämpfer, der am Motorgehäuse, einem besonders robusten Teil, befestigt war.

Als Vorteile dieser Lösung nannten die BMW Ingenieure den verringerten Wartungsbedarf (eine Inspektion des sphärischen Gelenks war erst nach 100.000 Kilometern fällig), eine günstigere Gewichtsverteilung, da der Abstand zwischen Vorderrad und Motor geringer ausfallen konnte, vor allem aber eine höhere Fahrstabilität, da sich der Radstand des Motorrades beim Ein- und Ausfedern nicht veränderte, nicht einmal beim Bremsen in Kurven. Das fast völlige Fehlen von Tauchbewegungen beim Bremsen war die ideale Voraussetzung für den Einsatz des ABS, das in der Folge an vielen BMW Maschinen zu finden war.

Angesichts der vielen nicht nur für BMW, sondern für die gesamte Motorradwelt revolutionären Details überraschte die in sehr klassischem Stil gehaltene Instrumentierung (oben).

An der R 1100 RS wurde das Konzept der anpassbaren Ergonomie zu neuen Höhen geführt. An der neuen Boxermaschine ließen sich der Lenker und die Höhe der Sitzbank verstellen.

Bis zur R 1100 S hatte sich keine Boxer-BMW zu derartigen Leistungshöhen aufgeschwungen. Das Projekt, das zu der 1998 erschienenen Maschine führte, hatte zum Ziel aufzuzeigen, dass auch die Münchner Sportmaschinen zu konstruieren wussten. Das Ergebnis war ein Motorrad mit Biss, vielleicht nicht ganz so extrem und sicher nicht so stark wie andere Sportbikes mit zwei Zylindern, aber voller Charakter. Die Konstrukteure mussten in der Tat darauf achten, trotz der hohen Leistung die allen BMW Modellen innewohnende Tauglichkeit zur Reisemaschine nicht zu verwässern. Hinter dem rasanten Auftritt mit tiefem Lenker und unter dem Heckspoiler geführten Auspuffendrohren verbarg sich ein eigens für dieses Modell konstruierter Rahmen aus gewichtsparendem und verwindungssteifem Leichtmetall. Der Motor war gleichfalls eine Sonderversion, leistete 98 PS und war mit einem Sechsganggetriebe versehen. Dieses Modell, das 2003 wie die übrigen BMW Maschinen Doppelzündung erhielt, war auch das offiziell im Boxer Cup verwendete Motorrad; dieser Markenpokal bestand aus einer Reihe von Rennläufen, an denen auf Einladung auch bekannte frühere Champions teilnahmen und die im Rahmenprogramm der Motorradweltmeisterschaft ausgetragen wurden.

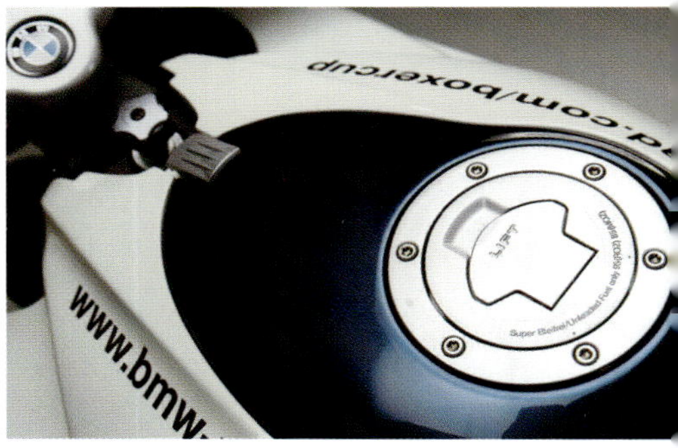

Von der RS wurde 1998 die S abgeleitet, eine Maschine, die zwar auch tourentauglich war, aber sportliche Aspekte in den Vordergrund stellte, in einem Markenpokal verwendet wurde und in der Version Boxer Cup Replika erhältlich war (oben eine Nahaufnahme des Tanks). In der S leistete der Boxermotor 98 PS.

R 1100 S

Motor
Typ: Zweizylinder-Boxermotor
Bohrung x Hub: 99 x 70,5 mm
Hubraum: 1085 cm^3
Leistung: 98 PS/72 kW bei 7500/min
Ventile: 4 hängende Ventile pro Zylinder
Gemischaufbereitung: Elektronische Einspritzung

Kraftübertragung und Getriebe
Getriebe: Sechsganggetriebe
Kraftübertragung: Kardanwelle

Fahrwerk
Rahmen: Aluminiumrahmen, tragender Motor
Vorne: Telelever-Gabel
Hinten: Paralever-Einarmschwinge
Vorderradbremse: Doppelscheibe, Ø 305 mm
Hinterradbremse: Scheibe, Ø 276 mm
Vorderreifen: 120/70 x 17
Hinterreifen: 170/60 x 17

Abmessungen und Gewichte
Trockengewicht: 218 kg
Länge: 2180 mm
Sitzhöhe: 800 mm
Tankinhalt: 18 Liter

Fahrleistungen
Höchstgeschwindigkeit: 226 km/h

Im Zuge der Ausweitung des Angebots von Maschinen mit Vierventil-Boxermotor entstand die R 1100 R, ein Roadster, der den interessanten Markt der Naked Bikes ohne Verkleidung bereicherte.

Nach der ersten R, die von der R 80 G/S mit Zweiventil-Zweizylinderboxer abgeleitet war, lancierte BMW im Jahr 1994 eine neues Modell, das zwei R in der Typenbezeichnung trug. Die R 1100 R, der wenige Monate später eine 850-cm³-Variante zur Seite gestellt wurde, war ein Roadster, der zur seinerzeit sich entwickelnden Klasse der Naked Bikes gehörte. Trotz ihrer nur in wenigen Punkten besonderen Optik übte die R 1100 R mit dem den Blicken freigesetzten Boxermotor einen ganz besonderen Reiz aus und verkaufte sich ganz ausgezeichnet.

Diese nach RS und GS der neuen Generation erschienene „nackte" BMW war eine Art Mittelding zwischen der Sportmaschine und der Enduro. Fahrwerk, Bremsen und Räder stammten von der RS, Rahmen und 80-PS-Motor von der GS.

R 1100 R

Motor
Typ: Zweizylinder-Boxermotor
Bohrung x Hub: 99 x 70,5 mm
Hubraum: 1085 cm³
Leistung: 80 PS/58,8 kW bei 6750/min
Ventile: 4 hängende Ventile pro Zylinder
Gemischaufbereitung: Elektronische Einspritzung

Kraftübertragung und Getriebe
Getriebe: Fünfganggetriebe
Kraftübertragung: Kardanwelle

Fahrwerk
Rahmen: Stahlrohrrahmen, tragender Motor
Vorne: Telelever-Gabel
Hinten: Paralever-Einarmschwinge
Vorderradbremse: Doppelscheibe, Ø 305 mm
Hinterradbremse: Scheibe, Ø 276 mm
Vorderreifen: 120/70 x 17
Hinterreifen: 160/60 x 18

Abmessungen und Gewichte
Trockengewicht: 229 kg
Länge: 2197 mm
Sitzhöhe: 760/780/800 mm
Tankinhalt: 21 Liter

Fahrleistungen
Höchstgeschwindigkeit: 197 km/h

Anlässlich der Hubraumaufstockung führte das Werk einige Änderungen an Rahmen und Fahrwerk sowie am Design durch, die die Sportlichkeit betonten.

Die Verwandlung der R 1100 R in die R 1150 R brachte mehr mit sich als nur eine Hubraumsteigerung; zugleich wurde sie in Aussehen und Struktur geändert. Während der bis 2001 produzierte Roadster von eher ruhiger Natur war, entsprach die R 1150 R dem aktuellen Zeitgeist und gab sich in Design und Sitzposition sportlicher. Auch die neue Variante verzichtete auf eine Verkleidung und anderes Beiwerk, wirkte aber mit ihrem umgestalteten vorderen Schutzblech

und den beiden Lufteinlässen vorne am Tank aggressiver und unverwechselbar. Abgerundet wurde die Überarbeitung durch neue Chromelemente. Wichtige Neuerungen betrafen den Rahmen, die über einen weiteren Bereich verstellbaren Stoßdämpfer und die Telelever-Gabel. Die Bremse verfügte über den EVO-Servo.

R 1150 R

Motor
Typ: Zweizylinder-Boxermotor
Bohrung x Hub: 101 x 70,5 mm
Hubraum: 1130 cm³
Leistung: 85 PS/62,5 kW bei 6750/min
Ventile: 4 hängende Ventile pro Zylinder
Gemischaufbereitung: Elektronische Einspritzung

Kraftübertragung und Getriebe
Getriebe: Sechsganggetriebe
Kraftübertragung: Kardanwelle

Fahrwerk
Rahmen: Stahlrohrrahmen, tragender Motor
Vorne: Telelever-Gabel
Hinten: Paralever-Einarmschwinge
Vorderradbremse: Doppelscheibe, Ø 320 mm
Hinterradbremse: Scheibe, Ø 276 mm
Vorderreifen: 120/70 x 17
Hinterreifen: 170/60 x 17

Abmessungen und Gewichte
Trockengewicht: 220 kg
Länge: 2170 mm
Sitzhöhe: 800 mm
Tankinhalt: 20,4 Liter

Fahrleistungen
Höchstgeschwindigkeit: 197 km/h

R 1150 RS

Motor
Typ: Zweizylinder-Boxermotor
Bohrung x Hub: 101 x 70,5 mm
Hubraum: 1130 cm³
Leistung: 95 PS/69,8 kW bei 7250/min
Ventile: 4 hängende Ventile pro Zylinder
Gemischaufbereitung: Elektronische Einspritzung

Kraftübertragung und Getriebe
Getriebe: Sechsganggetriebe
Kraftübertragung: Kardanwelle

Fahrwerk
Rahmen: Stahlrohrrahmen, tragender Motor
Vorne: Telelever-Gabel
Hinten: Paralever-Einarmschwinge
Vorderradbremse: Doppelscheibe, Ø 320 mm
Hinterradbremse: Scheibe, Ø 276 mm
Vorderreifen: 120/70 x 17
Hinterreifen: 170/60 x 17

Abmessungen und Gewichte
Trockengewicht: 239 kg
Länge: 2170 mm
Sitzhöhe: 810 mm
Tankinhalt: 22,5 Liter

Fahrleistungen
Höchstgeschwindigkeit: 215 km/h

Die seit dem Erscheinen der neuen Boxer-Generation im Jahr 1993 praktisch unverändert gebaute R 1100 RS wurde 2001 rundherum aufgefrischt. Die Rennsport war (abgesehen von der S, die den Sprung nicht mitmachte) die letzte R 1100, deren Hubraum auf 1150 cm³ gebracht wurde. Die damit einhergehenden 5 Mehr-PS wirkten sich auf die Fahrleistungen dieses Sporttourers nicht aus, der Fahrspaß profitierte aber durchaus von den Neuerungen. Der zusätzliche Gang und das höhere Drehmoment machten die R 1150 RS beim Touren angenehmer, noch mehr aber, wenn man höhere Schnitte fuhr. Im Vergleich zur Vorgängerin wies die 1150 zudem Reifen von anderem Durchmesser und größerer Breite auf, die auf den Felgen der sportlichen R 1100 S aufgezogen waren. Die Bremsanlage war kräftiger, mit vorderen Scheiben, deren Durchmesser von 305 auf 320 mm wuchs, und mit Integralbetätigung und ABS versehen. Optisch hob sich die neue RS von der Vorgängerin durch eine Vollverkleidung mit kleinerem Oberteil ab, dessen Scheibe aber elektrisch verstellbar war.

Die im unteren Bereich verlängerte und den Motorblock umhüllende Verkleidung, größere Bremsscheiben und Felgen hoben die R 1150 RS auf den ersten Blick von der 1100 RS ab. Die Instrumente blieben hingegen unverändert (unten).

Eine besondere Farbgebung, die dunkle mit hellen Tönen kombinierte, ein breiteres Hinterrad, eine überarbeitete Schaltung und asymmetrische Doppelscheinwerfer, das waren die Merkmale der Rockster, eines auf Basis der R 1150 R ersonnenen Sondermodells.

Was auf der Münchener Intermot 2002 als von der R 1150 R abgeleitete Stilstudie präsentiert worden war, nahm wenige Wochen später auf der Motor Show in Bologna konkrete Formen an; die Rockster ging im Frühjahr des folgenden Jahres in Produktion. Sie schien sich auf den ersten Blick mit den asymmetrischen Doppelscheinwerfern und der Zweifarbenlackierung in Schwarz/-Limonengrün oder Schwarz/Silbermetallic weit vom gängigen BMW-Designkanon zu entfernen. Gleichwohl ging diese Studie mit ihren ungewöhnlichen Details, wie man sie sonst nur beim Tuner bekam, in Serie. Die Besonderheiten der Maschine betrafen hauptsächlich die Optik: Scheinwerfer, breiter Lenker, schwarz lackierter Motor und Einzelsitz; auf Wunsch gab es eine Doppelsitzbank. Aber auch technisch gab es Neuheiten; so debütierten an der Rockster die Doppelzündung für die Boxermotoren, ein überarbeitetes Sechsganggetriebe und ein breiteres Hinterrad, das die Rolle der Rockster als eine Art „Serien-Streetfighter“ unterstrich.

R 1150 R Rockster

Motor
Typ: Zweizylinder-Boxermotor
Bohrung x Hub: 101 x 70,5 mm
Hubraum: 1130 cm³
Leistung: 85 PS/62,5 kW bei 6750/min
Ventile: 4 hängende Ventile pro Zylinder
Gemischaufbereitung: Elektronische Einspritzung

Kraftübertragung und Getriebe
Getriebe: Sechsganggetriebe
Kraftübertragung: Kardanwelle

Fahrwerk
Rahmen: Stahlrohrrahmen, tragender Motor
Vorne: Telelever-Gabel
Hinten: Paralever-Einarmschwinge
Vorderradbremse: Doppelscheibe, Ø 320 mm
Hinterradbremse: Scheibe, Ø 276 mm
Vorderreifen: 120/70 x 17
Hinterreifen: 180/55 x 17

Abmessungen und Gewichte
Trockengewicht: 220 kg
Länge: 2170 mm
Sitzhöhe: 800 mm
Tankinhalt: 20,4 Liter

Fahrleistungen
Höchstgeschwindigkeit: 197 km/h

Die R 1100 S ließ als einziges Modell den Schritt zur 1150 aus und wurde stattdessen im April 2006 direkt durch eine Version mit 1200 cm³ abgelöst. Einige typische Merkmale, etwa der nierenförmige, an die BMW Automobile erinnernde Lufteinlass an der Verkleidung und das in den Heckabschluss integrierte Auspuffendrohr, erinnerten daran, dass die R 1200 S ein vollständiger Neuentwurf war; im Lastenheft standen sportive Fahrleistungen, viel Kraft und eine sportliche Sitzposition. Die Rahmenstruktur in Aluminium wich einem dreiteiligen Gitterrahmen, der vorne und in der Mitte in Stahl und im Heckbereich in Leichtmetall ausgeführt war. Dieser Rahmen war darauf ausgelegt, einen sportlichen Fahrstil ohne Komforteinbußen zu ermöglichen. Die stärkste unter den Boxermaschinen war zugleich die einzige ohne Integralbremse, die aber vorhanden war, wenn man das ABS bestellte, das hier das Gewicht lediglich um 1,5 Kilogramm erhöhte. Die R 1100 S war bei ihrem Erscheinen die stärkste Boxermaschine gewesen; die 1200 war ihre würdige Nachfolgerin, deren 122 PS einen Rekordwert unter den bayerischen Boxern darstellte.

Die sportliche S übersprang die 1150 cm³ und wuchs im Hubraum direkt von 1,1 auf 1,2 Liter. Die optisch und technisch leicht geänderte Maschine war mit 122 PS das stärkste Boxermodell der BMW Geschichte und erreichte laut Werk eine Spitze von „über 200 km/h".

R 1200 S

Motor
Typ: Zweizylinder-Boxermotor
Bohrung x Hub: 101 x 73 mm
Hubraum: 1170 cm³
Leistung: 122 PS/90 kW bei 8250/min
Ventile: 4 hängende Ventile pro Zylinder
Gemischaufbereitung: Elektronische Einspritzung

Kraftübertragung und Getriebe
Getriebe: Sechsganggetriebe
Kraftübertragung: Kardanwelle

Fahrwerk
Rahmen: Stahlrohrrahmen, tragender Motor
Vorne: Telelever-Gabel
Hinten: Paralever-Einarmschwinge
Vorderradbremse: Doppelscheibe, Ø 320 mm
Hinterradbremse: Scheibe, Ø 265 mm
Vorderreifen: 120/70 x 17
Hinterreifen: 180/55 x 17

Abmessungen und Gewichte
Trockengewicht: 190 kg
Länge: 2151 mm
Sitzhöhe: 830 mm
Tankinhalt: 17 Liter

Fahrleistungen
Höchstgeschwindigkeit: über 200 km/h

Überraschenderweise wurde das Kürzel RS im Jahr 2005 in Pension geschickt und durch die Bezeichnung ST ersetzt, das zuvor nur in Verbindung mit den ganz anders gearteten Modellen R 80 und F 650 benutzt worden war. Die R 1200 ST wurde im Dezember 2004 vorgestellt und ging im folgenden Frühjahr in den Handel; sie war die Nachfolgerin der R 1150 RS und die dritte Variante mit dem neuen, größeren Motor, dessen Hubraum das Niveau der Vierzylindermaschinen von BMW erreicht hatte. Der Tradition des Hauses folgend übernahm das neue Modell einiges von den bereits in Produktion befindlichen Maschinen. Getriebe und Rahmen kamen von der GS, der Motor unverändert von der RT. Mit 110 PS war der Boxer um 16 Prozent kräftiger als zuvor, zugleich konnte das Gewicht der ST gesenkt werden. Im Einklang mit den anderen R 1200-Modellen war sie leicht kantig gezeichnet.

Das Kürzel ST, das zuvor an der R 80 und der F 650 aufgetaucht war, benannte auch die Nachfolgerin der R 1150 RS.

R 1200 ST

Motor
Typ: Zweizylinder-Boxermotor
Bohrung x Hub: 101 x 73 mm
Hubraum: 1170 cm³
Leistung: 110 PS/80,9 kW bei 7500/min
Ventile: 4 hängende Ventile pro Zylinder
Gemischaufbereitung: Elektronische Einspritzung

Kraftübertragung und Getriebe
Getriebe: Sechsganggetriebe
Kraftübertragung: Kardanwelle

Fahrwerk
Rahmen: Stahlrohrrahmen, tragender Motor
Vorne: Telelever-Gabel
Hinten: Paralever-Einarmschwinge
Vorderradbremse: Doppelscheibe, Ø 320 mm
Hinterradbremse: Scheibe, Ø 265 mm (auf Wunsch ABS)
Vorderreifen: 130/70 x 17
Hinterreifen: 180/55 x 17

Abmessungen und Gewichte
Trockengewicht: 229 kg
Länge: 2165 mm
Sitzhöhe: 806/830 mm
Tankinhalt: 21 Liter

Fahrleistungen
Höchstgeschwindigkeit: über 200 km/h

Das letzte neue Modell der 1200 cm³-Reihe, die R, wurde im Sommer 2006 eingeführt. Die Änderungen am Erscheinungsbild fielen weniger markant aus als beim Übergang von der 1100 zur 1150, man konnte aber stilistische Feinarbeit erkennen, die eine größere Familienähnlichkeit zum restlichen aktuellen Programm sicherstellte. Die Verwendung der 109-PS-Variante des Boxermotors bedeutete in Sachen Leistung einen Zuwachs in Höhe von 28 Prozent. Neu waren ein Ölkühler hinter der Gabel und der geänderte hintere Rahmen, dank dem sich der Heckabschluss der Maschine filigraner gestalten ließ. Die R 1200 R war mit 198 Kilogramm eines der leichtesten Motorräder der BMW Geschichte und auch die Maschine, an der eine neue Sicherheitsvorrichtung ihr Debüt erlebte, die Traktionskontrolle.

Im Sommer 2006 wurde der Übergang vom 1150- zum 1200-cm³-Motor mit der Vorstellung der R abgeschlossen, die auch mit Traktionskontrolle erhältlich war.

R 1200 R

Motor
Typ: Zweizylinder-Boxermotor
Bohrung x Hub: 101 x 73 mm
Hubraum: 1170 cm³
Leistung: 109 PS/80 kW bei 7500/min
Ventile: 4 hängende Ventile pro Zylinder
Gemischaufbereitung: Elektronische Einspritzung

Kraftübertragung und Getriebe
Getriebe: Sechsganggetriebe
Kraftübertragung: Kardanwelle

Fahrwerk
Rahmen: Stahlrohrrahmen, tragender Motor
Vorne: Telelever-Gabel
Hinten: Paralever-Einarmschwinge
Vorderradbremse: Doppelscheibe, Ø 320 mm
Hinterradbremse: Scheibe, Ø 265 mm
Vorderreifen: 120/70 x 17
Hinterreifen: 180/55 x 17

Abmessungen und Gewichte
Trockengewicht: 198 kg
Länge: 2145 mm
Sitzhöhe: 800 mm
Tankinhalt: 18 Liter

Fahrleistungen
Höchstgeschwindigkeit: über 200 km/h

Frankfurt 1993: BMW feiert 70 Jahre Motorradbau und errichtet aus diesem Anlass einen eigenen Zweiradstand in den Hallen der IAA, weil in ungeraden Jahren in Deutschland keine Motorradmessen abgehalten werden. Anlässlich dieses Jubiläums wurde aber nicht nur gefeiert, das Werk präsentierte auch einige Neuheiten: den erwarteten Boxermotor der neuen Generation und eine ganz neue Baureihe unter dem Kürzel F. Mit diesem Buchstaben (hinter dem sich der Neologismus Funduro verbarg, eine Kombination aus fun und Enduro) kehrte BMW nach 27 Jahren wieder auf den Sektor der Einzylindermaschinen zurück. Dahinter stand die Absicht, eine erschwinglichere BMW anzubieten; vielen waren die vorherigen Preise schlichtweg zu hoch.

Die Rückkehr in die Einzylinderklasse, die man 1966 mit der letzten Serie der R 27 nach über 230.000 seit 1925 produzierten Einheiten aufgegeben hatte, war aber nicht die einzige Neuheit, die auf Journalisten und Markenfans wartete. Noch sensationeller war die Tatsache, dass BMW den neuen Motor nicht selbst herstellte, sondern nach eigenen Ent-

Mit der Baureihe F (kurz für „Funduro") kehrte BMW zum Bau einzylindriger Motorräder zurück.

F 650

Motor
Typ: Einzylindermotor
Bohrung x Hub: 100 x 83 mm
Hubraum: 652 cm³
Leistung: 48 PS/35,3 kW bei 6500/min
Ventile: 4 hängende Ventile
Gemischaufbereitung: Zwei 33-mm-Vergaser

Kraftübertragung und Getriebe
Getriebe: Fünfganggetriebe
Kraftübertragung: Kette

Fahrwerk
Rahmen: Stahlprofilschleifenrahmen
Vorne: Teleskopgabel
Hinten: Schwinge mit Zentralfederbein
Vorderradbremse: Scheibe, Ø 300 mm
Hinterradbremse: Scheibe, Ø 240 mm
Vorderreifen: 100/90 x 19
Hinterreifen: 130/80 x 17

Abmessungen und Gewichte
Trockengewicht: 189 kg
Länge: 2195 mm
Sitzhöhe: 810 mm
Tankinhalt: 17,5 Liter

Fahrleistungen
Höchstgeschwindigkeit: 163 km/h

würfen bei Bombardier-Rotax in Österreich fertigen und das Motorrad extern montieren ließ. Die F 650 lief in der Tat nicht von den Bändern des historischen BMW-Werks in Berlin-Spandau, sondern entstand im italienischen Noale bei Aprilia; die Italiener führten eine eigene Enduro, die Fegaso 650, im Programm, die einen ganz ähnlichen Motor wie die neue BMW besaß. Für die gusseisernen Fans war all das natürlich Verrat im höchsten Grade, zumal nach 70 Jahren der Kardan- erstmals dem Kettenantrieb Platz machte. Die technische Auslegung des Modells ließ Rotax an der Kette festhalten, wobei BMW selbst an

dieser Lösung bis 2001 festhielt, als mit der Lancierung der CS-Version ein dem ursprünglichen Konzept näher stehender Zahnriemen am Hinterrad Einzug hielt. Die einzige Möglichkeit, den „Verrat" in Grenzen zu halten, bestand darin, zu einer gut abgedeckten Kette zu greifen, was der damals fortschrittlichsten Technik entsprach, die den Wartungsaufwand an diesem BMW-Fahrern unvertrauten Teil reduzierte, ohne ihn freilich ganz beseitigen zu können.

Der Vertrag zwischen BMW, Rotax und Aprilia lief über vorerst drei Jahre und sah eine F 650-Produktion von 35.000 Exemplaren vor; die ersten Auslieferungen erfolgten im Frühjahr 1994. Der Preis von umgerechnet 5397 Euro war eigentlich nicht konkurrenzfähig, lag aber unter dem der übrigen BMW Maschinen, was die erste Funduro rasch zur bestverkauften BMW machte.

Die F 650 sollte in erster Linie ein vielseitiges Motorrad sein; damals sprach man gerne von einer „intelligenten" Maschine. Diese „Intelligenz" äußerte sich in der Tauglichkeit für alle Arten von Straßen, von der Autobahn bis zum Stadtverkehr, ohne dabei das

Gelände und die Möglichkeit, einen Sozius mitzunehmen, außer Acht zu lassen. Anders gesagt, die F 650 sollte vielseitiger, leichter, handlicher und preiswerter als die GS sein.

In einer Zeit, in der BMW auf allen Ebenen nach innovativen technischen Lösungen suchte, war die F 650 die Ausnahme; sie unterschied sich kaum von seinerzeit beliebten Maschinen der Konkurrenz. Der Vierventil-Zylinderkopf überraschte, hatte Rotax doch bereits eine Fünfventil-Variante entwickelt, den Aprilia an seiner Pegaso verwendete. Die BMW Ingenieure rechtfertigten diese Entscheidung mit der harmonischeren Leistungsentfaltung mit einem Ventil weniger, und bald zeigte sich, dass sie damit Recht hatten. Die Fünfventilmode ebbte bald wieder ab, und auch die Firmen, die sich anfangs dieser Neuheit bedient hatten, ließen von ihr wieder ab. Dafür arbeitete BMW an anderen Dingen, die später in Serie gingen, etwa dem Katalysator und der elektronischen Einspritzung anstelle der beiden Vergaser.

Für die erste F 650 gab es noch kein ABS, ansonsten war man aber bestrebt, das Einzylindermodell nicht allzu weit von den übrigen BMW Maschinen zu entfernen. Die Sitzhöhe betrug 80 Zentimeter, was das Werk für optimal hielt, aufgrund der hohen Nachfrage wurde dann aber auch ein Kit, mit dem sich die Sitzbank niedriger positionieren ließ, angeboten. Da der Sitz als durchgehende Bank ausgeführt war, ließ sich die hierfür bei BMW sonst übliche Methode nicht verwenden, da dazu eine zweiteilige

Die F 650 zeigt mit abgenommenem Tank und Sitzbank ihren Rahmen, dessen obere Partie als Öltank fungierte (gegenüberliegende Seite).

Da die Sitzbank einteilig ausgeführt war (oben), ließ sie sich nicht in der Höhe verstellen wie im Falle anderer BMW Modelle.

Das Armaturenbrett (rechts) war in die Verkleidung integriert; die Grafik der Skalen wirkte wesentlich schlichter als bei den anderen BMW Maschinen.

Der Auspuffendtopf (oben rechts) wurde von gelochten Abdeckungen geschützt, die verhinderten, dass sich der Sozius verbrannte. Ebenfalls im Bild der Heckgepäckträger, der darauf hinweist, dass auch die F, wie alle BMW Maschinen, für die Reise geeignet ist.

Die F 650 entstand in einer Zeit, in der die Enduros immer mehr ihren Geländecharakter zugunsten besserer Eigenschaften auf der Straße aufgaben und versuchte, hier eine harmonische Mittelstellung einzunehmen. Die Radgrößen von 19 Zoll vorne und 17 Zoll hinten sowie die recht grobstolligen Reifen ermöglichten den Einsatz auf jedem Untergrund. Agil und stabil auf der Straße, zeigte sich die F auch im Gelände fahrbar, etwa auf der Lava des Ätna, wo die Modellpräsentation stattfand (gegenüberliegende Seite).

Bank nötig gewesen wäre. Die Lösung bestand in einem nach dem Kauf montierbaren Kit. Ein geändertes Fahrwerk, ein anderer Stoßdämpfer und modifizierte, kürzere Ständer erlaubten es, die Sitzhöhe bis auf 75 Zentimeter abzusenken. Was die Wartung anging, teilte sich die F 650 einige Besonderheiten mit den Zwei- und Vierzylindermaschinen des Hauses. Die Wartungsintervalle beliefen sich in der Tat auf 10.000 Kilometer, und die Lebensdauer des Auspuffs, der bei derartigen Maschinen gerne rostet, wurde durch die Ausführung in Edelstahl verlängert.

Die F 650 als Motorrad, das nicht zuletzt Fremdkunden zum Kauf einer BMW veranlasste, sollte auch für Anfänger geeignet sein, was sich darin äußerte, dass sie ebenso in einer auf 34 (statt 48) PS gedrosselten Variante zu haben war, was sie dem Gesetz gemäß Novizen zugänglich machte.

Besonderen Wert legten die Ingenieure darauf, dass der Motor mittragend in die Struktur integriert war, was sie verwindungssteifer machte. Der Einschleifenrahmen war um den Motor herum konstruiert und bestand aus Stahlrohren, Pressblechen und zwei unteren Verstärkungen, die die Struktur überaus steif geraten ließen. Im Hinblick auf den erstrebten günstigeren Preis verzichtete man beim Fahrwerk auf Experimente. Vorne kam eine hydraulische Telegabel zum Einsatz, hinten eine simple, leichte, aber steife Schwinge mit einem Zentralfederbein, dessen Feder sich über einen Griff auf der rechten Seite, zwischen Rahmen und Motor, verstellen ließ. Der Absatz übertraf die erwarteten 35.000 Stück bei weitem. Aus diesem Grund blieb die F 650 bis 1999 bei Aprilia in Produktion; insgesamt entstanden 64.000 Stück. Ab 1999 fand die Produktion der Nachfolgemodelle parallel zu den übrigen BMW Maschinen im eigenen Werk in Berlin statt.

NOLAN
9

Das 18 statt 19 Zoll messende kleinere Vorderrad machte die F 650 ST besser für die Fahrt auf der Straße geeignet.

F 650 ST

Motor
Typ: Einzylindermotor
Bohrung x Hub: 100 x 83 mm
Hubraum: 652 cm³
Leistung: 48 PS/35,3 kW bei 6500/min
Ventile: 4 hängende Ventile
Gemischaufbereitung: Zwei 33-mm-Vergaser

Kraftübertragung und Getriebe
Getriebe: Fünfganggetriebe
Kraftübertragung: Kette

Fahrwerk
Rahmen: Stahlprofil-Schleifenrahmen
Vorne: Teleskopgabel
Hinten: Schwinge mit Zentralfederbein
Vorderradbremse: Scheibe, Ø 300 mm
Hinterradbremse: Scheibe, Ø 240 mm
Vorderreifen: 100/80 x 18
Hinterreifen: 130/70 x 17

Abmessungen und Gewichte
Trockengewicht: 191 kg
Länge: 2160 mm
Sitzhöhe: 785 mm
Tankinhalt: 17,5 Liter

Fahrleistungen
Höchstgeschwindigkeit: 163 km/h

Drei Jahre nach der mit der F 650 erfolgten Wiedereinführung eines Einzylindermodells wurde die Baureihe um eine Maschine mit ausgeprägter Straßennatur ergänzt. Die F 650 ST verzichtete im Interesse einer Ausrichtung auf den Straßenbetrieb auf eine Reihe von typischen Geländedetails; das Vorderrad maß im Durchmesser statt 19 nur noch 18 Zoll, das hintere Federbein erhielt einen kürzeren Federweg. Sichtbarste Folge dieser beiden Maßnahmen war eine sichtlich tiefere Sitzposition, was BMW auch damit rechtfertigte, dieses relativ preiswerte Modell gleichfalls für die weibliche Kundschaft interessant zu machen. Das Streben nach größerer Straßentauglichkeit beschränkte sich freilich nicht auf Felgen und Fahrwerk; auch der Radstand wurde verkürzt (wobei die Vorlaufwerte gleich blieben), und der Lenker war flacher und nach vorne gerückt.

Die F 650 ST, das Spitzenmodell der Baureihe, wurde in Italien im Aprilia-Werk hergestellt und war auch in leistungsgedrosselter Version erhältlich.

Zwischen F 650 und F 650 GS bestanden nicht nur Unterschiede im Design. Vielmehr markierte der Modellwechsel die epochale Einführung der elektronischen Einspritzung anstelle der Vergaser und das Ende der Zusammenarbeit mit Aprilia. Ab Ende 1999 wurde die auch an den Instrumenten (oben) geänderte Maschine im BMW Werk in Berlin-Spandau gefertigt.

Das Ende der Zusammenarbeit mit Aprilia bot die Gelegenheit, die F 650 grundlegend zu überarbeiten. Was Ende 1999 präsentiert wurde und ab Frühjahr 2000 von den Bändern in Berlin-Spandau rollte, hatte mit der in Italien montierten F 650 nur mehr wenig gemein, die noch bis zum Abverkauf der Restexemplare im Angebot blieb. Die von David Robb gezeichnete F 650 GS war um zwei PS stärker als die Vorgängerin, das Ergebnis eines geänderten Ventiltriebs und der elektronischen Einspritzung, die die beiden bislang verwendeten Vergaser ablöste.

Die neue Einzylindermaschine war nicht nur stärker, sie war auch, dank des geregelten Dreiwege-Katalysators mit Lambdasonde, sauberer. Der Motor war in einem völlig neuen Rahmen untergebracht; der einzelne Hauptträger wich zwei seitlichen Trägern, die direkt vom Lenkkopf zur Schwingenaufnahme liefen. Das hohe, in Fahrzeugfarbe lackierte Schutzblech diente vornehmlich ästhetischen Zwecken (das echte Schutzblech befand sich direkt über dem Rad), und zu den technischen Besonderheiten zählte der nicht in klassischer Position befindliche, sondern unter der Sitzbank untergebrachte Tank.

F 650 GS

Motor
Typ: Einzylindermotor
Bohrung x Hub: 100 x 83 mm
Hubraum: 652 cm³
Leistung: 50 PS/36,8 kW bei 6500/min
Ventile: 4 hängende Ventile
Gemischaufbereitung: Elektronische Einspritzung

Kraftübertragung und Getriebe
Getriebe: Fünfganggetriebe
Kraftübertragung: Kette

Fahrwerk
Rahmen: Stahlgitterrohrrahmen
Vorne: Teleskopgabel
Hinten: Schwinge mit Zentralfederbein
Vorderradbremse: Scheibe, Ø 300 mm
Hinterradbremse: Scheibe, Ø 240 mm
Vorderreifen: 100/90 x 19
Hinterreifen: 130/80 x 17

Abmessungen und Gewichte
Trockengewicht: 193 kg
Länge: 2175 mm
Sitzhöhe: 780 mm
Tankinhalt: 17,3 Liter

Fahrleistungen
Höchstgeschwindigkeit: 160 km/h

Für BMW begann das neue Jahrtausend mit der Rückkehr zur Rallye Paris-Dakar, die das Werk in den 1980er-Jahren mit den Boxermaschinen unter Auriol und Rahier dominiert hatte, und mit dem Sieg des Franzosen Richard Sainct, der mit einer speziell präparierten F 650 als Erster das diesmal in Kairo liegende Ziel erreichte. Ein eher überraschender Erfolg, den das Werk mit einem Sondermodell auf Basis der neuen Einzylindermaschine feierte. Der normalen F 650 GS wurde also die F 650 GS Dakar zur Seite gestellt, die mit geländespezifischen Details aufwartete, obwohl sie beileibe kein Offroad-Wettbewerbsmotorrad war. Technisch entsprach sie der F 650 GS und war zwar nicht stärker, aber mit einem anders abgestuften Getriebe versehen. Auf schwereres Gelände war das Fahrwerk mit längeren Federwegen eingestellt, wodurch auch die Sitzhöhe stieg, demselben Zweck dienten auch die Geländereifen von geändertem Durchmesser und anderer Breite.

F 650 GS Dakar

Motor
Typ: Einzylindermotor
Bohrung x Hub: 100 x 83 mm
Hubraum: 652 cm^3
Leistung: 50 PS/36,8 kW bei 6500/min
Ventile: 4 hängende Ventile
Gemischaufbereitung: Elektronische Einspritzung

Kraftübertragung und Getriebe
Getriebe: Fünfganggetriebe
Kraftübertragung: Kette

Fahrwerk
Rahmen: Stahlgitterrohrrahmen
Vorne: Teleskopgabel
Hinten: Schwinge mit Zentralfederbein
Vorderradbremse: Scheibe, Ø 300 mm
Hinterradbremse: Scheibe, Ø 240 mm
Vorderreifen: 90/90 x 21
Hinterreifen: 130/80 x 19

Abmessungen und Gewichte
Trockengewicht: 192 kg
Länge: 2175 mm
Sitzhöhe: 870 mm
Tankinhalt: 17,3 Liter

Fahrleistungen
Höchstgeschwindigkeit: 145 km/h

Die Rückkehr in den Rennsport und weitere Erfolge beim nordafrikanischen Marathon veranlassten das Werk, der klassischen GS eine Dakar-Version zur Seite zu stellen, die auf Anhieb an ihrer auffälligen Optik identifizierbar war (oben). Am Motor wurde nichts geändert, das 21 Zoll große Vorderrad, die Geländereifen und die längeren Federwege zeigten aber, für welchen Untergrund die Maschine gedacht war.

Die CS war nicht einfach nur eine weitere F 650-Variante, sondern eine weitgehende Neukonstruktion mit dem Ziel, eine zu 100 Prozent straßentaugliche Version zu erhalten, die leicht zu fahren sein und vor allem viel Fahrfreude bieten sollte. Die Ingenieure ersetzten hier die Antriebskette durch einen Zahnriemen (unten).

Mit der F 650 CS wollten die BMW Ingenieure wenigstens zum Teil die Anomalie beheben, dass man eine Baureihe mit Kettenantrieb unter sonst lauter Kardanmaschinen im Programm führte. Der Einzylindermotor erlaubte die Verwendung einer Kardanwelle zwar nicht, immerhin aber den Einsatz eines Zahnriemens, der zweitbesten Lösung, zumindest in Hinsicht auf den Wartungsaufwand. Die CS ergänzte das Modellprogramm ab 2002; das Kürzel sollte an die taillierten Carving-Ski erinnern, denn ebenso rasch wie mit jenen ließen sich mit dem Motorrad Richtungsänderungen vollziehen. Zum Einsatz kam die jüngste Version des Motors mit elektronischer Einspritzung, in eine Struktur eingesetzt, die das Fahrzeuggewicht gegenüber den anderen F 650 verringern sollte. Der Rahmen war völlig neu und bestand aus Aluminium, die Einarmschwinge aus Leichtmetall.

Wo sich ansonsten der Tank befand, war ein Gepäckfach aus Kunststoff untergebracht, daneben standen diverse Koffer und weiteres Zubehör zur Auswahl, darunter auch eine Stereoanlage. Wie bei der GS befand sich auch bei der CS der Tank unter der Sitzbank, in einer besonders tiefen Position, nur 75 Zentimeter über dem Boden.

F 650 CS

Motor
Typ: Einzylindermotor
Bohrung x Hub: 100 x 83 mm
Hubraum: 652 cm³
Leistung: 50 PS/36,8 kW bei 6500/min
Ventile: 4 hängende Ventile
Gemischaufbereitung: Elektronische Einspritzung

Kraftübertragung und Getriebe
Getriebe: Fünfganggetriebe
Kraftübertragung: Zahnriemen

Fahrwerk
Rahmen: Stahlrohr-Brückenrahmen
Vorne: Teleskopgabel
Hinten: Schwinge mit Zentralfederbein
Vorderradbremse: Scheibe, Ø 300 mm
Hinterradbremse: Scheibe, Ø 240 mm
Vorderreifen: 110/70 x 17
Hinterreifen: 160/60 x 17

Abmessungen und Gewichte
Trockengewicht: 171 kg
Länge: 2142 mm
Sitzhöhe: 750/780 mm
Tankinhalt: 15 Liter

Fahrleistungen
Höchstgeschwindigkeit: 175 km/h

Die F 650 GS in den Apuanischen Alpen in der Toskana während der Modellvorstellung.

R 1100 GS

Motor
Typ: Zweizylinder-Boxermotor
Bohrung x Hub: 99 x 70,5 mm
Hubraum: 1085 cm³
Leistung: 80 PS/58,8 kW bei 6750/min
Ventile: 4 hängende Ventile pro Zylinder
Gemischaufbereitung: Elektronische Einspritzung

Kraftübertragung und Getriebe
Getriebe: Fünfganggetriebe
Kraftübertragung: Kardanwelle

Fahrwerk
Rahmen: Stahlrohrrahmen, tragender Motor
Vorne: Telelever-Gabel
Hinten: Paralever-Einarmschwinge
Vorderradbremse: Doppelscheibe, Ø 305 mm
Hinterradbremse: Scheibe, Ø 276 mm
Vorderreifen: 110/80 x 19
Hinterreifen: 150/70 x 17

Abmessungen und Gewichte
Trockengewicht: 243 kg
Länge: 2196 mm
Sitzhöhe: 840/860 mm
Tankinhalt: 25 Liter

Fahrleistungen
Höchstgeschwindigkeit: 195 km/h

BMW machte nie einen Hehl daraus, dass der Vierventil-Boxermotor in allen Baureihen zum Einsatz kommen sollte, in denen bislang der alte Boxer Dienst getan hatte. Die RS des Jahres 1993 war nur der Anfang, es folgte eine neue Version einer der erfolgreichsten Baureihen der letzten Jahre, der Enduro GS. Als dieses Modell ungewöhnlicherweise im September 1993 auf der Frankfurter IAA präsentiert wurde, die auch eine Zweiradabteilung umfasste, erregte die R 1100 GS durch ihre schieren Abmessungen einiges Erstaunen. Der Eindruck verstärkte sich noch, als sie im folgenden April zu den Händlern kam. Die vorherige GS war selbst in der Paris-Dakar-Version mit größerem Tank lange nicht so wuchtig aufgetreten. Die R 1100 GS folgte dem unvermeidlichen Zug der Zeit und wartete mit einigen Besonderheiten auf; zunächst fiel der voluminöse, 25 Liter fassende Tank ins Auge, der auf jedem Untergrund für eine große Reichweite sorgte, nicht nur auf Asphalt. Anders als zuvor gab es nun keine Basisversion mit kleinem Tank mehr; BMW zielte nun vorrangig auf die Freunde von Abenteuerreisen. Danach fiel der Blick auf das Vorderrad mit seinen zwei Schutzblechen, einem tatsächlichen, kaum sichtbaren in schwarz knapp über dem Rad und einem in der Farbe des Tanks lackierten „Schnabel“, der freilich nur aerodynamische und ästhetische Aufgaben zu erfüllen hatte. Die R 1100 GS war eine Trendsetterin, doch mehr als ihre Außenmaße standen einer weiteren Verbreitung der hohe Preis von umgerechnet 10.100 Euro im Weg, während die R 100 GS, die weiter lieferbar blieb, schon für 8000 Euro zu haben war.

Dass die neue GS die Abenteuerlust ansprach, zeigte sich an verschiedenen Details, vor allem am Tank, dann auch an der Verkleidung, den auf Wunsch erhältlichen Seitenkoffern und an der speziellen Sitzbank, die sich die Ingenieure einfallen ließen. Die typische Sitzbank wich hier einer zweiteiligen Bank, deren hintere Hälfte abnehmbar ausgeführt war, eine Weiterentwicklung dessen, was man zuvor schon an der R 100 GS Paris-Dakar gesehen hatte. In diesem Fall war die Maschine einsitzig, und der freie Platz diente als Verlängerung des Gepäckträgers. Auf diese Weise konnte, wer allein fuhr, bequemer und weiter nach hinten gerückt sitzen, was der Fahrstabilität und der Sicherheit zugute kam. Neben dem Gepäckträger war an gut zugän-

Die um den in der Leistung um 10 PS reduzierten Motor und das Fahrwerk der R 1100 RS konstruierte GS war völlig neu. Sie bot zahlreiche Innovationen. Am interessantesten war aber die erstmals an einer großen Enduro vorhandene hintere Scheiben- statt der üblichen Trommelbremse.

Das Armaturenbrett (unten) ließ sich gegen Mehrpreis mit weiteren Instrumenten bestücken.

glicher Stelle ein Fach vorhanden, in dem sich das Bordwerkzeug für Wartung und kleinere Reparaturen befand. Im Vergleich mit Modellen anderer Marken fiel der Werkzeugsatz äußerst umfangreich aus und umfasste alles Nötige, vom Schraubenschlüssel zur Einstellung des vorderen Stoßdämpfers bis zum Reifen-Reparaturset.

Mit der R 1100 GS (der man 1999 eine 850-cm³-Version mit 70 PS zur Seite stellte) wollten die Entwickler eine geländetaugliche Maschine realisieren, zwar weniger stark, aber noch elastischer als die RS. Das Drehmoment bei niedrigen Drehzahlen steigerten ein Spezialauspuff aus Edelstahl (um die an der Vorgängerin aufgetretenen Rostprobleme zu minimieren), aber auch Änderungen an den Steuerzeiten und an der Programmierung der Motorsteuerung. Diese Maßnahmen ließen zwar die Leistung um 10 PS sinken, hoben aber den Drehmomentgipfel von bereits hohen 95 Nm im Falle der Sportmaschinen auf 97 Nm bei 5250/min an.

Hatte man erst einmal das Staunen über die Ausmaße und die Form der ersten GS der neuen Generation überwunden, stellte sie sich als interessante Alternative zu den spezifischen Tourenmotorrädern dar. Trotz ihrer Vielseitigkeit und dem Enduro-Look war sie in richtig schwerem Gelände nicht besonders leicht zu fahren, was in der Hauptsache zwei Gründe hatte: das Gewicht von 230 kg und die Sitzhöhe von 84 Zentimetern. Viele Details erleichterten aber den Umgang mit der GS im Gelände. Zunächst einmal die Möglichkeit, das aufpreispflichtige ABS, so vorhanden, zu deaktivieren und dadurch den Bremsweg auf glattem Geläuf zu verkürzen. Als sehr brauchbar im Alltagsbetrieb erwies sich das Allround-Fahrwerk mit der klassischen Telelever-Gabel und Paralever-Schwinge, wobei sich die Tarierung der Federn in diesem Fall regulieren ließ und sich der hintere Federweg dank einer auch auf Zug reagierenden Feder wesentlich länger gestaltete, was natürlich dem Einsatz im Gelände zugute kam; die Federwege betrugen statt der 135 mm der RS 190 mm am Vorderrad und 200 mm am Hinterrad. Zudem verfügte die GS über einen geänderten Lenkkopfwinkel, womit sie nicht minder handlich war als die Sportvariante, eine Eigenheit auch der späteren großen BMW Enduros.

Die Bremsanlage wartete außer mit der bereits erwähnten ABS-Abschaltmöglichkeit mit weiteren Innovationen auf. Dabei sollte man nicht vergessen, dass die 1100 die R 100 GS mit ihren notorisch schwachen Bremsen erst nach und nach ablöste. Das Werk stattete die alte GS weiterhin mit einer 285 mm großen vorderen Einzelscheibe und einer hinteren Trommelbremse von 200 mm Durchmesser aus. Was die 1994 neue GS bot, stellte dagegen einen riesigen Fortschritt dar; sie besaß eine 305 mm große vordere Doppelscheibe und am Hinterrad eine 276-mm-Scheibe mit Schwimmsattel.

Die sehr wuchtig daherkommende R 1100 GS (rechts) war, dem Zug der Zeit folgend, nicht mehr so geländegängig, sondern zeigte sich eher als Tourenmaschine, die mit der hauseigenen RT konkurrierte.

Unter dem hinteren Teil der Sitzbank befand sich das Bordwerkzeug für Wartung und Reparaturen, das BMW-typisch sehr umfangreich war. Neben den üblichen Schraubenschlüsseln war auch ein Reparatursatz für die schlauchlosen Reifen enthalten (unten rechts).

In Sachen Fahrsicherheit wartete die R 1100 GS mit schlauchlosen Reifen auf speziellen Speichenrädern auf, während die Mehrzahl der damaligen Enduros weiterhin auf Schlauchreifen rollte. Die Reisetauglichkeit der GS war so überragend, dass viele Freunde der Abenteuerreisen zu ihr griffen und sie die Position der ausdrücklichen Tourenmaschinen mit größeren Verkleidungen zu gefährden begann. Im Grunde fehlte es ihr nur an einer vernünftigen Verkleidung; immerhin aber waren für die GS sämtliche Komfortextras lieferbar, die eine Reise-BMW ausmachen, von beheizbaren Lenkergriffen bis zum Kofferset, darüber hinaus bot sie höchste Bequemlichkeit auf jedem Untergrund, und ihre Spitze von 195 km/h war aller Ehren wert. Die 1100 blieb bis 1999 in Produktion, ehe sie von der R 1150 GS abgelöst wurde; bis dahin entstanden von ihr über 45.000 Exemplare.

Anderes Aussehen, ähnliche Technik. Wie die R 1100 RS war auch die R 1100 GS um den Boxermotor der neuen Generation herum konstruiert (unten links), dessen Block auch der Befestigung der Vorder- und Hinterradführung diente.

Die 1999 lancierte Nachfolgerin der R 1100 GS zeigte sich eher in der Substanz als in der Form neu. Abgesehen von den neuen Schriftzügen änderte sich an der Gestalt der 1150 kaum etwas, nur das Auspuffendrohr war geändert worden. Das Hubraumwachstum, das 5 Mehr-PS mit sich brachte, ging in der Hauptsache auf die Notwendigkeit zurück, den Boxermotor an die immer strenger werdenden Abgasvorschriften anpassen zu müssen, ohne dass die Leistung darunter litt. Der Zweizylinder der neuen Generation erhielt einige Änderungen am Ventiltrieb, eine weiterreichende Überarbeitung fand aber erst 2002 statt, als die GS (wie alle in Produktion befindlichen Modelle der Baureihe R) vom Cruiser R 1200 C die „2-Spark"-Doppelzündung übernahmen. Nicht sichtbar, aber für den Einsatz der großen Enduro auf jedwedem Untergrund durchaus praktisch, war das enger abgestufte, präziser zu schaltende und laufruhigere Sechsganggetriebe. Neu an der 1150 war auch die der Fahrt auf Asphalt besser angepasste vordere Radführung, die direkt von dem System abgeleitet war, das BMW für die sportliche R 1100 S entwickelt hatte.

Die asymmetrischen Doppelscheinwerfer waren das Erkennungsmerkmal der im Hubraum gewachsenen GS.

Die R 1150 GS (unten) erhielt eine neue, von der sportlichen S übernommene Vorderradführung.

R 1150 GS

Motor
Typ: Zweizylinder-Boxermotor
Bohrung x Hub: 101 x 70,5 mm
Hubraum: 1130 cm³
Leistung: 85 PS/62,5 kW bei 6750/min
Ventile: 4 hängende Ventile pro Zylinder
Gemischaufbereitung: Elektronische Einspritzung

Kraftübertragung und Getriebe
Getriebe: Sechsganggetriebe
Kraftübertragung: Kardanwelle

Fahrwerk
Rahmen: Stahlrohrrahmen, tragender Motor
Vorne: Telelever-Gabel
Hinten: Paralever-Einarmschwinge
Vorderradbremse: Doppelscheibe, Ø 305 mm
Hinterradbremse: Scheibe, Ø 276 mm
Vorderreifen: 110/80 x 19
Hinterreifen: 150/70 x 17

Abmessungen und Gewichte
Trockengewicht: 225 kg
Länge: 2196 mm
Sitzhöhe: 840 mm
Tankinhalt: 22 Liter

Fahrleistungen
Höchstgeschwindigkeit: 195 km/h

Erstmals benannte BMW das Modell für die Abenteuerreise nicht mehr als Dakar oder Paris-Dakar. Typisch für die GS Adventure waren etliche Schutz bietende Elemente, die größeren Federwege und der auf 30 Liter vergrößerte Tank.

R 1150 GS Adventure

Motor
Typ: Zweizylinder-Boxermotor
Bohrung x Hub: 101 x 70,5 mm
Hubraum: 1130 cm³
Leistung: 85 PS/62,5 kW bei 6750/min
Ventile: 4 hängende Ventile pro Zylinder
Gemischaufbereitung: Elektronische Einspritzung

Kraftübertragung und Getriebe
Getriebe: Sechsganggetriebe
Kraftübertragung: Kardanwelle

Fahrwerk
Rahmen: Stahlrohrrahmen, tragender Motor
Vorne: Telelever-Gabel
Hinten: Paralever-Einarmschwinge
Vorderradbremse: Doppelscheibe, Ø 305 mm
Hinterradbremse: Scheibe, Ø 276 mm
Vorderreifen: 110/80 x 19
Hinterreifen: 150/70 x 17

Abmessungen und Gewichte
Trockengewicht: 227,5 kg
Länge: 2180 mm
Sitzhöhe: 900 mm
Tankinhalt: 30 Liter

Fahrleistungen
Höchstgeschwindigkeit: 192 km/h

2001 entschloss sich BMW, obwohl die Sporterfolge der F 650 es ermöglicht hatten, ihre extremere Version auf den Namen Dakar zu taufen, die wildere und unkonventionellere Schwester der R 1150 GS unter einer neuen Bezeichnung anzubieten. Die Adventure war stärker für die Fahrt im Gelände konzipiert und mit zahlreichen Extras erhältlich, die sie noch mehr für die Abenteuerfahrt in der Wildnis tauglich machten. Im Vergleich mit der GS besaß sie längere Federwege und eine hohe, breite Windschutzscheibe und konnte ohne Aufpreis mit grobstolligen Geländereifen und kürzerer Antriebsübersetzung für Ausritte auf schwerem Geläuf bestellt werden. Die sehr lange Liste der lieferbaren Extras umfasste unter anderem einen robusten, wasser- und staubdichten Koffersatz aus Aluminium, einen auf 30 Liter vergrößerten Tank, abschaltbares ABS und die Möglichkeit, über eine Verstellung des Steuerrechners auch Benzin minderer Qualität tanken zu können. Das Spezialfahrwerk ließ die Sitzbank deutlich höher zu liegen kommen, eine Unbequemlichkeit für Kurzbeinige, die man durch die Bestellung einer niedrigeren Sitzbank kompensieren konnte, mit der die Sitzhöhe auf annehmbare 86 Zentimeter sank.

R 1200 GS

Motor
Typ: Zweizylinder-Boxermotor
Bohrung x Hub: 101 x 73 mm
Hubraum: 1170 cm³
Leistung: 100 PS/74 kW bei 7000/min
Ventile: 4 hängende Ventile pro Zylinder
Gemischaufbereitung: Elektronische Einspritzung

Kraftübertragung und Getriebe
Getriebe: Sechsganggetriebe
Kraftübertragung: Kardanwelle

Fahrwerk
Rahmen: Stahlrohrrahmen, tragender Motor
Vorne: Telelever-Gabel
Hinten: Paralever-Einarmschwinge
Vorderradbremse: Doppelscheibe, Ø 305 mm
Hinterradbremse: Scheibe, Ø 265 mm (a.W. ABS)
Vorderreifen: 110/80 x 19
Hinterreifen: 150/70 x 17

Abmessungen und Gewichte
Trockengewicht: 225 kg
Länge: 2210 mm
Sitzhöhe: 840/860 mm
Tankinhalt: 20 Liter

Fahrleistungen
Höchstgeschwindigkeit: 208 km/h

Über 25 Jahre stiegen Fahrleistungen, aber auch Gewicht und Ausmaße der GS; sie entfernte sich in dieser Hinsicht immer weiter vom Urmodell. Die 2004 in Südafrika offiziell präsentierte R 1200 GS stellte einen Schritt hin zu den Ursprüngen dar. Zwei Daten machten klar, dass das Werk die große Enduro agiler machen wollte: die Leistungssteigerung um 15 auf jetzt 100 PS und das gegenüber der letzten R 1150 GS um 30 Kilogramm niedrigere Leergewicht. Erhalten blieb ihr der typische „Schnabel" am Bug, der im Zusammenspiel mit der Verkleidung aerodynamische Zwecke erfüllte, aber straffer und moderner gestaltet wurde. An der Tourentauglichkeit änderte sich nichts: Die Zuladung war hoch und der hintere Teil der Sitzbank war zum Transport von Gepäck abnehmbar.

Mehr Hubraum, neues Design. Die große Enduro wurde zudem leichter und stärker.

R 1200 GS Adventure

Motor
Typ: Zweizylinder-Boxermotor
Bohrung x Hub: 101 x 73 mm
Hubraum: 1170 cm³
Leistung: 100 PS/74 kW bei 7000/min
Ventile: 4 hängende Ventile pro Zylinder
Gemischaufbereitung: Elektronische Einspritzung

Kraftübertragung und Getriebe
Getriebe: Sechsganggetriebe
Kraftübertragung: Kardanwelle

Fahrwerk
Rahmen: Stahlrohrrahmen, tragender Motor
Vorne: Telelever-Gabel
Hinten: Paralever-Einarmschwinge
Vorderradbremse: Doppelscheibe, Ø 305 mm
Hinterradbremse: Scheibe, Ø 265 mm (a.W. ABS)
Vorderreifen: 110/80 x 19
Hinterreifen: 150/70 x 17

Abmessungen und Gewichte
Trockengewicht: 223 kg
Länge: 2250 mm
Sitzhöhe: 890/910 mm
Tankinhalt: 33 Liter

Fahrleistungen
Höchstgeschwindigkeit: über 200 km/h

Da die Adventure bei der reiselustigen Kundschaft auf großen Widerhall gestoßen war, lancierte BMW 2006 auch von der R 1200 GS eine derartige Version. Richtlinie waren dabei die Erfahrungen mit der 1150, wobei die neue Maschine mit ihrem von 20 auf 33 Liter vergrößerten Tank noch wuchtiger auftrat.

Wie zuvor war die Windschutzscheibe großflächiger und in der Neigung verstellbar und die Federwege waren länger; dazu kamen weitere Besonderheiten, von den Handschützern an den Lenkergriffen über die Bügel an Tank und Zylindern bis zu einer Schutzplatte, die den Motor vor Schlägen von unten bewahrte.

Auch von der R 1200 GS gab es eine Adventure-Version mit größerem Tank und Tourenausstattung. Hier ist sie mit etlichem Zubehör abgebildet.

Von der GS der jüngsten Generation erbte die HP 2 den Motor, alles Übrige wurde für diese betont sportliche Enduro eigens konstruiert. Das Streben nach möglichst niedrigem Gewicht und guter Handlichkeit erforderte den Verzicht auf die aktuell im Haus übliche Technik. Das galt etwa für die Telelever-Gabel, die zwar auf Asphalt ihre Vorzüge hatte, für den Einsatz im steilen Gelände aber zu sperrig und zu schwer war. Die im Frühjahr 2005 präsentierte und ab 22. September erhältliche Enduro orientierte sich stärker als andere Maschinen an den Offroad-Prototypen, aus denen die R 80 G/S entstanden war. Das Fahrwerk mit typischer Gelände-Gabel war konventionell gehalten, an der hinteren Radführung aber wollten die Ingenieure sich einer gewissen Originalität nicht enthalten und griffen zu einem pneumatischen Federbein. Der leichte und mit einer speziellen, eigens für die HP 2 entwickelten Steuerkette versehene Motor leistete 105 PS – mehr als jeder andere Boxer in einer Gelände-BMW. Mit 175 Kilogramm trocken rangierte auch das Gewicht auf rekordverdächtig niedrigem Niveau; einsatzbereit belief sich das Gewicht noch immer auf unter 200 Kilo (auf 195 Kilogramm, um genau zu sein).

Die HP 2 war die einzige R mit konventionellem Fahrwerk ohne Telelever und Paralever und war ausdrücklich für Offroad-Wettbewerbe bestimmt.

HP 2

Motor
Typ: Zweizylinder-Boxermotor
Bohrung x Hub: 101 x 73 mm
Hubraum: 1170 cm³
Leistung: 105 PS/77 kW bei 7000/min
Ventile: 4 hängende Ventile pro Zylinder
Gemischaufbereitung: Elektronische Einspritzung

Kraftübertragung und Getriebe
Getriebe: Sechsganggetriebe
Kraftübertragung: Kardanwelle

Fahrwerk
Rahmen: Stahlrohrrahmen
Vorne: Upside-down-Teleskopgabel
Hinten: Paralever-Einarmschwinge
Vorderradbremse: Scheibe, Ø 305 mm
Hinterradbremse: Scheibe, Ø 265 mm
Vorderreifen: 90/90 x 21
Hinterreifen: 140/80 x 17

Abmessungen und Gewichte
Trockengewicht: 175 kg
Länge: 2350 mm
Sitzhöhe: 920 mm
Tankinhalt: 13 Liter

Fahrleistungen
Höchstgeschwindigkeit: 200 km/h

Der US-Amerikaner Jimmy Lewis bei Testfahrten vor der Dakar des Jahres 2000 auf der R 1100 GS.

Schöffel
GAULOISES
MICHELIN
Castrol

R 1200 C

Motor
Typ: Zweizylinder-Boxermotor
Bohrung x Hub: 101 x 73 mm
Hubraum: 1170 cm^3
Leistung: 61 PS/45 kW bei 5000/min
Ventile: 4 hängende Ventile pro Zylinder
Gemischaufbereitung: Elektronische Einspritzung

Kraftübertragung und Getriebe
Getriebe: Fünfganggetriebe
Kraftübertragung: Kardanwelle

Fahrwerk
Rahmen: Aluminiumrahmen, tragender Motor
Vorne: Telelever-Gabel
Hinten: Monolever-Einarmschwinge
Vorderradbremse: Doppelscheibe, Ø 305 mm
Hinterradbremse: Scheibe, Ø 285 mm
Vorderreifen: 100/90 x 18
Hinterreifen: 170/80 x 15

Abmessungen und Gewichte
Trockengewicht: 236 kg
Länge: 2340 mm
Sitzhöhe: 740 mm
Tankinhalt: 17,5 Liter

Fahrleistungen
Höchstgeschwindigkeit: 168 km/h

Der neue, 1993 herausgekommene Boxermotor erlaubte es BMW, neue Marktsegmente zu belegen, die man in den vorangegangenen 70 Jahren noch nicht bedient hatte. Der Vierventil-Zweizylinderboxer, der ab 1998 mit der R 1100 S auch ein dezidiert sportliches Modell antrieb, eignete sich auch als Herzstück einer Maschine nach typisch amerikanischem Muster, eines Cruisers. Es handelte sich hierbei um ein ehrgeiziges Projekt, denn das Werk begab sich damit in direkte Konkurrenz zu einer Marke, die in aller Welt als Ikone der Custom- und Cruiser-Motorräder galt: Harley-Davidson. Wie der US-Hersteller konnte auch BMW seinerseits auf eine lange Tradition zurückblicken, der man stets treu geblieben war. Harley-Davidson hatte stets im Laufe der Zeit immer wieder modernisierte V-Zweizylindermotoren verwendet, während die Hauptwaffe der Bayern, trotz der Ausflüge in die Welt der Drei- und Vierzylinder, immer der Zweizylinder-Boxermotor gewesen war. In direkte Konkurrenz zueinander waren die beiden Hersteller bislang noch nicht geraten.

Das geschah aber 1997, als die R 1200 C herauskam, eine BMW ganz anderer Art, die zwar wenig mit den US-amerikanischen Modellen oder den japanischen Nachahmern zu tun hatte, aber dennoch ein waschechter Cruiser war. Natürlich handelte es sich bei ihr um eine ganz spezielle Maschine mit exklusiven Details; auch dieses Modell sollte faszinieren und die Aufmerksamkeit der Fans und vor allem derjenigen erregen, die bislang außereuropäische Motorräder erworben hatten.

Der Motor befand sich noch in seiner ersten, vier Jahre zuvor lancierten Entwicklungsstufe und war bislang noch nicht auf 1150 oder gar 1200 cm^3 vergrößert worden; daher überraschte der größere Hubraum bei der R 1200 C mit am meisten.

In Tucson, wo der BMW Cruiser seine offizielle Premiere erlebte, beeilten sich die BMW Ingenieure zu erklären, dass kein anderes Modell diesen um einen Zehntelliter größeren Motor erhalten solle. Auch weil dieses Triebwerk besondere Merkmale aufwies, die an einer Tourenmaschine wie der RS oder einer Enduro nach Art der GS nicht unbedingt erwünscht seien. Während der „normale" 1085-cm^3-Boxer bis zu 90 PS leistete, beschränkte sich der 1170 cm^3 große Motor der C auf ganze 61 PS. Das war natürlich kein Planungsfehler, sondern volle Absicht; man opferte Höchstleistung und hohe Dreh-

Das Armaturenbrett der C verzichtete nach Cruiser-Art auf einen Drehzahlmesser und umfasste lediglich einen nach links versetzten Tacho und einige Warnleuchten.

Die neue Maschine war nach amerikanischer Art gestaltet, aber von unverwechselbarem und besonderem Design. Die mit viel Chrom verzierte C (gegenüberliegende Seite) besaß den auf knapp 1200 cm^3 gebrachten Boxermotor. Im Mittelpunkt stand bei ihr die Optik, nicht die Leistung, die sich auf 61 PS beschränkte.

zahlen zugunsten einer überlegenen Elastizität. Das zeigte sich an der Drehmomentkurve; bei 2500/min lagen bereits 90 Nm an, bei 3000/min der Höchstwert von 98 Nm und darüber bis etwa 4500/min wieder Werte um die 90 Nm. Die Ingenieure verglichen diese Drehmomentkurve gerne mit einem Bisonrücken, einem Symbol für Kraft und zugleich eine typisch amerikanische Metapher. Das Projekt R 1200 C bot BMW die wichtige Möglichkeit, auf dem US-Markt voranzukommen, wo das Werk auch mit seinen Autos in die Offensive ging, daher wagte man für die C hohe Investitionen. Das Design stammte von David Robb, der Rahmen war eine völlige Neukonstruktion, die nichts mit anderen Modellen gemein hatte. Fest stand von Anfang an lediglich die Verwendung der Telelever-Gabel, die seit 1993 ein BMW Markenzeichen darstellte und darüber hinaus von der Struktur des Motorblocks vorgegeben war. Um den

mittragenden Zweizylinder konstruierte man einen Rahmen in Gemischtbauweise aus Stahlrohren im Heckbereich und Aluminium-Druckgusskomponenten vorne, der auch ästhetisch ansprechend gestaltet werden musste, weil er vor dem Tank sichtbar zutage trat. Aus Aluminium bestand auch das Verbindungsstück zwischen Motor und Telelever-Stoßdämpfer, das an der R 1200 C ein spezielles Aussehen erhielt. Der Rahmen war so konstruiert, dass er die Cruiser-typische sehr tiefe Sitzposition erlaubte; der Sitz befand sich lediglich 74 Zentimeter über dem Boden. À propos Sitz: BMW wählte hier eine ergonomisch ganz besondere Lösung; hinter dem groß dimensionierten Fahrersitz befand sich ein wesentlich kleineres Polster für den Sozius, das sich, falls nicht benötigt, nach vorne klappen ließ und dann als Rückenlehne für den Fahrer diente. Dieses Detail entsprach dem Yankee-Stil, aber kaum der BMW-typi-

Alle BMW Modelle besitzen besondere ergonomische Details; im Falle der R 1200 C ist es das kleine Sozius-Sitzkissen (gegenüberliegende Seite oben). Wer allein unterwegs war, konnte es hochklappen und als Rückenlehne nutzen.

Die R 1200 C gab es mit unterschiedlichen Lenkern, ganz nach amerikanischer Art (gegenüberliegende Seite unten).

Alternativ zum kleinen Sitzkissen gab es einen größeren Beifahrersitz (rechts); überhaupt stand auch für die C sehr viel Zubehör zur Auswahl. Die Liste umfasste unter anderem Koffer, Windschutzscheibe, Zusatzscheinwerfer und etliche verchromte Schutzbügel (rechts unten).

schen Zweisitzigkeit. Daher gab es auf Wunsch auch eine große Doppelsitzbank, die zwar weniger schön, aber deutlich praktischer war.

Während am Vorderrad also die Telelever-Gabel ihren Dienst versah, wurde hinten aus der Paralever- die Monolever-Schwinge, bei der der untere Lenker entfiel, was zwar einerseits den Federweg auf 100 mm begrenzte, andererseits aber die Verwendung einer Auspuffanlage mit tief geführtem Schalldämpfer erlaubte – ein großes Plus für die Optik. Serienmäßig war ein geregelter Katalysator, was noch lange nicht bei allen Herstellern Brauch war.

Trotz der im Vergleich zu den anderen Modellen – die über den dann allerdings 1100 cm³ großen Boxermotor verfügten – gedrosselten Leistung besaß

die Cruiser von Anfang an eine leistungsstarke und bewährte Bremse, nämlich die Dreischeibenanlage der RS mit zwei 305 mm großen Scheiben vorne und einer hinteren Einzelscheibe von 285 mm Durchmesser, und damit eine angesichts der Motorleistung besonders effiziente Bremse, zumal es die C später auch mit 850 cm^3 und auf 34 PS gedrosselt gab.

Natürlich erregte die C Aufsehen, und noch 1997 war sie in „Der Morgen stirbt nie", dem 18. Film der James Bond-Reihe, zu sehen. Anstelle von Pierce Brosnan, dem damaligen 007-Darsteller, saß allerdings der französische Stuntman Jean-Pierre Goy im Fahrersitz, der mit dem 195 Kilogramm schweren Motorrad, das für wilde Sprünge von Haus aus wenig

Die R 1200 C besaß einen speziellen Rahmen, der nicht von dem eines anderen Modells abgeleitet war, weil man den Sitz so niedrig wie möglich platzieren wollte (oben). Das Vorderteil bestand aus Druckguss-Aluminium, hinten gelangten Stahlrohre zum Einsatz (oben).

Beim Fahrwerk entschieden sich die Ingenieure für eine gemischte Lösung. Vorne gab es eine Telelever-Gabel (gegenüberliegende Seite oben), hinten anstelle der Paralever-Schwinge eine Schwinge mit einem progressiv wirkenden Federbein.

geeignet war, ganz erstaunliche Dinge anstellte. Aber trotz dem Charisma der Marke BMW und der hervorragenden Verarbeitungsqualität gelang es der R 1200 C nicht, die Käufer in den USA und Europa zu überzeugen, wie erhofft; sie hatte sich zu weit vom BMW-Kanon entfernt, um die Fans der Marke auf ihre Seite zu bringen und war zugleich zu innovativ für die Freunde der US-Bikes.

Aus diesen Gründen erzielte der Cruiser, trotz der Einführung weiterer Varianten und der Beseitigung einiger Kinderkrankheiten, schon im ersten Jahr seinen höchsten Absatz, der danach kontinuierlich fiel. In der Folge war die R 1200 C ab 2004 nicht mehr in den Preislisten vertreten.

Dem klassischen Cruiser ohne Windschutzscheibe stellte BMW im Jahr 2002 eine Version für die Reise auf US-amerikanischen Highways zur Seite. Auf der Intermot in München wurde die R 1200 CL präsentiert, die die Aufgabe hatte, gegen die Electra Glide-Modelle von Harley-Davidson anzutreten. Die von der R 1200 C abgeleitete CL, die wenige Wochen später in den Handel kam, besaß eine wuchtige Verkleidung mit vier Scheinwerfern. Die gesamte „Karosserie" bot dem Fahrer sehr viel Schutz vor den Elementen, trug aber zugleich zu dem deutlich höheren Gewicht bei, das von den 236 Kilogramm der nackten Version auf über 300 Kilo stieg. Das machte Änderungen nötig, um die Maschine besser fahrbar zu machen; der Durchmesser des Vorderrades schrumpfte von 18 auf 16 Zoll, das Getriebe erhielt einen sechsten Gang. Letzteres sorgte dafür, dass immer der richtige Gang zur Verfügung stand und trotz der weiterhin 61 PS betragenden Leistung eine zufrieden stellende Höchstgeschwindigkeit möglich war.

Mit der CL weitete BMW das Angebot an Cruisern aus; ihr Kennzeichen war die wuchtige, große Verkleidung nach nordamerikanischer Art.

R 1200 CL

Motor
Typ: Zweizylinder-Boxermotor
Bohrung x Hub: 101 x 73 mm
Hubraum: 1170 cm³
Leistung: 61 PS/45 kW bei 5000/min
Ventile: 4 hängende Ventile pro Zylinder
Gemischaufbereitung: Elektronische Einspritzung

Kraftübertragung und Getriebe
Getriebe: Sechsganggetriebe
Kraftübertragung: Kardanwelle

Fahrwerk
Rahmen: Gitterrohrrahmen, Vorderteil in Aluminium, tragender Motor
Vorne: Telelever-Gabel
Hinten: Monolever-Einarmschwinge
Vorderradbremse: Doppelscheibe, Ø 305 mm
Hinterradbremse: Scheibe, Ø 285 mm
Vorderreifen: 150/80 x 16
Hinterreifen: 170/80 x 15

Abmessungen und Gewichte
Trockengewicht: 308 kg
Länge: 2415 mm
Sitzhöhe: 745 mm
Tankinhalt: 17,5 Liter

Fahrleistungen
Höchstgeschwindigkeit: 165 km/h

Die nach der Avantgarde und der Independent erschienene Montauk war die letzte Sonderversion auf Basis der R 1200 C, ehe diese 2004 aus der Fertigung ging. Serie war unter anderem eine hübsch gemachte Verkleidung.

Zu den 1999 und 2000 eingeführten Varianten Avantgarde und Independent auf Basis der R 1200 C (die ab diesem Zeitpunkt die Bezeichnung R 1200 C Classic trug), kam im Herbst 2003 die R 1200 C Montauk hinzu, die zugleich den Abschluss einer Baureihe darstellte, der der erwartete Erfolg versagt blieb. Die Montauk führte eine Reihe von Neuerungen ein, die sich auch an den übrigen Cruiser-Modellen wiederfanden, allen voran die „2-Spark"-Doppelzündung. Neu waren zudem die EVO-Bremsanlage und das auf Wunsch lieferbare Integral-ABS sowie ein neues Getriebe; das Grundmodell besaß weiterhin nur fünf Vorwärtsgänge. Erkennbar war die Montauk an den übereinander angeordneten Doppelscheinwerfern und an zwei von der R 1200 CL übernommenen Details, der breiten Gabel und dem breiteren Vorderrad. Weitere Merkmale gegenüber der Classic waren die neue Seitenpartie der Karosserie, die spezielle Auspuffanlage in verchromtem rostfreiem Stahl, der geänderte Beifahrersitz und das hintere Federbein mit progressiver Wirkung.

R 1200 C Montauk

Motor
Typ: Zweizylinder-Boxermotor
Bohrung x Hub: 101 x 73 mm
Hubraum: 1170 cm^3
Leistung: 61 PS/45 kW bei 5000/min
Ventile: 4 hängende Ventile pro Zylinder
Gemischaufbereitung: Elektronische Einspritzung

Kraftübertragung und Getriebe
Getriebe: Fünfganggetriebe
Kraftübertragung: Kardanwelle

Fahrwerk
Rahmen: Gitterrohrrahmen,
Vorderteil in Aluminium, tragender Motor
Vorne: Telelever-Gabel
Hinten: Monolever-Einarmschwinge
Vorderradbremse: Doppelscheibe, Ø 305 mm
Hinterradbremse: Scheibe, Ø 285 mm
Vorderreifen: 150/80 x 16
Hinterreifen: 170/80 x 15

Abmessungen und Gewichte
Trockengewicht: 308 kg
Länge: 2370 mm
Sitzhöhe: 790 mm
Tankinhalt: 17,5 Liter

Fahrleistungen
Höchstgeschwindigkeit: 168 km/h

K 1200 RS

Motor
Typ: Vierzylinder-Reihenmotor
Bohrung x Hub: 70,5 x 75 mm
Hubraum: 1171 cm^3
Leistung: 130 PS/95,6 kW bei 8750/min
Ventile: 4 hängende Ventile pro Zylinder
Gemischaufbereitung: Elektronische Einspritzung

Kraftübertragung und Getriebe
Getriebe: Sechsganggetriebe
Kraftübertragung: Kardanwelle

Fahrwerk
Rahmen: Aluminium-Brückenrahmen
Vorne: Telelever-Gabel
Hinten: Monolever-Einarmschwinge
Vorderradbremse: Doppelscheibe, Ø 305 mm
Hinterradbremse: Scheibe, Ø 285 mm, ABS
Vorderreifen: 120/70 x 17
Hinterreifen: 170/60 x 17

Abmessungen und Gewichte
Trockengewicht: 266 kg
Länge: 2250 mm
Sitzhöhe: 770 mm
Tankinhalt: 21 Liter

Fahrleistungen
Höchstgeschwindigkeit: 250 km/h

Bis zur letzten Ausführung der K 1100 RS war BMW der selbstauferlegten Leistungshöchstgrenze von 100 PS treu geblieben, eine Politik, die das Werk auch anderen Herstellern zu befolgen nahe legte, allerdings erfolglos. 1996 hielten die Münchner den Zeitpunkt für gekommen, auf den Zug der Zeit aufzuspringen und zu zeigen, dass man von den BMW Motoren hinfort mehr Leistung erwarten könne. Mit dem Ziel, die Freunde der Marke zufriedenzustellen und die Konkurrenz zu übertreffen, entstand die K 1200 RS, bei der es sich zwar wieder um eine Tourenmaschine, nicht um ein Sportmotorrad handelte, die aber mit 130 PS bei 8750/min das bislang stärkste BMW Serienmodell darstellte.

Seine Premiere erlebte das neue Modell im September 1996 auf der Kölner Zweiradmesse; im folgenden Frühjahr gelangte sie zu den Händlern. Die neue RS war die extremste Vertreterin der Baureihe K und wies an Technik und Rahmen einschneidende Neuerungen auf.

Zunächst einmal hatte man den Hubraum auf die neue Standardgröße der K- (und auch der R-) Reihe erhöht, und zwar über eine Verlängerung des Hubs von 70 auf 75 mm; damit ergab sich ein Hubvolumen von exakt 1171 cm^3. Die vorherige Hubraumerhöhung von 1000 auf 1100 cm^3 hatte ausschließlich dem Zweck gedient, die durch den Katalysator verursachten Leistungs- und Drehmomentverluste zu kompensieren, bei der K 1200 RS verfolgte das Werk damit aber einen anderen Zweck: Man wollte nicht nur die 100 PS übertreffen, sondern die Motorkraft gleich um 30 Prozent steigern. Mit dem längeren Hub gingen daher weitere Modifikationen einher, die teils auf die Erfahrungen im Automotorenbau zurückgingen, und das Ziel verfolgten, mehr Leistung aus dem Triebwerk herauszuholen, ohne eine seiner bisherigen Stärken zu kompromittieren: die Langlebigkeit.

Der Vierzylinder saß weiterhin nach rechts geneigt und mit längs angeordneter Kurbelwelle im Rahmen, wurde aber umfassend modifiziert. Änderungen betrafen die Kurbelwelle mit anders verteilten Massen für einen runderen Lauf, leichtere Pleuel, neue Kolben mit kürzerem Hemd und leichterem Bolzen, Nickel-Silizium-beschichtete Zylinderlaufbuchsen und den Ventiltrieb. Die 16 Ventile waren leichter und mit dünneren Schäften versehen und wurden über Tassenstößel geöffnet. Im Interesse der Motorhaltbarkeit wurde auch der Kühlkreislauf überarbeitet; zwei Wasser- und ein Ölkühler sorgten für eine allzeit optima-

Der Kommandoposten der K 1200 RS zählte auf dem Gebiet der Sportmaschinen zu den besten seiner Art, die von den Instrumenten gelieferten Informationen waren freilich auch beim Touren nützlich.

Viel aerodynamische Feinarbeit sorgte dafür, dass die Verkleidung der K 1200 RS den Fahrer auch bei der Höchstgeschwindigkeit von 250 km/h schützte.

Die vierzylindrige RS besaß eine fließende Linienführung mit integrierter Verkleidung, wie schon einige andere Maschinen des Hauses (links).

Das Hinterrad wurde an einer Paralever-Schwinge mit mittigem Gasdruckstoßdämpfer geführt. Die Bremse besaß serienmäßig ABS, wie der Sensor an der Schwinge und die Gestaltung der Bremsscheibe zeigen.

le Betriebstemperatur. Der Ölkühler erhielt einen Thermostat, damit der Schmierstoff rascher auf Temperatur kam und die Lager auch bei schneller Fahrt ausreichend gekühlt wurden. Bei aller Suche nach mehr Kraft kam aber auch der Umweltschutz nicht zu kurz, seit jeher erklärtes BMW-Ziel; die vier Auspuffrohre mündeten in zwei gekoppelten Dreiwege-Metallkatalysatoren, eine Weltneuheit im Motorradbau, die die K 1200 RS auf sämtlichen Märkten aufwies. Geschaltet wurde über ein neues, laufruhigeres Sechsganggetriebe mit engerer Abstufung, und eine verstärkte Kupplung machte es leichter, die schnellsten Fahrleistungen, die eine Serien-BMW je geboten hatte, zu genießen.

Die deutlich höhere Motorleistung, die die K 1200 RS auf eine gedrosselte Spitze von 250 km/h katapultierte, und das mit 117 Nm um 10 Prozent höhere maximale Drehmoment machten naturgemäß auch Änderungen am Fahrwerk nötig. Der Vierzylindermotor war nicht mehr mittragend ausgelegt und entsprechend in den bislang verwendeten Rohrrahmen eingesetzt, sondern über vibrationsdämpfende elastische Lager in einer völlig neuen Struktur aus einer Aluminiumlegierung befestigt. Diese bestand aus vier Gussteilen, wog lediglich 22 Kilogramm und lief zwischen den Verankerungen von Vorder- und Hinterradführung entlang. Die BMW Ingenieure transplantierten nun auch in

die K-Baureihe einige technische Lösungen, die sie bereits seit drei Jahren an der R 1100 RS und anderen Vertretern der Boxer-Familie verwendeten, allerdings in einer der neuen Umgebung angepassten Form. Vorne kam die Telelever-Gabe mit Längslenker aus Stahl und mittigem Einzelfederbein zum Einsatz. Hier aber war der Lenker nicht an einem eigens dafür konstruierten Motorblock befestigt, vielmehr musste man ihn dem neuen Zweck anpassen und das A-förmige Gehäuse um eine rechteckige Struktur ergänzen. Eine der wichtigsten Aufgaben der Telelever-Gabel bestand nach wie vor darin, das Eintauchen des Motorrades beim Bremsen zu reduzieren. Dies geschah hier zu 90 Prozent, verglichen mit einer Rate von lediglich 70 Prozent bei den sportlichen Boxer-Modellen. Bei der Sportmaschine K 1200 RS wäre technisch sogar eine völlige Eliminierung dieses Phänomens möglich gewesen, worauf die Ingenieure aber verzichteten, um dem Fahrer ein gewisses Gefühl für das Verhalten der Maschine beim Bremsen zu bewahren.

Am Hinterrad erhielt die neue RS die Paralever-Radführung, die aus einer Aluminium-Einarmschwinge (in der wie üblich auch die Kardanwelle lief) und einem Federbein mit verstellbarer Feder und doppelt wirkender Hydraulik bestand. Auch hier waren konstruktive Abstimmungen auf die Charakteristiken des Motorrades nötig.

Neu war, dass die Paralever-Schwinge nicht am Getriebe, sondern am Mittelteil des neuen Rahmens befestigt war, hauptsächlich um die Fahrgeräusche zu minimieren. Auch die Lage des Federbeins wurde geändert, um das Fahrwerk geschmeidiger reagieren zu lassen.

Von der K 1100 RS wurde lediglich die Bremsanlage übernommen. Die beiden 305 mm großen vorderen und die 285 mm messende hintere Scheibe wurden allerdings an die neue Umgebung angepasst und serienmäßig von einem ABS der zweiten Generation unterstützt, das es seit 1992 schon in der R 1100 RT und der K 1100 LT gab.

Neben den üblichen Lackierungen bot das Werk auch eine Ausführung in Rennoptik mit hellgelbem Lack und Zielflaggenmuster an; der Aufpreis betrug etwa 400 Euro.

Die Tachoskala dieser 130 PS starken Maschine (unten) reichte bis 280 km/h, offiziell war die K 1200 RS aber auf „nur“ 250 km/h begrenzt.

Ein nicht zu unterschätzender Aspekt war die Sorgfalt, die das Werk bei der Ergonomie walten ließ. Nach altbewährter Art konnte man an der K 1200 RS die Sitzposition verändern und nach persönlichem Gusto und Körperwuchs die Scheibe in Neigung und Höhe verstellen. Zudem waren der Abstand zwischen Lenker und den Hebeln von Kupplung und Vorderradbremse, die Fußrasten des Fahrers, das Schaltpedal und natürlich die Sitzhöhe regulierbar.

Die GT kam sechs Jahre nach der RS heraus, von der sie Fahrwerk und Motor übernahm. Sie besaß serienmäßig Seitenkoffer, eine größere Verkleidung und eine elektrisch verstellbare Windschutzscheibe.

Wie alle BMW Maschinen eignete sich auch die K 1200 RS vorzüglich für die Langstrecke, obwohl sie das schnellste deutsche Serienmotorrad ihrer Zeit war. Um dennoch die treuen Fans nicht zu verprellen, wurde 2003 das Angebot an Hochleistungs-Vierzylinder-motorrädern um einen echten Sporttourer erweitert. Der 130 PS leistende Motor der RS wurde dabei nicht gedrosselt, und auch das bullige Drehmoment und die damit einhergehende Elastizität blieben erhalten, über die eine Reisemaschine auch mit Sozius und voller Beladung verfügen muss.

Geändert wurden hingegen die äußeren Anbauteile, vor allem im Bereich der neuen Verkleidung mit neuer Ergonomie, weniger extremer Ausformung und entspannterer Sitzhaltung. Das betraf vor allem das Oberteil der Verkleidung, die nun die Hände des Fahrers besser schützte. Die hohe und breite Windschutzscheibe ließ sich elektrisch in der Höhe regulieren, wie bei den anderen Langstreckentourern des Hauses. Der gleichfalls verstellbare Lenker war höher, die nach BMW-Art im Bereich von 790 bis 820 mm dreifach in der Höhe einstellbare Sitzbank von größeren Ausmaßen.

K 1200 GT

Motor
Typ: Vierzylinder-Reihenmotor
Bohrung x Hub: 70,5 x 75 mm
Hubraum: 1171 cm³
Leistung: 130 PS/95,6 kW bei 8750/min
Ventile: 4 hängende Ventile pro Zylinder
Gemischaufbereitung: Elektronische Einspritzung

Kraftübertragung und Getriebe
Getriebe: Sechsganggetriebe
Kraftübertragung: Kardanwelle

Fahrwerk
Rahmen: Aluminium-Brückenrahmen
Vorne: Telelever-Gabel
Hinten: Monolever-Einarmschwinge
Vorderradbremse: Doppelscheibe, Ø 320 mm
Hinterradbremse: Scheibe, Ø 285 mm
Vorderreifen: 120/70 x 17
Hinterreifen: 180/55 x 17

Abmessungen und Gewichte
Trockengewicht: 300 kg
Länge: 2250 mm
Sitzhöhe: 790/820 mm
Tankinhalt: 20,5 Liter

Fahrleistungen
Höchstgeschwindigkeit: 245 km/h

K 1200 S

Motor
Typ: Vierzylinder-Reihenmotor
Bohrung x Hub: 79 x 59 mm
Hubraum: 1157 cm^3
Leistung: 167 PS/123 kW bei 10.250/min
Ventile: 4 hängende Ventile pro Zylinder
Gemischaufbereitung: Elektronische Einspritzung

Kraftübertragung und Getriebe
Getriebe: Sechsganggetriebe
Kraftübertragung: Kardanwelle

Fahrwerk
Rahmen: Aluminiumkompositrahmen
Vorne: Duolever-Gabel
Hinten: Monolever-Einarmschwinge
Vorderradbremse: Doppelscheibe, Ø 320 mm
Hinterradbremse: Scheibe, Ø 265 mm, ABS
Vorderreifen: 170/70 x 17
Hinterreifen: 190/50 x 17

Abmessungen und Gewichte
Trockengewicht: 248 kg
Länge: 2282 mm
Sitzhöhe: 820 mm (a.W. 790 mm)
Tankinhalt: 19 Liter

Fahrleistungen
Höchstgeschwindigkeit: über 200 km/h

Die K 1200 RS des Jahres 1996 hatte erstmals die Schallmauer von 100 PS durchbrochen; das war aber nur der erste Schritt seitens BMW dahin gewesen, das Motorenprogramm generell auf mehr Leistung zu trimmen. Im September 2004 fand in München auf der Intermot, dem internationalen Salon, der seit 1998 die Messe in Köln abgelöst hatte, die offizielle Vorstellung einer Maschine statt, die die Leistungsmaßstäbe erneut nach oben verschob. Die K 1200 S besaß innovative Fahrwerkstechnik und einen Motor, der auf das seit 1983 gebaute Vierzylindertriebwerk zurückging. Offiziell ergänzte diese Maschine das Vierzylinderprogramm, ohne ein anderes Modell zu verdrängen, tatsächlich aber purzelten die K-Versionen mit dem liegenden Motor nach und nach aus dem Programm, bis 2006 nur noch die Reisemaschine K 1200 LT übrig war.

Der Fortschritt, den die sportlichste BMW gegenüber ihrer Vorgängerin repräsentierte, war beträchtlich. Aus 130 PS und 285 Kilogramm Leergewicht wurden 167 PS und 248 Kilo, was eine erhebliche Verbesserung des Leistungsgewichts bedeutete. Beim Hubraum hatte allerdings die alte Maschine mit 1171 zu 1157 cm^3 die Nase vorn. Wenn man nur nach den nackten Zahlen geht, schien die K 1200 S auch bei der Höchstgeschwindigkeit hinten zu liegen. Das war aber politisch bedingt, denn anstelle der Begrenzung auf 250 km/h verlegte sich BMW 2004 auf die schlichte Angabe „über 200 km/h". Tatsächlich bewies die K 1200 S, wozu sie imstande war, als sie am 8. September 2005 in den USA einen Klassen-Geschwindigkeitsrekord nach den Regeln der FIM, der internationalen Motorradvereinigung, aufstellte. Den offiziellen Unterlagen zufolge erzielte sie im Mittel ein Tempo von 279 und eine Spitze von 284 km/h; da konnte man also ruhig von „über 200 km/h" sprechen...

Die fünf Jahre in der Entwicklung befindliche K 1200 S war von Anfang an als völlig neue und innovative reine Sportmaschine geplant, mit dem erklärten Zweck, keine Wünsche des Sportfahrers offenzulassen und keinerlei Kompromisse einzugehen. Bei der Entwicklung versuchten die Ingenieure, augenscheinlich unvereinbare Ziele miteinander in Einklang zu bringen: Sportlichkeit und Komfort, Handlichkeit und Fahrstabilität, höchste Kraft und Alltagstauglichkeit, sportive Linienführung und Schutz vor der Witterung. Ferner durfte sie an der BMW Tradition

Der großflächige Scheinwerfer prägte die Frontpartie der K 1200 S, die den Platz der RS einnahm, mit 167 statt 130 PS aber deutlich stärker war.

Die Vierzylindermaschinen trugen weiterhin das K im Namen, obschon es sich um eine völlig neue Motorgeneration handelte, die nicht mehr liegend, sondern querstehend untergebracht war.

ausgezeichneter Ergonomie keine Abstriche machen, worunter die lange Liste der allgemein mit BMW assoziierten Eigenschaften fällt: Langstrecken- und Soziustauglichkeit, Langlebigkeit, geringer Wartungsbedarf und Umweltverträglichkeit. Diese Fixpunkte verbanden sich mit einigen Wesenszügen, die mit der japanischen Vorstellung einer Sportmaschine im Widerstreit standen, namentlich ABS und Kardanantrieb. Zu Beginn des Projekts traf man Entscheidungen zu Art und Einbaulage des Motors und legte fest, dass der Rahmen noch moderner gestaltet werden sollte als im Falle der RS. Als man zu dem Schluss gekommen war, dass ein quer eingebauter Reihenvierzylinder mit integriertem Getriebe für eine Hochleistungsmaschine die beste Wahl war – was sich auch darin zeigte, dass die Japaner seit jeher eine solche Auslegung bevorzugten –, wandte man sich dem Hauptproblem zu, das damit einhergeht, dem daraus resultierenden hohen Fahrzeugschwerpunkt. Dem wirkte man entgegen, indem man das Triebwerk um

55 Grad nach vorne geneigt und möglichst tief verbaute.

Manche Details am Motor, etwa der Zylinderkopf und die Ventilsteuerung, orientierten sich konstruktiv an den BMW Formel-1-Motoren, aber auch sonst bot die S zahlreiche innovative technische Lösungen. Während der Rahmen der K 1200 RS mit 22 Kilogramm schon überaus leicht gewesen war, ging man hier noch weiter und senkte das Gewicht der Struktur aus hochdruckgepressten Profilen, die von einem Präzisionsroboter im sogenannten Competence Center des Werks in Berlin verschweißt wurden, auf ganze 11,5 Kilo ab. An dieser Struktur war eine Variante der von BMW mit der neuen Boxergeneration eingeführten Telelever-Gabel befestigt, die für ein Motorrad „normalen" Charakters optimalen Komfort und beste Funktionalität bot, bei einer Sportmaschine aber weitere Aufgaben zu übernehmen hatte. Die Ingenieure ließen sich eine Weiterentwicklung namens Duolever einfallen, die aus zwei mit Wälzlagern am

Rahmen verankerten, annähernd parallel geführten Längslenkern und einem Radträger aus hochfestem Aluminium bestand, die die Lenkarbeit übernahmen. Das Duolever-System erhöhte nicht nur die Lenkpräzision, es trug auch zur Verringerung des Gesamtgewichts der Maschine bei, denn mit 13,7 Kilogramm war es um gut 10 Prozent leichter als eine Telelever-Vorderradführung von ähnlicher Charakteristik.

Eine weitere Herausforderung für die Entwickler bestand darin, die ungefederten Massen zu verringern, die durch das Festhalten am Kardanantrieb zwangsläufig hoch waren, und damit das Fahrerlebnis demjenigen eines Motorrades mit Antriebskette anzunähern. Die Paralever-Einarmschwinge der Enduro R 1200 GS war dafür ein guter Ausgangspunkt. Deren höhere Steifigkeit und Robustheit passten perfekt

Wie der Motor, so entsprachen auch die Instrumente in ihrer Gestaltung dem Geschmack des neuen Millenniums und umfassten analoge Anzeigen sowie ein Multifunktions-Display. Über den Bildschirm ließ sich die Einstellung des elektronischen Fahrwerks ESA vornehmen, das für dieses Modell auf Wunsch erhältlich war.

Ganz aktuell war die hintere Einarmschwinge (gegenüberliegende Seite rechts unten).

Trotz ihrer offensichtlich sportlichen Natur verfügte die Bremsanlage der K 1200 S über ABS (oben rechts).

Im Schnittbild dieser stärksten BMW aller Zeiten (rechts) kann man die Innovationen erkennen, die sich die Ingenieure einfallen ließen.

zum Konzept der K 1200 S; sie musste lediglich an deren höhere Leistung angepasst werden. Der neu konzipierte Motor, die deutlich höheren Fahrleistungen und der komplett neue Rahmen genügten den BMW Ingenieuren in dem Bemühen, ein neues Spitzenmodell zu schaffen, aber nicht, daher verliehen sie der S ein weiteres innovatives Detail, nämlich die Fahrwerksregelung ESA (Electronic Suspension Adjustment), die gegen Mehrpreis erhältlich war und es je nach Gusto und Notwendigkeit erlaubte, auch während der Fahrt die Feder- und Dämpfungscharakteristiken zu verändern – durch einen einfachen Knopfdruck.

Bei den frühen K 1200 S in Grundausstattung ließen sich der hintere Dämpfer stufenlos und die zugehörige Feder über einen Griff verstellen und verschiedenen Beladungszuständen anpassen. ESA übernahm dies automatisch und war die weltweit erste elektronische Fahrwerksregelung an einem Motorrad.

Das Heck mit dem rechts platzierten Auspuff wirkte geradezu klassizistisch (rechts). Anders als bei der zweizylindrigen S war der Schalldämpfer hier nicht unter der Sitzbank untergebracht.

Motor, Fahrleistungen und Auftritt dieses Modells waren allesamt überaus sportlich; auch große Schräglagen in Kurven waren möglich (gegenüberliegende Seite). Aber auch hier wollte BMW nicht auf die Möglichkeit verzichten, den Freunden des Hauses eine reisetaugliche Maschine anzubieten. Daher gab es auch für die K 1200 S entsprechendes Zubehör, angefangen bei den weichen und je nach Bedarf ausziehbaren Seitenkoffern.

Zusätzlich zu den manuellen Einstellmöglichkeiten am Hinterrad wirkte ESA auch auf den vorderen Stoßdämpfer beim Ausfedern.

Auch bei ESA stand, wie immer, die Sicherheit im Vordergrund; alle Bedienelemente waren möglichst einfach gestaltet und darauf ausgelegt, irgendwelche Fehlbedienungen unmöglich zu machen. Der Fahrer konnte zwischen den Einstellungen „Solo", „Solo mit Gepäck" und „Mit Sozius und Gepäck" wählen, und dank der zusätzlichen Einstellungen „Komfort", „Normal" und „Sport" stand insgesamt eine Vielzahl verschiedener Konfigurationsmöglichkeiten zur Wahl. Während sich das Fahrwerk auch in Fahrt verstellen ließ, konnte die Regulierung der Federraten nur im Stand ausgeführt werden.

K 1200 R

Motor
Typ: Vierzylinder-Reihenmotor
Bohrung x Hub: 79 x 59 mm
Hubraum: 1157 cm^3
Leistung: 163 PS/120 kW bei 10.250/min
Ventile: 4 hängende Ventile pro Zylinder
Gemischaufbereitung: Elektronische Einspritzung

Kraftübertragung und Getriebe
Getriebe: Sechsganggetriebe
Kraftübertragung: Kardanwelle

Fahrwerk
Rahmen: Aluminiumkompositrahmen
Vorne: Duolever-Gabel
Hinten: Monolever-Einarmschwinge
Vorderradbremse: Doppelscheibe, Ø 320 mm
Hinterradbremse: Scheibe, Ø 265 mm (a.W. ABS)
Vorderreifen: 120/55 x 17
Hinterreifen: 180/55 x 17

Abmessungen und Gewichte
Trockengewicht: 237 kg
Länge: 2228 mm
Sitzhöhe: 820 mm (a.W. 790 mm)
Tankinhalt: 19 Liter

Fahrleistungen
Höchstgeschwindigkeit: über 200 km/h

Die erste Variation zum Thema K 1200 S gelangte am 11. Juni 2005 zu den Händlern. Mit der K 1200 R nahm BMW ein Modell ins Programm, das starke Emotionen hervorrufen sollte, und zwar nicht nur aufgrund seiner Fahrleistungen. Dieses vom Hersteller so genannte „High-End Muscle Bike“ teilte sich den Großteil der Technik mit der vollverkleideten S, angefangen vom eins zu eins übernommenen, 163 PS starken Vierzylindermotor. Auch die übrige Technik hatten die beiden Modelle miteinander gemein, vom Duolever-Fahrwerk bis zur (auch hier aufpreispflichtigen) ESA-Fahrwerksregelung und zur Integralbremse mit ABS. Neu war hingegen die sehr auffällige Optik, die sich auf das Wesentliche reduziert zeigte und von den asymmetrischen Doppelscheinwerfern beherrscht wurde, an denen sich die R schon von weitem von der S unterscheiden ließ. Dieses durch seine Formgebung und seine Leistung faszinierende Naked Bike war nach typischer BMW-Art mit einer Vielzahl von Extras lieferbar, auch mit dem bekannten Zubehör für die Reise. Die K 1200 R ersetzte die R 1100 S als offizielle Maschine des BMW Motorrad Power Cup, des im Rahmen der Motorrad-WM ausgetragenen Markenpokals.

Die K 1200 S ohne Verkleidung wurde als K 1200 R verkauft, eines der stärksten und aggressivsten Naked Bikes auf dem Markt.

Die Modellbezeichnung war nicht neu, das Motorrad schon. Die ältere K 1200 GT war ein von der RS abgeleiteter Granturismo gewesen, das neue Modell basierte aber auf der Technik der S mit Vierzylindermotor.

Das Armaturenbrett (unten) zierten zahlreiche Anzeigen.

Im Frühjahr 2006 kam eine neue K 1200 GT ins BMW-Programm; es hatte ja zuvor schon eine gleichnamige Reisemaschine auf Basis der K 1200 RS gegeben. Zwischen den beiden Modellen bestand keine direkte Verwandtschaft. Die jüngste K besaß den neuen, quer eingebauten Vierzylindermotor, womit die K 1200 LT als einzige Maschine mit dem alten, liegenden Motor im Programm verblieb. Wie der Antrieb, so stammten auch Rahmen und Fahrwerk direkt von K 1200 S und R, mit einigen Änderungen, um das scheinbar Unvereinbare unter einen Hut zu bringen: Fahrleistungen auf höchstem Niveau und Langstreckenkomfort. Allerdings war der Motor hier in der Leistung leicht auf 153 PS gedrosselt, um die Elastizität weiter zu erhöhen, die beim Tourenfahren eine so große Rolle spielt. Im Vergleich zur alten GT wies die neue etliche Verbesserungen auf: Die Reichweite stieg um 17 Prozent, die Nutzlast um 19 Prozent und das Leergewicht lag um 6 Prozent niedriger. Gleichzeitig stiegen Leistung und maximales Drehmoment um 17 bzw. 11 Prozent, womit die K 1200 GT die stärkste Tourenmaschine auf dem Markt war.

K 1200 GT

Motor
Typ: Vierzylinder-Reihenmotor
Bohrung x Hub: 79 x 59 mm
Hubraum: 1157 cm³
Leistung: 152 PS/112 kW bei 9500/min
Ventile: 4 hängende Ventile pro Zylinder
Gemischaufbereitung: Elektronische Einspritzung

Kraftübertragung und Getriebe
Getriebe: Sechsganggetriebe
Kraftübertragung: Kardanwelle

Fahrwerk
Rahmen: Aluminiumkompositrahmen
Vorne: Duolever-Gabel
Hinten: Monolever-Einarmschwinge
Vorderradbremse: Doppelscheibe, Ø 320 mm
Hinterradbremse: Scheibe, Ø 294 mm
Vorderreifen: 120/70 x 17
Hinterreifen: 180/55 x 17

Abmessungen und Gewichte
Trockengewicht: 249 kg
Länge: 2318 mm
Sitzhöhe: 820/840 mm
Tankinhalt: 24 Liter

Fahrleistungen
Höchstgeschwindigkeit: über 200 km/h

Die von der K 1200 S abgeleitete R war die leistungsstärkste Roadster-Maschine auf dem Markt.

F 800 S

Motor
Typ: Zweizylinder-Reihenmotor
Bohrung x Hub: 82 x 75,6 mm
Hubraum: 798 cm³
Leistung: 85 PS/62,5 kW bei 8000/min
Ventile: 4 hängende Ventile pro Zylinder
Gemischaufbereitung: Elektronische Einspritzung

Kraftübertragung und Getriebe
Getriebe: Sechsganggetriebe
Kraftübertragung: Zahnriemen

Fahrwerk
Rahmen: Aluminiumprofil-Brückenrahmen
Vorne: Teleskopgabel
Hinten: Aluminium-Einarmschwinge
Vorderradbremse: Doppelscheibe, Ø 320 mm
Hinterradbremse: Scheibe, Ø 265 mm (a.W. ABS)
Vorderreifen: 120/70 x 17
Hinterreifen: 180/55 x 17

Abmessungen und Gewichte
Trockengewicht: 182 kg
Länge: 2082 mm
Sitzhöhe: 820 mm (a.W. 790 mm)
Tankinhalt: 16 Liter

Fahrleistungen
Höchstgeschwindigkeit: über 200 km/h

Dass BMW im neuen Jahrtausend neue Wege zu gehen gedachte, zeigte sich mit der Einführung der F 800 S, die sich trotz des bekannten Baureihen-Kennbuchstabens mit zahlreichen neuen Merkmalen präsentierte, angefangen bei der Auslegung des Motors. Das Kürzel F nahm damit eine neue Bedeutung an und stand nicht mehr nur für einzylindrige Maschinen, sondern generell für die Einstiegsmodelle des Hauses. Wie stets, wenn aus den Berliner Werken eine neue Modellgeneration rollt, bot auch diese Maschine mit Zweizylinder-Reihenmotor zahlreiche Neuheiten. Das betraf zunächst einmal die Entwicklungsdauer: Während man an der K 1200 S fünf Jahre lang gearbeitet hatte, genügten bei der F 800 ganz 47 Monate von der Skizze bis zum Serienanlauf, was auch der Zusammenarbeit mit Bombardier-Rotax beim Motor geschuldet war.

Offiziell angekündigt wurde die zweizylindrige F erstmals am 29. September 2005. In einer Pressemitteilung von BMW Motorrad hieß es, dass im Laufe des ersten Halbjahres 2006 die Produktion einer vierten, in der Mittelklasse angesiedelten Baureihe beginnen werde. Ihre Premiere feierte die F 800 im November auf der EICMA in Mailand, und plangemäß begann die Fertigung im Frühjahr 2006.

Die Ziele, die man sich gesteckt hatte, waren zweifellos wichtig, doch durfte das Werk bei ihrer Erreichung das Fähnlein der gusseisernen Fans nicht zu sehr enttäuschen, die bei dem Wort „Zweizylinder" automatisch an „Boxermotor" dachten. Man wollte daher keine allzu großen Experimente wagen; tatsächlich kümmerte man sich bei der Motorkonzeption zuallererst um den Sound. Die hier gleichmäßigere Zündfolge als beim klassischen Reihenzweizylinder, hatte genau das zum Ziel: Einen Klang hervorzubringen, der dem der Zweizylinderboxer möglichst nahe kam.

Im nächsten Schritt suchte man exklusive technische Details zu entwickeln, wie sie für BMW Maschinen typisch sind, ohne dabei die Kostenfrage aus dem Blick zu verlieren; vom Preis her sollte die F 800 zwischen der F 650 und den Zweizylindermaschinen der Baureihe R zu liegen kommen. Der Motor erhielt nicht nur einen von der aktuellen K abgeleiteten Zylinderkopf, der seinerseits von dem der BMW Formel-1-Motoren abgeleitet war, sondern auch einen aus dem der hubraumkleineren F-Modelle entwickelten Zahnriemenantrieb. Exklusiv war die Baureihe auch durch weitere Technikfeatures, die auch an den K und

Wie bei der K 1200 S wies das Armaturenbrett (unten) ein Multifunktions-Display neben den analogen Tachometer und Drehzahlmesser auf.

Zu den F mit Einzylindermaschine gesellten sich 2006 die Ausführungen mit Zweizylinder-Reihen-, nicht Boxermotor hinzu. Die F 800 S war eine Maschine nicht allzu übertriebenen sportlichen Zuschnitts (gegenüberliegende Seite), die in erster Linie neue Kunden gewinnen sollte.

R zum Einsatz kam, etwa die fortschrittliche Motorsteuerung, die Verträglichkeit mit Benzin von minderer Qualität und die Erhältlichkeit von ABS sowie zahlreicher anderer Komfortextras, die speziell auf die F zugeschnitten waren.

Beim Motor ging es den Entwicklern nicht in erster Linie um maximale Leistung, sondern um runden Lauf und viel Drehmoment im mittleren Drehzahlbereich. Die Werksangaben für die F 800 S sind gleichwohl nicht von schlechten Eltern: 3,5 Sekunden für den Sprint auf 100 km/h und eine Spitze von über 200 km/h. In diesem Fall lag die offizielle Angabe von „über 200 km/h“ freilich deutlich näher an der Wirklichkeit als bei der K 1200 S, die in Wahrheit fast Tempo 300 erreichte.

So wie der Motor laut Lastenheft in Klang und Leistung einem Boxertriebwerk nahe kommen musste, galten auch für die Konzeption von Rahmen und Fahrwerk strikte Vorgaben, damit man sich von der BMW-typischen Agilität nicht allzu weit entfernte. Und das, obwohl die senkrechte Anordnung der Zylinder den Schwerpunkt zwangsläufig weiter nach oben rücken ließ. Der Motor saß als mittragendes Element in einem Aluminiumrahmen; der Motorblock diente auch der Lagerung der hinteren Schwinge. Um die Gewichte möglichst gleichmäßig zu verteilen, brachte man den Tank nicht an gewohnter Stelle, sondern unter der Sitzbank unter, wie schon bei der F 650 CS.

Das Streben nach geringem Gewicht und geringen Kosten hielt BMW bei den Zweizylindermaschinen jün-

Die Sportlichkeit unterstreicht vor allem die Einarmschwinge samt Kraftübertragung per Zahnriemen (links). Darauf verfiel das Werk, weil der Motor nicht mit Kardanantrieb zu kombinieren war und der Zahnriemen im Vergleich zur Kette weniger Wartungsaufwand erfordert.

Der Blick von oben zeigt, wie schlank die F 800 S war, die besonders handlich und auch von weniger erfahrenen Zweiradpiloten leicht zu fahren sein sollte.

Verkleidung und flacher Lenker ergaben eine leicht nach vorne geneigte, moderat sportliche Sitzposition, die den Umgang mit der F 800 S auch im Stadtverkehr leichter machte (links und unten).

Um einen möglichst tief liegenden Schwerpunkt zu ermöglichen wurde der Tank von seiner herkömmlichen Lage unter die Sitzbank verlegt. Das Betanken erfolgte über einen Stutzen auf der rechten Seite (unten).

geren Datums davon ab, spezielle Fahrwerkskomponenten zu entwickeln. Vielmehr mussten sie sich statt mit Tele- und Paralever mit einem Fahrwerk herkömmlicher Ausprägung begnügen: einer vorderen Teleskopgabel und einer hinteren Aluminium-Einarmschwinge mit Federbein. Die angestrebte günstige Gewichtsverteilung führte zu einigen ungewöhnlichen Lösungen; so wurde neben dem Tank auch die Batterie an eine andere Stelle verlegt und fand ihren Platz hinter dem Lenkkopf. Lohn dieser Mühen war ein Trockengewicht von 182 Kilogramm, oder 204 Kilo in fahrbereitem Zustand.

Der erste Reihenzweizylinder von BMW sollte zwei unterschiedlich geartete Motorräder antreiben. Außer der dezidiert sportlichen S lancierte das Werk die ST, eine dem Geist des Hauses entsprechende Tourenmaschine. Unterschiede zwischen den beiden Maschinen waren in Abmessungen und Gewicht festzustellen, ferner in der Beschleunigung (von 0 auf 100 km/h benötigte die ST 3,7 statt 3,5 Sekunden); all das ging auf die unterschiedlichen Anbauteile zurück. Unter dem anderen Kleid verbargen sich aber derselbe Rahmen, derselbe Motor und dasselbe Getriebe. Den Unterschied in den Fahrleistungen hatte also das um fünf Kilogramm schwerere Kunststoffkleid zu verantworten. Die Verkleidung der ST war höher und deckte die obere Partie des Motors seitlich ab. Der breitere, höhere Lenker ermöglichte eine entspannte, dem Tourenfahren angemessene Sitzhaltung. Die ST erwies sich also als ausgesprochenes Tourenmotorrad, worauf auch der serienmäßige Gepäckträger und zwei nicht für die S erhältliche Extras hinwiesen, der Mittelständer und die Reise-Seitenkoffer. Bei ihnen han-

Der höhere, breitere Lenker und die größere Scheibe (oben) unterschieden die F 800 ST von der S. Für die Tourenversion standen zudem spezielle Extras wie ein Navigationsgerät zur Verfügung.

Die ST war die Tourenvariante mit dem Motor des Sportmodells. In der Leistung herrschte also Gleichstand, doch reichte die Verkleidung tiefer hinab und am Heck befand sich ein Gepäckträger.

F 800 ST

Motor
Typ: Zweizylinder-Reihenmotor
Bohrung x Hub: 82 x 75,6 mm
Hubraum: 798 cm^3
Leistung: 85 PS/62,5 kW bei 8000/min
Ventile: 4 hängende Ventile pro Zylinder
Gemischaufbereitung: Elektronische Einspritzung

Kraftübertragung und Getriebe
Getriebe: Sechsganggetriebe
Kraftübertragung: Zahnriemen

Fahrwerk
Rahmen: Aluminiumprofil-Brückenrahmen
Vorne: Teleskopgabel
Hinten: Aluminium-Einarmschwinge
Vorderradbremse: Doppelscheibe, Ø 320 mm
Hinterradbremse: Scheibe, Ø 265 mm (a.W. ABS)
Vorderreifen: 120/70 x 17
Hinterreifen: 180/55 x 17

Abmessungen und Gewichte
Trockengewicht: 187 kg
Länge: 2195 mm
Sitzhöhe: 820 mm (a.W. 790 mm)
Tankinhalt: 16 Liter

Fahrleistungen
Höchstgeschwindigkeit: über 200 km/h

Unter der Sitzbank, die es auf Wunsch auch in einer flacheren Ausführung gab, war der 16 Liter fassende Tank untergebracht (links).

Den Antrieb per Zahnriemen (unten) teilte sich die ST mit der S, allerdings besaß sie anders gestaltete Leichtmetallfelgen.

Auf der F 800 ST saß man in einer natürlicheren Haltung und war besser vor dem Fahrtwind geschützt (unten links).

delte es sich aber nicht um die für die meisten BMW Maschinen zu ordernden traditionellen Koffer, sondern um variable Behältnisse von 17 bis 25 Litern Inhalt, die man erstmals an der K 1200 S gesehen hatte und die dem Einsatz an der F 800 in ST-Ausführung angepasst wurden. Sie schmiegen sich der Linienführung harmonisch an und sind daher so gut wie unsichtbar. Von der Sportausführung unterschied sich die Tourenvariante außerdem durch das lackierte vordere Schutzblech und das von der K 1200 S übernommene Design der Alufelgen, während sich die Räder der F 800 S an denen der R 1200 ST orientierten. Unterschiede bestanden auch in der Farbauswahl (Blau- und Graphitanmetallic für die ST); unter den Kunststoffteilen waren die Zweiräder aber völlig identisch, vom Aluminiumrahmen über die Einarmschwinge bis zum Zahnriemenantrieb.

G 650 X COUNTRY

Motor
Typ: Einzylindermotor
Bohrung x Hub: 100 x 83 mm
Hubraum: 652 cm³
Leistung: 53 PS/39 kW bei 7000/min
Ventile: 4 hängende Ventile
Gemischaufbereitung: Elektronische Einspritzung

Kraftübertragung und Getriebe
Getriebe: Fünfganggetriebe
Kraftübertragung: Kette

Fahrwerk
Rahmen: Stahl/Aluminium-Brückenrahmen
Vorne: Teleskopgabel
Hinten: Einarmschwinge mit zentralem Federbein
Vorderradbremse: Scheibe, Ø 300 mm
Hinterradbremse: Scheibe, Ø 240 mm
Vorderreifen: 100/90 x 19
Hinterreifen: 130/80 x 17

Abmessungen und Gewichte
Trockengewicht: 148 kg
Länge: 2185 mm
Sitzhöhe: 840-870 mm
Tankinhalt: 9,5 Liter

Fahrleistungen
Höchstgeschwindigkeit: 170 km/h

Bis zum Kölner Salon im Herbst 2006 war die neue Einzylindermaschine absolute Geheimsache. Bekannt war nur, dass es erneut zur bewährten Zusammenarbeit mit Rotax als Motorenlieferant und Aprilia als Auftragnehmer für die Montage kommen würde, aber alles andere, auch die Bezeichnung des neuen Modells, blieb bis zur Präsentation im Dunkeln. Unter den drei Maschinen, die die Baureihe G, oder genauer G 650 X bildeten, stand die Country dem typischen BMW-Stil am nächsten. Tatsächlich handelte es sich um ein Zweirad, das im modernen Gewand den Stil der Scrambler-Motorräder aufgriff, die in den 1950er- und 1960er-Jahren den späteren Enduros den Weg ebneten. In jeder Hinsicht stand die Country zwischen Xchallenge und Xmoto: Sie war für den Einsatz auf jedwedem Untergrund konzipiert und sowohl für die Straße als auch für das Gelände geeignet. Der Motor entsprach dem der sportlicheren Versionen, und die längere Untersetzung (16/47) hatte sie mit der F 650 Xmoto gemein; allerdings saß man auf ihr bequemer, und ihre Bodenfreiheit ließ sich verstellen, eine Möglichkeit, mit der die anderen G-Modelle nicht aufwarten konnten.

Im Profil sieht man den Tank (unten), der bei allen Maschinen der Baureihe G unter der Sitzbank untergebracht war.

BMW hat eigentlich für die Kraftübertragung per Kette nicht viel übrig (gegenüberliegende Seite unten), in diesem Fall aber griff man darauf zurück, um die Leistungsverluste zu minimieren und die Maschine vielseitig einsetzbar zu machen.

Die Country war das mittlere Modell der neuen G-Baureihe und in erster Linie für den Betrieb auf der Straße gedacht (gegenüberliegende Seite).

Mit 870 mm kam der Vordersitz dem Erdboden näher, ein noch günstigerer Wert von 840 mm ließ sich nach Tieferlegung des Fahrwerks erreichen. Das Design dieses Scrambler-Motorrades erinnerte an Vorbilder aus der Vergangenheit, vom runden Scheinwerfer ohne Verkleidung bis zur Zweifarbenlackierung, die Ausstattung lag aber auf der Höhe der anderen BMW Maschinen; gegen Aufpreis konnte man ein leichteres und kompakteres ABS der jüngsten Generation ordern. Alle G 650 X waren auch in einer Version für Führerscheinneulinge mit gedrosseltem Motor erhältlich, in welchem Falle lediglich 34 statt 53 PS zu Werke gingen, und nach Art des Hauses stand Zubehör in Hülle und Fülle zur Auswahl; speziell für die Country gab es Reiseextras in großer Zahl.

Die G 650 Xchallenge war nur in einer Lackierung lieferbar: in Weiß mit blauer Sitzbank. Hinter der Challenge verbarg sich das speziell für den Geländeeinsatz konzipierte Mitglied der G-Familie mit auf 144 Kilogramm reduziertem Leergewicht. Diese Version mit ihren zwecktypisch unterschiedlich großen Rädern (21 bzw. 18 Zoll), auf die Geländereifen aufgezogen waren, war als einzylindrige Alternative zur Enduro HP 2 gedacht. Die Ähnlichkeit beschränkte sich dabei nicht auf Äußerlichkeiten, vielmehr übernahm die 650 von ihr einige technische Details, etwa das Air Damping System anstelle eines herkömmlichen hinteren Gasdruckstoßdämpfers samt Feder, das sehr effektiv arbeitete und weniger wog. Auch die kürzere Antriebsuntersetzung und der besonders hohe Sitz (930 mm) unterschieden die Challenge von den übrigen G-Versionen.

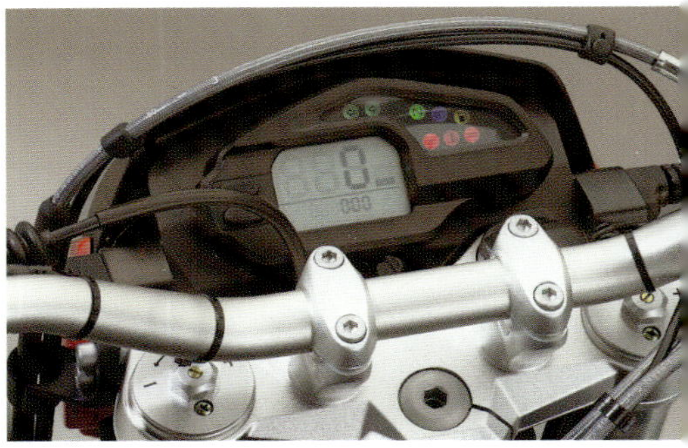

Das Armaturenbrett der Challenge (oben). Ihr Offroad-Outfit wurde von der Schutzplatte unter dem Motor und dem 21 Zoll großen Hinterrad mit Spezial-Scheibenbremse unterstrichen.

G 650 X CHALLENGE

Motor
Typ: Einzylindermotor
Bohrung x Hub: 100 x 83 mm
Hubraum: 652 cm³
Leistung: 53 PS/39 kW bei 7000/min
Ventile: 4 hängende Ventile
Gemischaufbereitung: Elektronische Einspritzung

Kraftübertragung und Getriebe
Getriebe: Fünfganggetriebe
Kraftübertragung: Kette

Fahrwerk
Rahmen: Stahl/Aluminium-Brückenrahmen
Vorne: Teleskopgabel
Hinten: Einarmschwinge mit zentralem Federbein
Vorderradbremse: Scheibe, Ø 300 mm
Hinterradbremse: Scheibe, Ø 240 mm
Vorderreifen: 90/90 x 21
Hinterreifen: 140/80 x 18

Abmessungen und Gewichte
Trockengewicht: 144 kg
Länge: 2205 mm
Sitzhöhe: 930 mm
Tankinhalt: 9,5 Liter

Fahrleistungen
Höchstgeschwindigkeit: 165 km/h

Zwei Leichtmetallfelgen von identischem Durchmesser und Straßenreifen waren die Besonderheiten der Moto (oben), die auch an der Form des Scheinwerfergehäuses erkennbar war. Die vordere Scheibenbremse war in Wettbewerbsoptik gehalten (unten).

Mit der G 650 Xmoto bediente BMW erstmals die Nachfrage nach einem Urban Bike. Die Fahrzeuge dieses Segments vereinen Offroad-Eigenschaften mit exzellenten Fahreigenschaften auf Asphalt; die Gattung entstand aus jenen Supermoto-Maschinen, mit denen spektakuläre Rennen teils auf Asphalt, teils im Gelände gefahren werden. Außer durch ihre auffällige Optik mit Zweifarbenlackierung und ihrem insgesamt schnittigeren Aussehen unterschied sich die Xmoto auch darin von ihren Schwestern, dass sie als Einzige über Alufelgen statt klassischen Speichenrädern verfügte; eindeutig sollte sie auf asphaltierten Straßen ein Maximum an Fahrfreude bereiten (ihr Einsatz im besonders schweren Gelände war hingegen nicht vorgesehen). Die Xmoto war länger untersetzt als die Xchallenge und besaß eine für Straßenmaschine typische Bremsanlage sportlichen Zuschnitts; ins Auge fiel vor allem die vordere Scheibe von 320 mm Durchmesser, die größte an allen neuen BMW Einzylindermaschinen und mit einer kraftvollen Vierkolbenzange versehen.

G 650 X MOTO

Motor
Typ: Einzylindermotor
Bohrung x Hub: 100 x 83 mm
Hubraum: 652 cm³
Leistung: 53 PS/39 kW bei 7000/min
Ventile: 4 hängende Ventile
Gemischaufbereitung: Elektronische Einspritzung

Kraftübertragung und Getriebe
Getriebe: Fünfganggetriebe
Kraftübertragung: Kette

Fahrwerk
Rahmen: Stahl/Aluminium-Brückenrahmen
Vorne: Teleskopgabel
Hinten: Einarmschwinge mit zentralem Federbein
Vorderradbremse: Scheibe, Ø 300 mm
Hinterradbremse: Scheibe, Ø 240 mm
Vorderreifen: 120/70 x 17
Hinterreifen: 160/60 x 17

Abmessungen und Gewichte
Trockengewicht: 147 kg
Länge: 2155 mm
Sitzhöhe: 920 mm
Tankinhalt: 9,5 Liter

Fahrleistungen
Höchstgeschwindigkeit: 170 km/h

K 1300 S und R 1200 S markierten sozusagen erste tastende Schritte der Münchner in Richtung eines waschechten Superbikes. Trotz gelungener, betont sportlicher Optik und hochgradiger Fahrdynamik blieben diese Modelle dennoch auf halbem Weg stehen – sie waren zu schwer und im Falle der R 1200 S noch der Zweizylinder-Boxer-Bauweise verhaftet und daher zu leistungsschwach um mit den Ultrahigh-Performance-Maschinen der Japaner und den kompromisslosen Ducati-Rennern tatsächlich konkurrieren zu können.

Vor allem die Superbike-Weltmeisterschaft mit ihren noch relativ seriennahen Maschinen bot den japanischen Herstellern und Ducati eine perfekte Plattform um ihre extrem sportlichen und leistungsfähigen Spitzenmodelle als High-tech-Bikes ersten Ranges zu positionieren. BMW blieb dieses Marktsegment weitestehend verschlossen – kompromisslose Hochleistung war bei den Münchnern bislang kein Thema gewesen, man hatte konzeptionell stets auch den Tourenfahrer und Aspekte der Alltagstauglichkeit im Blick gehabt.

Oben: Kompromisslose Hochleistungs-Technologie der neuen BMW S 1000 RR. Der bärenstarke Reihenvierzylinder baut ungemein kompakt.

Unten: Das erste supersportliche Bike von BMW. Vormals Marken-Typisches ist nicht mehr auf den ersten Blick zu erkennen.

S 1000 RR

Motor
Typ: Vierzylinder-Reihenmotor
Bohrung x Hub: 80 x 49,7 mm
Hubraum: 999 cm^3
Leistung: 193 PS/142 kW bei 13.000/min
Ventile: 4 hängende Ventile pro Zylinder
Gemischaufbereitung: Digitale Motorelektronik

Kraftübertragung und Getriebe
Getriebe: Sechsganggetriebe
Kraftübertragung: Kette

Fahrwerk
Rahmen: Aluminium-Brückenrahmen, tragender Motor
Vorne: Teleskopgabel
Hinten: Zweiarmschwinge mit Zentralfederbein
Vorderradbremse: Doppelscheibe, O 320 mm
Hinterradbremse: Scheibe, O 220 mm (a.W. Race-ABS und Dynamische Traktionskontrolle DTC)
Vorderreifen: 120/70 ZR 17
Hinterreifen: 190/55 ZR 17

Abmessungen und Gewichte
Trockengewicht: 183 kg
Länge: 2056 mm
Sitzhöhe: 820 mm
Tankinhalt: 17,5 Liter

Fahrleistungen
Höchstgeschwindigkeit: über 300 km/h

Oben: Aufs Nötigste beschränkt zeigt sich das Cockpit der S 1000 RR. Die Aufteilung der Anzeigen in ein klassisches analoges Rundinstrument und ein Multifunktionsdisplay entspricht der aktuellen Mode bei Maschinen solch extrem sportlichen Zuschnitts. Die Aussparungen an der Gabelbrücke verdeutlichen das Bemühen um größtmögliche Gewichtsreduzierung. Das Ergebnis sind exzellente 180 kg Leergewicht.

Oben: Die S 1000 RR repräsentiert den aktuellen Stand im Hochleistungsmotorradbau: Eine solide dimensionierte Schwinge sorgt für Fahrstabilität, die kompakte Auspuffanlage für letzte Leistungsspitzen.

Unten: Konzentration der Massen möglichst tief unten. Das Package der Supersport-BMW steht dem der Topmodelle japanischer und italienischer Herkunft in nichts nach.

Das sollte sich mit der Präsentation der S 1000 RR im Januar 2010 nachhaltig ändern. Quasi als Homologationsmodell für die Superbike-WM, in der man gegen die harte, kompetente und langjährig erfahrene Konkurrenz aus Japan und Italien anzutreten gedachte, sollte die S eine echte Kampfansage darstellen – und begründete nebenbei eine neue Modellnomenklatur für supersportliche Maschinen.

Knapp 1000 cm³ Hubraum, 193 PS und ein fahrfertiges Gewicht von nur 204 kg machten die S 1000 RR zum echten Herausforderer der etablierten Superbikes. Für manche mag es überraschend gewesen sein, dass die Münchner den bewährten Technik-Kanon der Japaner – quer eingebauter Reihenvierzylinder, Aluminium-Brückenrahmen, Upside-down-Gabel, Zweiarmschwinge mit hinterem Zentralfederbein, Kettenantrieb – übernahmen und kein eigenständiges Grundlayout entwickelten. Bei Licht betrachtet entsprach diese Entscheidung jedoch einer nüchternen Einschätzung der Realitäten: technische Sonderwege führen, zumindest im Rennsport, in den seltensten Fällen zum Erfolg.

Auch optisch orientierte sich die RR an den gängigen Gestaltungsidealen zeitgemäßer Superbikes. Aggressiv geduckt den Gesetzen der Aerodynamik gehorchend, kantig und dennoch geschmeidig, mit kleinen asymmetrischen Akzentsetzungen – so präsentierte sich die Maschine dem Publikum, das sich ein über 300 km/h schnelles 200-PS-Motorrad exakt so vorstellt.

Einzigartig machte die S 1000 RR jedoch eine ganze Reihe von technischen Besonderheiten zur Optimierung von Leistungsfähigkeit und Fahrdynamik. So wartete der gänzlich neu entwickelte Reihenvierzylinder bei der Ventilsteuerung wiederum mit neuesten Konstruktionsmerkmalen aus den BMW Formel-1-Motoren auf und erstmals in der Zweiradwelt war für die RR sowohl ein Race-ABS mit besonders hoch entwickelter Steuerelektronik sowie eine DTC genannte dynamische Traktionskontrolle optional erhältlich. Auf beiden Feldern betrat BMW technisches Neuland, mit dem Ziel die überschäumenden Leistungswerte der RR optimal und sicher auf die Straße bringen zu können. Auch hier gelang BMW wieder der – stets kritisch beäugte – Brückenschlag zwischen Automobil- und Zweiradtechnologie in gewohnt vorbildlicher Weise.

Das natürliche Terrain der neuen BMW S 1000 RR ist die Rennstrecke – schließlich soll sie in Wettbewerbsausführung Weltmeisterlorbeer für die blau-weiße Marke erringen. Aber die Konkurrenz aus Italien und Japan ist ebenso erfahren wie kompetent.

Die einzelnen Modellbaureihen

In den folgenden Tabellen sind sämtliche von 1923 bis 2005 von BMW gebauten Motorräder aufgeführt, geordnet nach den Motorfamilien. Angegeben sind unter anderem die Bauzeit und die produzierten Stückzahlen. Einträge zu Fahrgestell- und Motornummer sind nur bei Maschinen vorhanden, die mittlerweile einen historischen oder Sammlerwert besitzen und geben zumeist die Spanne an, in der sich die tatsächlichen Nummern bewegen.

Zweiventil-Zweizylinder

Bauzeit	Modell	Stückzahl	Fahrgestellnummern	Motornummern
1923-1926	R 32	3090	1001-4100	31000-34100
1925-1926	R 37	152	100-275	35001-35175
1926-1928	R 42	6502	10001-16999	40001-46999
1927-1928	R 47	1720	4201-5999	34201-35999
1928-1929	R 52	4377	20000-30600	47001-51383
1928-1930	R 57	1006	20000-30600	70001-71012
1928-1929	R 62	4355	20000-30600	60001-65000
1928-1929	R 63	794	20000-30600	75001-76000
1929-1934	R 11	7500	P101-P9893	60001-73984
1929-1934	R 16	1006	P101-P9893	75001-76956
1935-1942	R 12	36.008	P501-P24728 (P25001-P37161)	501-24149 (25001-37161
1935-1937	R 17	434	P501-P24728	77001-77436
1936-1937	R 5	2652	8001-9504 (500001-503085)	8001-9504 (500001-502786)
1937	R 6	1850	500001-503085	600001-601850
1938-1940	R 51	3775	505001-515164	503001-506172
1938-1941	R 61	3747	505001-515164 (607001-607340)	603001-606080 (607001-607340)
1938-1941	R 66	1669	505001-515164 (662001-662039)	660001-661629 (662001-662039)
1938-1941	R 71	3458	505001-515164 (703001-703511)	700001-702200 (703001-703511)
1941-1944	R 75	18.000	750001-768000 (ungefähr)	750001-768000 (ungefähr)
1950-1951	R 51/2	5000	516000-521005	516000-521005
1951-1954	R 51/3	18.420	522001-540950	522001-540950
1951	R 67	1470	610001-611449	610001-611449
1952-1954	R 67/2	4234	612001-616261	612001-616261
1952-1954	R 68	1452	650001-651453	650001-651453
1955-1956	R 67/3	700	617001-617700	617001-617700
1960-1969	R 50	3050	550001-563515	550001-563515
1955-1970	R 50/2	19.036	630001-649037	630001-649037
1955-1960	R 69	2956	652001-654955	652001-654955
1956-1960	R 60	3530	618001-621530	618001-621530
1960-1967	R 60/2	17.306	622001-630000	622001-630000
1960-1969	R 69 S	11.317	655001-666320	655001-666320
1960-1962	R 50 S	1634	564001-565634	564001-565634
1969-1973	R 50/5	7865	29000001-2910000	29000001-2910000
1969-1973	R 60/5	22.721	29300001-2950000	29300001-2950000
1969-1973	R 75/5	38.370	2970000-3000000 (4000001-4010000)	2970000-3000000 (4000001-4010000)
1973-1976	R 60/6	13.511	29100001-2930000 (2960001-2970000)	29100001-2930000 (2960001-2970000)
1973-1976	R 75/6	17.587	4010001-4040000	4010001-4040000
1973-1976	R 90/6	21.097	4040001-4070000	4040001-4070000
1973-1976	R 90 S	17.465	4070001-4100000	4070001-4100000
1976-1980	R 60/7	11.163	6000001-6117273	6000001-6117273
1976-1977	R 75/7	6264	6020001-6222005	6020001-6222005
1976-1978	R 100/7	12.056	6045001-6043414	6045001-6043414
1976-1978	R 100 S	9657	6065001-6068753 (6060001-6063149)	6065001-6068753 (6060001-6063149)
1976-1984	R 100 RS	33.648	6080001-6396003	6080001-6396003
1977-1984	R 80/7	18.522	6025001-6133186	6025001-6133186
1978-1984	R 100 RT	18.015	6195001-6196851 (6230001-6237516)	6195001-6196851 (6230001-6237516)
1978-1980	R 100 T	5463	6110001-6110088 (6115001-6115002)	6110001-6110088 (6115001-6115002)
1978-1985	R 45	28.158	6300001-6266303	6300001-6266303
1978-1985	R 65	29.454	63400001-6349336 (6310001-6413588)	63400001-6349336 (6310001-6413588)
1980-1984	R 100	10.111	6035001-6440000	6400001-6401795
1980-1984	R 100 CS	4038	6135001-6138864	6135001-6138864
1980-1987	R 80 G/S	21.864	6250001-6260000 (6281001-6292522)	6250001-6260000 (6281001-6292522)

Bauzeit	Modell	Stückzahl	Fahrgestellnummern	Motornummern
1981-1985	R 65 LS	6389	6350001-6354679	6350001-6354679
1982-1984	R 80 ST	5963	6054001-6058984	6054001-6058984
1982-1984	R 80 RT	7315	6420001-6425163	6420001-6425163
1985-1993	R 65	8260		
1984-1995	R 80	13.815		
1984-1995	R 80 RT	22.069		
1986-1992	R 100 RS	6081		
1987-1996	R 100 RT	9738		
1987-1996	R 80 GS	11.375		
1987-1996	R 100 GS	34.007		
1987-1992	R 65 GS	1727		
1991-1996	R 100 R	20.589		
1992-1994	R 80 R	3539		

Zweiventil-Einzylinder

Bauzeit	Modell	Stückzahl	Fahrgestellnummern	Motornummern
1925-1927	R 39	855	8000-8900	36000-36900
1931-1936	R 2	15.207	P15000-P19260	101-15402 (P80001-P97700)
1932-1936	R 4	15.195	1001-P10437	80001-95280
1936	R 3	740	P1001-P1740	20001-20740
1937-1940	R 35	15.386	300001-315654	300001-315387
1937-1938	R 20	5000	100001-105029	100001-105004
1938-1940	R 23	8021	106001-114203	106001-114021
1948-1950	R 24	12.020	200001-212007	200001-212007
1950-1951	R 25	23.400	220001-243410	220001-243410
1951-1954	R 25/2	38.651	245000-283650	245000-283650
1953-1956	R 25/3	47.700	284001-331705	284001-331705
1956-1960	R 26	30.236	340001-370242	340001-370242
1960-1966	R 27	15.364	372001-387566	372001-387566

Baureihe K (Drei- und Vierzylinder)

Bauzeit	Modell	Stückzahl
1983-1990	K 100	12.871
1983-1989	K 100 RS	34.804
1984-1994	K 100 RT	22.335
1985-1990	K 75 C	9566
1985-1995	K 75 S	18.649
1986-1996	K 75	18.485
1986-1991	K 100 LT	14.899
1988-1993	K1	6921
1989-1992	K 100 RS	12.666
1989-1997	K 75 RT	21.311
1991-1999	K 1100 LT	22.757
1992-1996	K 1100 RS	12.179
1997-2001	K 1200 RS	21.667
1998-2002	K 1200 LT	25.474
2001-2005	K 1200 RS	16.020
seit 2002	K 1200 LT	9444
2007-2009	K 1200 GT	
seit 2008	K 1300 R	
seit 2009	K 1300 GT	
seit 2009	K 1300 S	
seit 2010	S 1000 RR	

Vierventil-Einzylinder

Bauzeit	Modell	Stückzahl
1993-1999	F 650	52.133
1996-1999	F 650 ST	12.206
1999-2008	F 650 GS	26.620
2000-2008	F 650 GS Dakar	7393
2002-2008	F 650 CS	4814

Vierventil-Zweizylinderboxer

Bauzeit	Modell	Stückzahl
1993-1999	R 1100 RS	26.403
1994-1999	R 1100 GS	43.628
1994-2000	R 1100 R	30.472
1994-2002	R 850 R	42.000
1995-2001	R 1100 RT	54.751
1997-2003	R 1200 C	28.112
1997-2004	R 1200 C Montauk	3276
1997-2004	R 1200 C Independent	6010
1997-2004	R 1200 CL	5160
1997-2004	R 850 RT	5006
1998-2002	R 850 GS	2242
1998-2003	R 850 C	1776
1998-2005	R 1100 S	33.742
1999-2004	R 1150 GS	58.023
2000-2005	R 1150 RT	57.137
2000-2006	R 1150 R	43.026
seit 2004	R 1200 GS	66.297
seit 2005	R 1200 RT	27.918

C1

Bauzeit	Modell	Stückzahl
2000-2002	C1	33.714

Alle BMW-Motorräder in der Übersicht

Von seltenen Einzelfällen abgesehen, als BMW einige Sondermodelle mit einem richtiggehenden Namen versah, hat das Werk stets Kürzel verwendet, die zumeist aus dem Kennbuchstaben der Baureihe bestehen, gefolgt von einer Zahl und teils einem oder zwei Buchstaben, die das Modell näher bezeichnen. Zahlen und Buchstaben wurden nicht immer logisch vergeben und es kam zu Überschneidungen und zu Fällen, in denen die Zahl nicht dem Hubraum entsprach. Die folgende Übersicht soll die BMW Motorräder in chronologischer Ordnung darstellen und Ordnung in das Durcheinander bringen, erst anhand des Baureihen-Buchstabens, dann auch anhand der hintangestellten Buchstaben.

Kürzel	Motortyp	cm³	Typ
R (Rad)			
R 32	Zweiventil-Zweizylinder-Boxer	494	Straßenmaschine
R 37	Zweiventil-Zweizylinder-Boxer	494	Straßenmaschine
R 39	Zweiventil-Einzylinder	247	Straßenmaschine
R 42	Zweiventil-Zweizylinder-Boxer	494	Straßenmaschine
R 47	Zweiventil-Zweizylinder-Boxer	494	Sportmaschine
R 52	Zweiventil-Zweizylinder-Boxer	486	Straßenmaschine
R 57	Zweiventil-Zweizylinder-Boxer	494	Sportmaschine
R 62	Zweiventil-Zweizylinder-Boxer	745	Straßenmaschine
R 63	Zweiventil-Zweizylinder-Boxer	735	Sportmaschine
R 11	Zweiventil-Zweizylinder-Boxer	745	Straßenmaschine
R 16	Zweiventil-Zweizylinder-Boxer	735	Sportmaschine
R 2	Zweiventil-Einzylinder	198	Straßenmaschine
R 4	Zweiventil-Einzylinder	398	Straßenmaschine
R 3	Zweiventil-Einzylinder	305	Straßenmaschine
R 12	Zweiventil-Zweizylinder-Boxer	745	Straßenmaschine
R 17	Zweiventil-Zweizylinder-Boxer	735	Sportmaschine
R 5	Zweiventil-Zweizylinder-Boxer	494	Sportmaschine
R 6	Zweiventil-Zweizylinder-Boxer	600	Straßenmaschine
R 35	Zweiventil-Zweizylinder-Boxer	340	Straßenmaschine
R 20	Zweiventil-Einzylinder	192	Straßenmaschine
R 23	Zweiventil-Einzylinder	247	Straßenmaschine
R 51	Zweiventil-Zweizylinder-Boxer	494	Sportmaschine
R 66	Zweiventil-Zweizylinder-Boxer	597	Sportmaschine
R 61	Zweiventil-Zweizylinder-Boxer	600	Straßenmaschine
R 71	Zweiventil-Zweizylinder-Boxer	746	Straßenmaschine
R 75	Zweiventil-Zweizylinder-Boxer	746	Militärgespann
R 24	Zweiventil-Einzylinder	247	Straßenmaschine
R 25	Zweiventil-Einzylinder	247	Straßenmaschine
R 67	Zweiventil-Zweizylinder-Boxer	594	Straßenmaschine
R 68	Zweiventil-Zweizylinder-Boxer	594	Straßenmaschine
R 69	Zweiventil-Zweizylinder-Boxer	594	Sportmaschine
R 50	Zweiventil-Zweizylinder-Boxer	494	Straßenmaschine
R 60	Zweiventil-Zweizylinder-Boxer	594	Straßenmaschine
R 26	Zweiventil-Einzylinder	247	Straßenmaschine
R 27	Zweiventil-Einzylinder	247	Straßenmaschine

Kürzel	Motortyp	cm³	Typ
R 45	Zweiventil-Zweizylinder-Boxer	473	Straßenmaschine
R 65	Zweiventil-Zweizylinder-Boxer	649	Straßenmaschine
R 80	Zweiventil-Zweizylinder-Boxer	797	Straßenmaschine
K (Kompakt)			
K 100	Zweiv.-Vierzyl.-Reihenmotor, liegend	987	Straßenmaschine
K 75	Zweiv.-Dreizyl.-Reihenmotor, liegend	740	Straßenmaschine
K1			
K1	Vierv.-Vierzyl.-Reihenmotor, liegend	987	Sportmaschine
F (Funduro)			
F 650	Vierventil-Einzylinder	652	Enduro
C1			
C1 125	Vierventil-Einzylinder, liegend	125	Roller
C1 200	Vierventil-Einzylinder, liegend	176	Roller
G			
G 650 X Challenge	Vierventil-Einzylinder	652	Enduro
G 650 X Country	Vierventil-Einzylinder	652	Scrambler
G 650 X Moto	Vierventil-Einzylinder	652	Scrambler
/ (Serie)			
R 25/2	Zweiventil-Einzylinder	247	Straßenmaschine
R 25/3	Zweiventil-Einzylinder	247	Straßenmaschine
R 51/2	Zweiventil-Zweizylinder-Boxer	494	Straßenmaschine
R 51/3	Zweiventil-Zweizylinder-Boxer	494	Straßenmaschine
R 67/2	Zweiventil-Zweizylinder-Boxer	594	Straßenmaschine
R 67/3	Zweiventil-Zweizylinder-Boxer	594	Straßenmaschine
R 50/5	Zweiventil-Zweizylinder-Boxer	496	Straßenmaschine
R 60/5	Zweiventil-Zweizylinder-Boxer	599	Straßenmaschine
R 75/5	Zweiventil-Zweizylinder-Boxer	745	Straßenmaschine
R 90/6	Zweiventil-Zweizylinder-Boxer	898	Straßenmaschine
R 60/6	Zweiventil-Zweizylinder-Boxer	599	Straßenmaschine
R 75/6	Zweiventil-Zweizylinder-Boxer	745	Straßenmaschine

Kürzel	Motortyp	cm^3	Typ
R 60/7	Zweiventil-Zweizylinder-Boxer	599	Straßenmaschine
R 75/7	Zweiventil-Zweizylinder-Boxer	745	Straßenmaschine
R 80/7	Zweiventil-Zweizylinder-Boxer	797	Straßenmaschine
R 100/7	Zweiventil-Zweizylinder-Boxer	980	Straßenmaschine

C (Cruiser)

K 75 C	Zweiv.-Dreizyl.-Reihenmotor, liegend	740	Cruiser
R 1200 C	Vierventil-Zweizylinder-Boxer	1170	Cruiser

CL (Cruiser Luxury)

R 1200 CL	Vierventil-Zweizylinder-Boxer	1170	Cruiser

CS (Classic Sport oder Scarver)

R 100 CS	Zweiventil-Zweizylinder-Boxer	980	Sportmaschine
F 650 CS	Vierventil-Einzylinder	652	Straßenmaschine

G/S - GS (Gelände/Straße)

R 80 G/S	Zweiventil-Zweizylinder-Boxer	797	Enduro
R 65 GS	Zweiventil-Zweizylinder-Boxer	649	Enduro
R 80 GS	Zweiventil-Zweizylinder-Boxer	797	Enduro
R 100 GS	Zweiventil-Zweizylinder-Boxer	980	Enduro
F 650 GS	Zweiventil-Einzylinder	652	Enduro
R 1100 GS	Vierventil-Zweizylinder-Boxer	1085	Enduro
R 850 GS	Vierventil-Zweizylinder-Boxer	848	Enduro
R 1150 GS	Vierventil-Zweizylinder-Boxer	1130	Enduro
R 1200 GS	Vierventil-Zweizylinder-Boxer	1170	Enduro

GT (Gran Turismo)

K 1200 GT	Vierv.-Vierzyl.-Reihenmotor, liegend	1171	GT
K 1200 GT	Vierv.-Vierzyl.-Reihenmotor, quer	1157	GT
K 1300 GT	Vierv.-Vierzyl.-Reihenmotor, quer	1293	GT

HP

HP 2	Vierv.-Zweizyl.-Boxer	1170	Wettbewerbs-Enduro

LS (Luxus Sport)

R 65 LS	Zweiventil-Zweizylinder-Boxer	649	Sportmaschine

LT (Luxus Tourer)

K 100 LT	Zweiv.-Vierzyl.-Reihenmotor, liegend	987	GT
K 1100 LT	Vierv.-Vierzyl.-Reihenmotor, liegend	1092	GT
K 1200 LT	Vierv.-Vierzyl.-Reihenmotor, liegend	1171	GT

R (Roadster)

R 100 R	Zweiventil-Zweizylinder-Boxer	980	Naked Bike
R 80 R	Zweiventil-Zweizylinder-Boxer	797	Naked Bike
R 850 R	Vierventil-Zweizylinder-Boxer	848	Naked Bike

Kürzel	Motortyp	cm^3	Typ
R 1100 R	Vierventil-Zweizylinder-Boxer	1085	Naked Bike
R 1150 R	Vierventil-Zweizylinder-Boxer	1130	Naked Bike
K 1200 R	Vierventil-Vierzylinder-Reihenmotor	1157	Naked Bike
R 1200 R	Vierventil-Zweizylinder-Boxer	1170	Naked Bike
K 1300 R	Vierventil-Vierzylinder-Reihenmotor	1293	Naked Bike

RS (Reise Sport)

R 100 RS	Zweiventil-Zweizylinder-Boxer	980	Sporttourer
K 100 RS	Zweiv.-Vierzyl.-Reihenmotor, liegend	987	Sporttourer
K 100 RS 16v	Vierv.-Vierzyl.-Reihenmotor, liegend	987	Sporttourer
K 1100 RS	Vierv.-Vierzyli.-Reihenmotor, liegend	1092	Sporttourer
R 1100 RS	Vierventil-Zweizylinder-Boxer	1085	Sporttourer
K 1200 RS	Vierv.-Vierzyl.-Reihenmotor, liegend	1171	Sporttourer
R 1150 RS	Vierventil-Zweizylinder-Boxer	1130	Sporttourer

RT (Reisetourer)

R 100 RT	Zweiventil-Zweizylinder-Boxer	980	GT
R 80 RT	Zweiventil-Zweizylinder-Boxer	797	GT
K 100 RT	Zweiv.-Vierzyl.-Reihenmotor, liegend	987	GT
K 75 RT	Zweiv.-Dreizyl.-Reihenmotor, liegend	740	GT
R 1100 RT	Vierventil-Zweizylinder-Boxer	1085	GT
R 850 RT	Vierventil-Zweizylinder-Boxer	848	GT
R 1150 RT	Vierventil-Zweizylinder-Boxer	1130	GT
R 1200 RT	Vierventil-Zweizylinder-Boxer	1170	GT

S (Sport)

R 50 S	Zweiventil-Zweizylinder-Boxer	494	Sportmaschine
R 69 S	Zweiventil-Zweizylinder-Boxer	594	Sportmaschine
R 90 S	Zweiventil-Zweizylinder-Boxer	898	Sportmaschine
R 100 S	Zweiventil-Zweizylinder-Boxer	980	Sportmaschine
K 75 S	Zweiv.-Dreizyl.-Reihenmotor, liegend	740	Sportmaschine
R 1100 S	Vierventil-Zweizylinder-Boxer	1085	Sportmaschine
R 1200 S	Vierventil-Zweizylinder-Boxer	1170	Sportmaschine
K 1200 S	Vierzylinder-Reihenmotor	1157	Sportmaschine
F 800 S	Zweizylinder-Reihenmotor	798	Sportmaschine
K 1300 S	Vierzylinder-Reihenmotor	1293	Sportmaschine
S 1000 RR	Vierzylinder-Reihenmotor	999	Supersportmaschine

ST (Sport Tourer, auch: Straße)

R 80 ST	Zweiventil-Zweizylinder-Boxer	797	Straßenmaschine
F 650 ST	Vierventil-Einzylinder	652	Straßenmaschine
R 1200 ST	Vierventil-Zweizylinder-Boxer	1170	Sporttourer
F 800 ST	Zweizylinder-Reihenmotor	798	Sporttourer

T (Touring)

R 100 T	Zweiventil-Zweizylinder-Boxer	980	Straßenmaschine

Modellregister

Einträge in Fettschrift beziehen sich auf die Grundmodelle der jeweiligen Baureihen..

Bildnachweis

Archiv BMW Motorrad

Seiten 4f., 8, 10, 11, 12, 13, 14 oben, 15 unten, 16 oben rechts, 18, 19, 20, 21, 22, 23, 24 unten, 26, 27, 28, 30, 31, 32, 33, 34, 35, 36, 37, 38f., 40, 41, 42, 43, 44f., 46, 49, 51 links, 52, 53, 54, 55, 56, 57, 62 oben, 63 oben, 64, 65, 68 links, 70, 71, 72, 73, 74, 75, 82 unten, 88, 89, 90, 91, 96, 97, 99, 105 oben, 106, 115 unten, 116, 117, 118, 119, 123 unten rechts, 124, 125, 132, 133, 134, 137, 140 rechts, 141, 142, 143, 144, 145, 146f., 154, 155, 156, 157 unten, 162, 163, 164, 165, 166, 168 oben, 169, 171 unten, 172, 173, 174, 175 unten, 176, 177, 178, 179, 180, 181, 182, 183, 184, 185, 186, 187, 190, 191, 192, 193, 194, 195, 196, 197, 198f., 200, 201, 202 unten, 203 oben, 204 unten, 205 unten, 206, 207, 208, 209, 210, 211, 212, 213, 214, 215, 216, 217, 218, 219, 220, 221, 222f., 224, 225, 226, 227, 228, 229, 230, 231, 236, 237, 238, 239

Alessio Barbanti

Seiten 2, 14 unten, 15 oben, 16 oben links und unten, 17, 25, 29, 48, 50, 51 rechts, 58f., 60, 61, 62 unten, 63 unten, 66, 67, 68 rechts, 69, 78f., 80, 81, 82 oben, 83 oben, 84, 85, 86, 87, 92, 93, 94, 95, 98, 100, 101, 102, 103, 104, 105 unten, 107, 108f., 110, 111, 112, 113, 114, 115 oben, 120f., 122, 123 oben und unten links, 126, 127, 128, 129, 130, 131, 136, 138, 139, 140 unten, 141 unten, 148, 149, 150, 151, 152, 153, 158, 159, 160, 161, 175 oben

Archiv des Autors:

Seiten 21 oben, 24 oben, 157 oben, 167, 168 unten, 170, 171 oben, 188f., 202 oben, 203 unten, 204 oben, 205 oben

AKG Images, Berlin:

Seite 83 unten

BMW